高职高专国家级骨干院校
重点建设专业(机械类)核心课程"十二五"规划教材

数控机床操作与项目实训

主　编　张化锦　李庭贵　金万斌

副主编　付　波　周敬春　陈小怡

参　编　张安民　张远辉　陈　庆
　　　　栗育琴

U0387548

合肥工业大学出版社

图书在版编目(CIP)数据

数控机床操作与项目实训/张化锦,李庭贵,金万斌主编.—合肥:合肥工业大学出版社,2012.8(2015.10 重印)

ISBN 978 - 7 - 5650 - 0734 - 7

Ⅰ.①数… Ⅱ.①张…②金…③李… Ⅲ.①数控机床—操作—教材
Ⅳ.①TG659

中国版本图书馆 CIP 数据核字(2012)第 102434 号

数控机床操作与项目实训

主编 张化锦　李庭贵　金万斌			责任编辑　马成勋	
出　版	合肥工业大学出版社	版　次	2012 年 8 月第 1 版	
地　址	合肥市屯溪路 193 号	印　次	2015 年 10 月第 2 次印刷	
邮　编	230009	开　本	787 毫米×1092 毫米　1/16	
电　话	理工编辑室:0551—62903200	印　张	23	
	市场营销部:0551—62903198	字　数	531 千字	
网　址	www.hfutpress.com.cn	印　刷	合肥星光印务有限责任公司	
E-mail	hfutpress@163.com	发　行	全国新华书店	

ISBN 978 - 7 - 5650 - 0734 - 7　　　　　　定价:46.00 元

如果有影响阅读的印装质量问题,请与出版社市场营销部联系调换。

前　　言

　　数控加工技术的广泛应用提高了企业的装备制造能力和水平，生产企业对市场的适应能力和竞争能力也得到了提高，数控机床已成为衡量机械制造水平的重要标志。随着数控机床拥有量的不断增加，生产企业对数控技能人才的需求也在增大，职工的再培训和高等职业教育急需相关资料。

　　针对高等职业教育和国家数控职业技能的要求，为了满足行业的需求，也为了培养具有操作技能和职业发展能力的新型人才，我们结合多年来校企合作与理实一体化教学经验，采用项目驱动、任务引导及教、学、做一体化模式编写了本书。对课程内容进行了划分、整合，融合了数控加工的工艺分析、刀具与加工余量的选择、编程技术、数控机床的操作、零件加工质量的检测与控制、软件仿真和自动编程等一系列知识。并以典型工作任务为基础，以工作过程为导向，采用学习情境组织教学内容。按照生产实践操作数控机床的顺序，以循序渐进提高职业技能的规律而设置项目内容。

　　本书以广泛应用的 Fanuc 0i 数控系统为载体，结合生产实际，由浅入深，循序渐进，力求使读者能学以致用、举一反三。全书分为四个模块：模块一为数控车床基本操作技能，模块二为数控车床操作拓展技能，模块三为加工中心基本操作技能，模块四为加工中心操作拓展技能。模块一包含 8 个项目，按数控车床中级工职业技能要求设置；模块二包含 4 个项目，按高级工要求设置；模块三包含 6 个项目，按加工中心中级工职业技能要求设置；模块四包含 4 个项目，按高级工要求设置，不同专业可以选择不同项目进行教学。

　　本书具有以下特色：

　　1. 以项目任务为中心、以工作过程为基础

　　打破了传统学科知识系统化的编排结构，按工作过程进行内容安排。对项目中要求掌握的知识与技能进行了丰富与完善，按工作任务过程对项目内容进行范例分析与讲解，有利于学生更快、更准确地完成零件加工程序编制，具备分析解决生产中实际问题的能力。

　　2. 注重经验和策略

　　经验涉及"怎么做"的知识，如何做的方法。本书列出了操作数控机床以及加工零件的详细过程，按此过程引导完成项目内容，达到熟悉加工内容、规范操作习惯、具备零件加工质量控制能力、提高数控加工的职业技能。

　　策略涉及"怎样做更好"的知识，在什么情况下在什么条件上可以做得更好。

对项目实施过程中可能发生的问题或不妥之处，提出了分析思路，提高解决实际问题的能力。

3. 适合工作过程教学

工作过程意在用一个动态的结构把技能与知识紧密地结合起来。将应知、应会知识在"教、学、做"一体化形式中展开，有利于提高学习积极性，做到所教、所学、所用的衔接。

4. 教材内容模块化

项目的设计便于各种人才培养规格、专业方向的灵活组合。项目设计注重单一和复合、简单和复杂、基础和能力的提升，每个项目都能形成相对独立的专业能力。

5. 注重理论和技能的普遍性

教材内容在突出实用性的同时，注重选取典型案例，使学生做到举一反三、灵活运用。

6. 教学评价革新

在每个项目中设置了"项目评价"，加强学习过程的管理和考核，重视学生学习过程中的职业知识、能力、素质的综合考评。

本书由泸州职业技术学院机械工程系张化锦、李庭贵、金万斌任主编，付波、周敬春、陈小怡任副主编，张安民、张远辉、陈庆、粟育琴也参与了本书的编写。其中李庭贵编写项目 1.1、项目 1.2、项目 1.3、项目 1.4、项目 1.5 和项目 1.7；金万斌编写模块 3 的项目；付波编写项目 2.4；周敬春编写项目 4.3；陈小怡编写项目 1.6、项目 1.8；其余由张化锦编写；张安民、张远辉、陈庆、粟育琴等完成书中实操验证、图形绘制和图片，全书由张化锦统稿。

本书在编写过程中参阅了相关文献和资料，在此表示感谢。由于编者水平有限，书中错误在所难免，恳请批评指正。愿与同行研讨，联系邮箱为 zhhuajin@sina.com。

编　者

2012 年 8 月

目　　录

前言 ……………………………………………………………………………………………………（1）

模块 1　数控车床基本操作技能 ………………………………………………………………（1）

项目 1.1　数控车床认知 ………………………………………………………………………（3）

项目 1.2　数控车床面板及基本操作 ………………………………………………………（14）

项目 1.3　数控车床对刀及参数设置 ………………………………………………………（37）

项目 1.4　数控车床程序的编辑与校验 ……………………………………………………（51）

项目 1.5　台阶轴的数控车床加工 …………………………………………………………（63）

项目 1.6　含内凹轮廓轴的循环加工 ………………………………………………………（83）

项目 1.7　典型轴的数控车床加工 …………………………………………………………（98）

项目 1.8　轴套零件的加工技能 …………………………………………………………（115）

模块 2　数控车床操作拓展技能 ……………………………………………………………（135）

项目 2.1　配合件的数控车床加工 …………………………………………………………（137）

项目 2.2　数控车床宏程序的应用技能 …………………………………………………（162）

项目 2.3　数控车床的仿真虚拟加工 ……………………………………………………（176）

项目 2.4　UG 数控车床编程技术 ………………………………………………………（184）

模块 3　加工中心基本操作技能 ……………………………………………………………（213）

项目 3.1　加工中心认知 …………………………………………………………………（215）

项目 3.2　加工中心面板及基本操作 ……………………………………………………（223）

项目 3.3　加工中心对刀及参数设置 ……………………………………………………（244）

项目 3.4　加工中心程序的编辑与校验 …………………………………………………（259）

项目 3.5　平面类零件的加工 ……………………………………………………………（269）

项目 3.6　加工中心典型零件的加工 ……………………………………………………（291）

模块 4　加工中心操作拓展技能 ……………………………………………… （307）

　　项目 4.1　加工中心宏程序的应用技能 ……………………………… （309）

　　项目 4.2　加工中心的仿真虚拟加工 ………………………………… （322）

　　项目 4.3　UG 加工中心编程技术 …………………………………… （331）

　　项目 4.4　自行设计综合体的建模与自动编程加工 ………………… （356）

参考文献 ……………………………………………………………………… （361）

模块 1
数控车床基本操作技能

项目 1.1　数控车床认知

【项目要求】

通过介绍认知数控车床的构成、加工零件的工作过程,熟悉数控车床适合加工零件的特点。通过示范讲解熟悉安全文明操作与劳动保护,能进行机床的定期及不定期维护保养。操作训练后能完成数控车床的最基本操作,理解并准确判断坐标轴方向。

(1)计划时间　2学时。

(2)质量要求　熟悉数控车床的工艺特点,机床的坐标系。

(3)安全要求　严格按照安全操作规程进行,确保人身、设备安全。

(4)文明要求　自觉按照文明生产规则进行实训,有职业修养。

(5)环保要求　在项目实训过程中充分考虑保护环境。

【项目指导】

1. 文明生产须知

数控机床自动化程度高,为了充分发挥其优越性,提高生产率,管好、用好、修好数控机床显得尤为重要。操作者除了熟悉数控机床的性能和精心操作外,还必须养成良好的生产习惯和严谨的工作作风,具有较好的职业素质、责任心和良好的合作精神。

(1)严格遵守数控机床的安全操作规程,熟悉数控机床的操作顺序,严禁超负荷、超行程、违规操作机床。

(2)操作数控机床前,必须紧束工作服,女生必须戴好工作帽,严禁戴手套操作数控车床。

(3)把工具、刀具、量具和资料摆放整齐,要有条不紊,方便使用。

(4)当操作机床或在机床附近时要保持站立,不要靠在某处。

(5)要时刻保持精神集中,明确操作的目的,做到细心、准确地操作机床。

(6)对操作有疑问时要先向指导老师请教后方可进行操作。

(7)保持数控机床及周围的环境整洁,机床使用完毕后,做好机床的清洁和保养工作。

2. 数控车床安全操作规程

(1)操作数控车床前,首先要熟悉车床的性能、结构、传动原理、操作顺序及紧急停机方法。还要仔细阅读和掌握机床上的危险警告、注意等标识说明。

(2)机床通电前检查电路、润滑油路情况,需要手动润滑的部位先要进行手动润滑;

通电后检查各开关、按钮是否正常、灵活,机床有无异常现象。

(3)安装的工件要有足够的伸出量,工件要校正、夹紧,卡盘扳手不使用时应随时取下。

(4)刀具要垫好、放正、夹牢。换刀时,刀架应远离卡盘、工件和尾架,防止换刀过程中刀具发生干涉。

(5)手动操作数控车床加工或对刀时,应选择合适的进给速度,防范铁屑外溅,戴好防护眼镜。

(6)自动加工之前,程序必须通过模拟或经过指导教师检查,确保使用程序准确无误,核对使用刀具类型,检查机床原点、刀具参数设置是否正确。

(7)自动加工开始后,需要监视机床及其部件运行状态,并确认工件坐标无误后才能连续自动加工。

(8)在进行零件加工时,工作台上不能放刀具、工具等异物,需关闭数控机床的防护门,加工过程中不要随意打开。

(9)观察切削液输出是否通畅,流量充足,注意避免切削液与皮肤接触。

(10)数控车床的加工过程虽然可以自动进行,但仍需要操作者监控,不允许随意离开岗位。

(11)若发生异常,应立即按下急停按钮,并及时报告以便分析原因。

(12)不要用手清除铁屑,应用钩子清理。

(13)工件转动时,严禁测量工件、清洗机床、用手去摸工件,更不能用手制动主轴头。

(14)机床只能单人操控,避免发生意外。

(15)加工时决不能把头伸向刀架附近观察,以防发生事故。

(16)不许更改机床参数设置,不得随意删除机内程序,也不能随意调出机内程序进行自动加工。

(17)关机之前,应将溜板停在 X 轴、Z 轴中央区域。

3. C_2 -6136HK 型数控车床

数控车床是数控加工中最常用的数控机床,加工时,装夹在主轴上的工件旋转运动为主运动,刀架的纵向、横向运动为进给运动。

各种类型数控车床的操作方法基本相同。由于不同型号的数控车床,它的结构以及操作面板、数控系统的差别,操作方法也存在一定的差别。

1)C_2 -6136HK 型数控车床的主要功能和用途

C_2 -6136HK 型数控车床,如图 1-1 所示,由 FANUC 0i Mate-TC 系统控制的经济型卧式数控车床。该机床能对两坐标(横向 X、纵向 Z)进行连续伺服自动控制,实现直线和圆弧插补,对轴类、盘类等回转零件的内外圆柱面、端面、圆锥面、圆弧面、螺纹(公制螺纹和英制螺纹、锥螺纹和端面螺纹)等表面可自动进行加工,还可以进行钻孔、扩孔、铰孔、镗孔等加工。

2)数控车床的组成

数控车床由车床主体、伺服系统、数控系统三大部分组成。数控车床基本保持了普通车床的布局形式,主轴由伺服电机实现自动调整输出速度,进给运动由电机拖动滚珠丝杠来实现,配置了自动刀架,提高换刀的位置精度。

如图 1-2a 所示为数控车床结构外观,如图 1-2b 所示为其结构示意图。数控系统包括控制电源、轴伺服控制器、主机、轴编码器、显示器。

机床本体包括床身、主传动系统、回转刀架、工作台、进给传动系统、冷却系统、润滑系统、机床安全保护系统组成。为满足数控技术的要求,充分发挥机床的性能,数控机床的本体与普通机床相比在总体布

图 1-1 数控车床

局、外观造型、传动系统结构、刀具系统以及操作性能方面已发生了很大的变化,主要表现在数控机床结构简单、刚性好,传动系统采用滚珠丝杠代替普通机床的丝杠和齿条传动,主轴变速系统简化了齿轮箱,普遍采用变频调速和伺服控制。

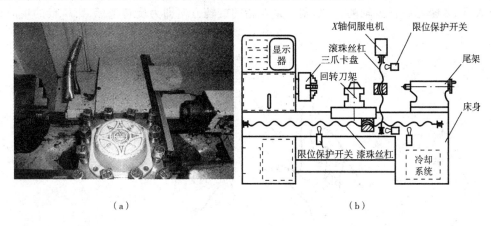

(a)   (b)

图 1-2 数控车床结构图

3)主要技术参数

(1)床身上名义回转直径　　　　ϕ360mm

(2)最大工件长度　　　　　　　750mm

(3)装刀基面距主轴中心距离　　20mm

(4)车刀刀杆最大尺寸　　　　　20×20mm

(5)刀架上最大回转直径　　　　ϕ180mm

(6)主轴通孔直径　　　　　　　ϕ60mm

(7)进给轴最小设定单位　　　　0.001mm

(8)进给轴重新定位精度　　　　X 轴:0.012mm

　　　　　　　　　　　　　　　Z 轴:0.016mm

(9)主电机功率　　　　　　　　4kW

(10)尾座套筒内孔锥度　　　　　莫氏 4 号

(11)主轴转速范围　　　　　　　60～3600r/min

(12)加工标准试件的表面粗糙度　$R_a 2.5～1.6\mu m$

4)数控车床坐标系

为了计算坐标值、描述机床的运动和数控程序的互换性,国际标准化组织对数控机床的坐标系作了规定。

(1)机床坐标系

机床坐标系是用于确定数控机床运动的距离和方向而设置的坐标系。

① 相对运动的规定。在机床上,认为工件始终静止,只有刀具运动(即假定刀具相对于静止的工件运动)。这样编程人员就可以在不考虑机床上工件与刀具实际运动的情况下,依据零件图样,确定加工过程。

② 机床坐标系的规定。标准坐标系中 X、Y、Z 坐标轴的相互关系用右手笛卡尔直角坐标系决定,如图 1-3 所示,伸出右手的大拇指、食指和中指,并互为 $90°$,大拇指的指向代表 X 轴的正方向,食指的指向代表 Y 轴的正方向,中指的指向代表 Z 轴的正方向。围绕 X、Y、Z 坐标旋转的旋转坐标分别用 A、B、C 表示,根据右手螺旋定则,大拇指的指向为 X、Y、Z 坐标中任意轴的正向,则其余四指的旋转方向即为旋转坐标 A、B、C 的正向。

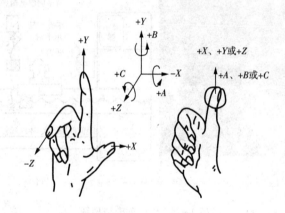

图 1-3　直角坐标系

③ 运动方向的规定。增大刀具与工件距离的方向即为各坐标轴的正方向。

(2)数控车床坐标系

Z 轴。Z 轴与主轴轴线重合,沿着增大零件与刀具间的距离(远离工件右端面)方向为 Z 轴正方向。

X 轴。X 轴平行于工件的装夹平面,沿着增大零件和刀具间的距离(远离工件回转轴线)方向为 X 轴正方向。

Y 轴。Y 轴(通常是虚设的)与 X 轴和 Z 轴一起满足右手直角坐标系关系,从而根据右手关系确定 Y 轴。

数控车床坐标轴的方向与车床的类型和各组成部分的布局有关,数控车床刀架布局分为后置刀架和前置刀架,刀架在工件后方的称为后置刀架,而刀架在工件与操作者之间的为前置刀架。

后置刀架数控车床各坐标轴如图1-4所示。

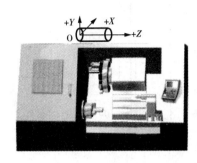

图1-4 后置刀架数控车床坐标系

C_2-6132HK/1型数控车床为前置刀架车床,各坐标轴如图1-5所示。

图1-5 前置刀架车床坐标系

(3)编程坐标系

在操作数控车床时从正常位置方向观察判断,并结合图1-4和1-5可得出数控车床坐标系,如图1-6所示。其中图a为后置刀架的坐标系,图b为前置刀架的坐标系,两者的X轴坐标正方向相反。

编程坐标系是面对零件图而设置的坐标系,设置时理所当然地应与机床坐标系的方向一致。在编程中判断圆弧为顺圆还是逆圆以及刀尖半径补偿为左补偿还是右补偿时,要利用Y轴,判断方向是向Y轴的负方向看去。对后置刀架的数控车床,在图1-6a中从纸外向纸面里观察;对前置刀架的数控车床,在图1-6b中从纸里向纸面外观察。两者得出的结论是相同的,即无论是前置刀架车床还是后置刀架车床编写出的程序都相同。显然,我们更习惯图1-6a中从纸外向纸面里观察,利用后置刀架的坐标系方式。因此,操作数控机床是需要区分前置刀架和后置刀架机床的,但编程时面对零件图样都以如图1-6a所示建立坐标轴更方便。

要在工件上加工出与程序设计相同的零件,工件坐标系必须与编程坐标系相对应。选定坐标原点的位置时,尽量选择在零件的设计或工艺基准上,还需要考虑计算坐标值方便,对刀操作方便等因素。在数控车床中通常把编程坐标原点选择在工件的右端面中心上。

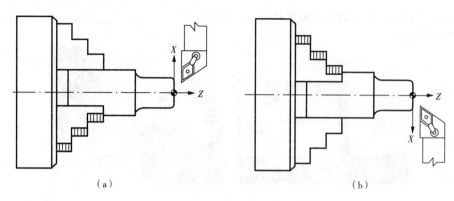

（a）　　　　　　　　　　　　　　　　　（b）

图 1-6　数控车床坐标系

4. 数控机床日常维护保养常识

1）安全规定

（1）必须仔细阅读和掌握机床上的危险、警告、注意等标识说明。

（2）机床防护罩、内锁或其他安全装置失效时，必须停止使用机床。

（3）严禁修改机床参数。

（4）机床维护或其他操作过程中，严禁将身体探入工作台下。

（5）检查、保养、修理之前，必须先切断电源。

（6）严禁超负荷、超行程、违规操作机床。

（7）操作数控机床时思想必须高度集中，严禁戴手套、打领带和人走机不停。

（8）工作台上有工件、附件或障碍物时，机床各轴的快速移动倍率应小于50%。

2）日常维护保养

设备整体外观检查，机床是否有异常情况，保证设备清洁、无锈蚀；检查液压系统、气压系统、冷却装置、电网电压是否正常；开机后需检查各系统是否正常，低速运行主轴5分钟，观察车床是否有异常；清洁尾架锥孔，做到工完场清。

3）周末维护保养。

全面清洁机床，对电缆、管路进行外观检查，清洁尾架锥孔，清洁主轴外表面、工作台、刀架表面等；检查液压、冷却装置是否正常，及时清洗主轴恒温装置过滤网；检查冷却液，不合格及时更换，清洁排屑装置。

【项目实施器具】

实施本项目需要提前准备以下器具：数控车床为 $C_2-6132HK/1$ 和 $C_2-6136HK$；用具为防护镜，工作帽，毛刷，铁钩。

【项目预案】

问题 1　回参考点时出现超程报警。

解决措施：可能的原因是回参考点时刀架移动太快，由于过冲而产生"超程"现象，通常把快速进给倍率调整到50%左右；当前位置距离回参后的极限位置太近，此距离通常要大于 50mm；功能模式选择不当，应该选用"回参考点"功能模式。

出现超程报警后，刀架不能移动，此时选择"手动"功能模式，按着"超程释放"键，再按与超程相反的坐标键，刀架就会从超程位置移开；按"复位"键消除报警；需要重新完成回参考点操作。

问题 2　数控机床主轴不转动。

解决措施：数控机床主轴不转动，检查面板上"停转"键指示灯应该亮。要使数控车床主轴转动起来，除设置转速外还要执行主轴转动操作（执行 M03 或 M04 指令、在"手动"功能模式下按"正转"或"反转"）。如果"正转"或"反转"键指示灯亮，主轴却不转动，说明转速 S 的当前状态值为 0，需要进行设置。选择"手动数据输入"功能模式，切换屏幕显示程序 MDI 页面，输入转速值后按"启动"键即可。

问题 3　在"手动数据输入"功能模式下输入的程序出现无效现象。

解决措施：此类操作无效时应检查以下几项内容，如果输入的 MDI 指令信息不完整或存在语法错误，系统会提示相应的错误信息，此时不能运行 MDI 指令；输入程序的最后一行是否输入了分号，如果没有分号相当于没有此行；在同一行中输入了两个以上的M 指令，只有其中一个有效；运行前注意光标的位置，有些系统是从光标处向后执行，需要将光标移动到程序头；输入的程序指令还需要按"程序启动"键后才有效。

【项目实施】

1. **学习理解内容**

1）安全文明生产

实训的时间、内容、要求与具体安排；自觉按照文明生产规则进行实训，做有职业修养的人；严格按照安全操作规程进行，确保人身、设备安全。

特别强调：操作数控车床时要按操作规程进行，主轴转动时不要靠近观察。机床只能一人操控，加工程序必须正确无误，对程序不熟悉时不能自动运行此程序。

2）数控车床结构、工作方式

数控车床型号的含义；FANUC 0i Mate－TC 系统和 GSK980T（广数）系统的特点；伺服系统的组成及工作原理；数控车床主轴、三爪卡盘、四工位刀架、尾架的功能；数控车床的加工工艺特点，适合的对象。

2. **操作训练内容**

1）数控车床开机和关机

数控车床开机按如下步骤进行：

（1）开机前检查。开启电源前先检查数控车床的外围设施，再检查数控车床状况。

（2）开机。向"开"的方向旋转电源开关，电源指示灯亮，再按系统面板上的"系统上电"键给系统上电，等待，直到屏幕上显示坐标或报警信息。

（3）解除报警。旋转"急停"键，指示灯不再闪烁，再按"复位"键消除报警。

（4）回参考点。观察并判断回参过程中刀架的移动不会发生干涉，刀架当前位置距离回参后极限位置在 50mm 以上，否则，用"手动"或"手轮"功能模式，将刀架移动到满足上述要求的距离。选择"回参考点"功能模式，调整进给倍率旋钮到 50% 左右，按下"＋

X"方向键,直到工作台 X 方向停止移动且 X 指示灯闪烁,再按下"＋Z"方向键,直到工作台 Z 方向停止移动且 Z 指示灯闪烁。

(5)机床初始参数设置。选择"手动数据输入"功能模式,切换屏幕显示程序/MDI页面,输入初始设置,如 G21G99F0.2G97S600M03T0101,按"程序启动"键即可。

(6)观察此时刀架的停留位置就是 X、Z 轴的行程正向极限位置。数控车床关机按如下步骤进行:

① 移动刀架到切削时不常使用的行程区域。

② 按下"急停"键。

③ 按下系统面板上的"电源关"键,向"关"的方向旋转电源总开关。

2)数控车床的坐标系

用"手动"或"手轮"功能模式,切换屏幕显示坐标页面。移动工作台,观察与此对应的是哪个坐标数值在发生变化,在变大还是在变小,从而熟悉数控车床的 X 和 Z 坐标轴及其正方向。

3)超程释放

数控机床用行程挡块来限制最大行程范围,当工件台移到此处时将停止移动且出现超程报警信息,超程释放办法是。

(1)选择"手动"功能模式。

(2)按着"超程释放"键,再按与超程相反的坐标键,工作台就会从超程位置移开。

(3)按"复位"键消除报警。

(4)需要重新进行回参考点操作。

行程挡块是为保护机床而设置的,当按着"超程释放"键时,它失去了保护功能,此时按坐标键就不能把方向搞反;超程后数控机床需要重新回参考点操作,才能正常工作,通常要求熟记机床行程的极限位置,减少发生超程情况。

4)停机

当需要机床停止当前运动状态时,视不同情况选择下列操作方法之一来实现。

(1)按"急停"按钮

按下"急停"按钮后,数控车床的动作及各种功能立即停止执行,同时闪烁报警信号。旋转"急停"按钮解除后,所有的输出都需重新启动,需要重新回参考点操作。

(2)按"复位"键

在自动和手动数据输入运行方式下按"SESET"键,则车床全部运动均停止。

(3)按"程序暂停"键

在自动和手动数据输入运行方式下,按"程序暂停"键,可暂停正在执行的程序或程序段,车床刀架停止运动,但车床的其他功能仍有效。需要注意正在执行循环指令时只有在当次循环结束才暂停。当需要恢复车床运行时,按"程序启动"按钮,该键灯亮,此时程序暂停被解除,车床从当前位置开始继续执行后面的程序。

5)数控车床维护、保养方法

按照"日常维护保养"和"周末维护保养"要求,逐项进行维护保养。

【项目评价】

本项目实训成绩评定见表1-1。

表1-1 项目1.1成绩评价表

产品代号		项目1.1		学生姓名		综合得分	
类别	序号	考核内容	配分	评分标准		得分	备注
操作过程	1	开启数控车床	15	少一个环节扣5分			
	2	关机	5	不关机不得分			
	3	手动、手轮操作	10	不规范酌情扣1~5分			
	4	超程释放	10	少一个环节扣3分			
	5	停机	5	不完成无分			
	6	完成时间	10	不按时完成无分			
	7	行为规范、纪律表现	10	酌情扣1~5分			
职业素养	8	工件场地整理	10	未打扫机床扣10分			
	9	机床维护保养正确	5	不完成无分			
	10	安全操作	10	不遵守数控机床安全操作规则每次扣5分			
	11	文明操作	5	不符合文明规范操作每次扣3分			
	12	注意环保	5	不注意每次扣3分			

注:(1)加工操作期间,发生撞刀现象,将暂停操作数控机床的资格;
　　(2)发生影响安全的违规、违章操作,由指导教师按实训管理制度进行处理。

【项目作业】

(1)抄写"数控车床完全操作规程"。
(2)预习并准备下次实训的内容。

【项目拓展】

1. C_2-6132HK/1型数控车床

如图1-7所示为C_2-6132HK/1数控车床,配置的是GSK980T(广数)系统。它主要用于回转体类零件的加工,在加工中能够完成圆柱体、圆锥体及零件表面母线为各种曲线的内形、外形的自动控制运行,也能完成螺纹的切削加工,并能进行切

图1-7 C_2-6132HK/1数控车床

槽、钻孔、扩孔、铰孔等加工。

1)车床参数

C₂－6132HK/1 型数控车床，主轴驱动系统可实现无级调速和进行恒线速切削，通过数控系统控制 Z(纵)、X(横)两个坐标联动，由四工位电动刀架选择刀具，但没有刀尖半径补偿功能。

主要规格及技术参数：

(1)床身上名义回转直径	ϕ320mm
(2)床身上最大工件回转直径	ϕ350mm
(3)最大工件长度	750mm
(4)刀架上最大工件回转直径	ϕ180mm
(5)主轴通孔直径	ϕ55mm
(6)主轴内孔锥度	莫氏 6 号
(7)装刀基面距主轴中心距离	20mm
(8)车刀刀杆尺寸	20×20mm
(9)尾座套筒锥度	莫氏 4 号
(10)主轴转速范围	50～2500r/min
(11)主电机功率	变频 4kW

2)数控系统的主要技术规格

C₂－6132HK/1 车床配置的 GSK980T(广数)系统，它的主要技术规格参见表 1－2。

表 1－2　GSK980T 主要技术规格

名　称	规　格	名　称	规　格
控制轴	2 轴(X、Z)	同时控制轴数	2 轴
最小设定单位	0.001mm	最小移动单位	0.001mm
最大指令值	±7 位	快速进给速度	标准 7.6m/min
快速进给倍率	FO,25,50,100%	每分进给范围	0.0001～500.0000mm
最大主轴转速	9999	螺纹导程	0.0001～5000.0000mm 0.06～254000 牙/英寸
自动加减速	有	进给速度倍率	0～150%
手动连续进给	同时 1 轴	插补	直线/圆弧
返回参考点	有	单步进给	×1,×10,×100,×1000
I/O 接口	RS232C	暂停(秒)	有
机床锁住	全部轴	存储行程检查	有
准停	有	掉电回程序起点	有

（续表）

名　称	规　格	名　称	规　格
MDI 运转	有	复位	有
空运转	有	单程序段	有
自诊断功能	有	紧急停	有
显示	汉字	加工时间、零件数显示	有
实际速度显示	有	坐标系设定	有
小数点输入	有	刀具补偿	有
固定循环	有	间隙补偿	有
圆弧半径 R 指定	有	辅助功能	M 二位
辅助功能锁住	有	主轴功能	S 四位
主轴倍率	50%～120%	刀具功能	T01～T08
刀具补偿存储器	±6 位 16 组	刀具长度补偿	有
程序存储容量	4KB	存储程序个数	63 个
程序号的显示	有	顺序号检索	有
程序号检索	有	程序保护	有

项目 1.2 数控车床面板及基本操作

【项目要求】

学习数控车床各控制面板按键的功能,理解数控车床的基本操作,刀具、工件的夹装方法,各功能模式的正确选择,各显示页面的准确切换。强化训练以达到掌握手动切削端面和圆柱面的技术要领。

(1)计划时间　4学时。

(2)质量要求　掌握各控制面板键的功能,熟悉基本操作时各功能模式的正确选择、各显示页面的准确切换。手动切削端面和圆柱面达到相应的尺寸公差、表面粗糙度要求。

(3)安全要求　严格按照安全操作规程进行,确保人身、设备安全。

(4)文明要求　自觉按照文明生产规则进行实训,做有职业修养的人。

(5)环保要求　在项目实训过程中充分考虑保护环境的有利因素。

【项目指导】

1. 数控车床控制面板

C_2－6136HK数控车床控制面板,如图1-8所示,由图1-8a的数控系统操作面板和图1-8b的机床操作面板两部分组成。

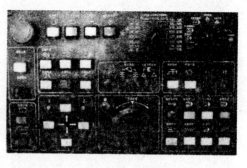

(a)　　　　　　　　　　　　　　　　(b)

图1-8　左图为系统面板,右图为操作面板

1)FANUC数控系统操作面板

FANUC系统由LCD显示器和MDI键盘两部分组成。

(1)LCD显示器

显示器为人机交互界面,用于显示机床的各种参数和状态,如显示机床参考点坐标、刀具位置坐标、输入数控系统的指令数据、刀具补偿值的数值、报警信号、自诊断内容、滑板移动速度以及间隙补偿值等。

显示器的下方有 7 个软键,也称章节选择键,如图 1-9 所示,按主功能键后出现的第一级菜单为章,各下级子菜单为节。软键的功能含义显示在当前屏幕中最下一行对应软键的位置,软键随功能键状态不同而不同且具有若干个不同的子功能。

图 1-9　章节软键

● 左端的◀软键,称菜单返回键。

● 右端的▶软键,称菜单继续键。用于显示当前(同级)章节操作功能画面未显示完的内容。

● 软键中[(操作)]键可进入下一级子菜单操作,显示该章节功能被处理的数据。

(2)数据输入(MDI)键

FANUC 系统的数据输入键盘如图 1-10 所示,各键功能说明见表 1-3。

表 1-3　数据输入各键功能说明

编号	名　称	功能说明
1	复位键	按此键使 CNC 复位,解除报警。当数控车床自动运行时,按此键则车床的所有运动都停止
2	帮助键	显示如何操作机床,可在 CNC 发生报警时提供报警的详细信息
4	地址和数字键、EOB 键	按这些键可以输入字母,数字或者其他字符;EOB 用于程序段结束符";"的输入
5	换挡键	在有些键上有两个字符;先按此键后,可输入键面右下角的小字符
6	输入键	将输入缓冲区的数据输入参数页面或者输入一个外部的数控程序。这个键与软键中的"输入"键是等效的
7	取消键	取消键,用于删除最后一个进入输入缓存区的字符或符号
8	程序编辑键（当编辑程序时按这些键）	ALTER:替换键,用输入的数据代光标所在的数据 INSERT:插入键,把缓冲区的数据插入到光标之后 DELETE:删除键,用于程序字或程序内容的删除
9	功能键	这些键用于选择各种功能显示画面: POS(位置)键:显示当前刀具的位置; PROG(程序)键:用于显示程序。在不同工件方式下显示不同内容; OFS/SET(刀偏/设置)键:用于设置、显示刀具补偿值和其他数据; SYSTEM(系统)键:用于系统参数的设置及显示; MESSAGE(信息)键:用于显示各种信息; CUTM/GR(用户宏/图形)键:用于用户宏画面或图形的显示

（续表）

编号	名 称	功能说明
10	光标移动键	→ 将光标向右移动。 ← 将光标向左移动。 ↓ 将光标向下移动。 ↑ 将光标向上移动。
11	翻页键	将屏幕显示的页面往后翻页； 将屏幕显示的页面往前翻页

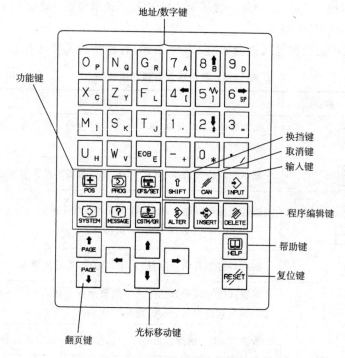

图 1-10 FANUC 系统数据输入键盘

2）机床操作面板

（1）系统电源

① "系统上电" 键：按此键接通数控系统的电源。

② "系统断电" 键：按此键断开数控系统的电源。

（2）"方式选择"旋钮

在对数控机床进行操作时必须先选择操作功能方式。方式选择旋钮如图 1-11 所示。

① 程序编辑（EDIT）：可利用 MDI 面板将工件加工程序手动输入到存储器中，也可以对存储器内的加工程序内容进行修改、插入、删除等编辑。

② 自动运行(MEM):在此方式下,数控机床可按存储的程序进行自动加工。

③ 手动数据输入(MDI):可以通过 MDI 键盘直接将程序段输入程序屏幕页面,按"程序启动"键可执行输入的程序段。

④ 程序远程输入(DNC):对外部电脑或网络中的程序进行在线加工。

⑤ 手动进给(JOG):可使刀架沿坐标轴方向连续移动。

⑥ 回参考点(REF):按着"+X"或"+Z"键可分别使车床刀架返回参考点。当机床刀架回到参考时,所对应的 X 轴或 Z 轴回零指示灯亮。

⑦ 手脉倍率(手轮 HND)×100,×10,×1:转动手轮旋转一个刻度,使刀架沿坐标轴方向移动"最小移动单位"的相应倍数。

(3)"手动倍率/进给倍率/快速倍率"旋钮

进给倍率旋钮如图 1-12 所示,在手动或自动运行期间用于进给速度的调整。可改变程序中 F 设定的进给速度,调整范围 0~150%。

图 1-11 方式选择旋钮

图 1-12 进给倍率旋钮

(4)自动运行操作键

① "程序启动"键

在自动或手动数据输入运行方式下,按此键，按键灯亮,程序自动执行。

此键在下列情况起作用:按了"程序暂停"键暂停后,再按此键可以使机床继续工作;按"单程序段"运行时,按此键,执行下一段程序;程序中的 M01 指令,执行"任选停止"后,按此键,机床继续按规定的程序执行。

② "程序暂停"键

也称为循环保持或进给保持键。在自动或手动数据输入运行期间,按此键,该键灯亮,刀架停止移动,但 M、S、T 功能仍然有效。要使机床继续工作,按"程序启动"键,刀架继续移动。在循环保持状态下,可以对数控机床进行手动操作。

(5)主轴手动操作按钮

① "主轴正转"键

在手动操作方式(包括手动进给和手轮)下按"主轴正转"键,该键灯亮,主轴正向旋转。

②"主轴停止"键

在手动操作方式下按"主轴停止" 键,该键灯亮,主轴停止转动。

③"主轴反转"键

在手动操作方式下按"主轴反转" 键,该键灯亮,主轴反向旋转。

④"主轴点动" 键

按下此键,主轴正转,松开此键,主轴停止转动。

⑤"主轴升速"键

每按 1 次此键 ,主轴的实际转速提高 10%。

⑥"主轴降速"键

每按 1 次此键 ,主轴的实际转速降低 10%。

(6)手动进给操作按键

①"+X"键

按着此键,刀架以"倍率旋钮"的进给速度沿 X 轴正方向移动,松开按钮,机床停止移动;若在按住此键期间,按了快速移动开关,则以快速移动。

②"-X"键

按着此键,刀架沿 X 轴负方向连续移动。

③"+Z"键

按着此键,刀架沿 Z 轴正方向连续移动。

④"-Z"键

按着此键,刀架沿 Z 轴负方向连续移动。

⑤ X 轴回零指示灯

X 轴方向回参考点结束后此灯亮 。

⑥ Z 轴回零指示灯

Z 轴方向回参考点结束后此灯亮 。

(7)"手轮"

手轮如图 1-13 所示。选择手轮每摇一格刀架的移动量(倍率);选择移动轴;手轮顺时针转动,刀架沿坐标轴正向移动,反之刀架则负向移动。

(8)"手动刀架"

在手动方式下,按此键 ,进行四工位刀架的旋转换刀。

(9)操作选择

①"冷却启动"键

按此键 灯亮时,开起冷却液。

②"跳跃程序段"按钮

图 1-13 手轮

此键![]按下灯亮时,程序中带有"/"标记的程序段不执行。

③"任选停止"键

当按下此键![],灯亮时任选停止功能有效,程序中的M01指令有效,即执行完成有M01的程序段后,自动程序暂停。要使数控机床继续按程序运行,须按"程序启动"键。

④"单程序段"键

按下此键![]"单程式段"指示灯亮时,按"程序启动"键,只自动运行一个程序段后机床就暂停运行程序。

在按下"单程式段"按钮执行一个程序段后的停止期间,通过"方式选择"按钮可以转换到任何其他的操作方式下操作车床。

⑤"机床锁住"键

按此键![]车床锁住时,刀架不能移动,但其他(如M,S,T)功能执行和显示都正常,在检验程序时可以使用此功能(注:本机床此功能不能使用)。

⑥"空运行"按钮

按下此键![]启动此功能时,程序中设定的F功能无效,刀架都快速移动,因此,不能用于实际的零件切削加工,只能用于检验程序。

(10)"快速进给"键

在手动方式下,按下此键![]灯亮时刀架会快速移动。

(11)"超程释放"键

当机床移动超过工作区间的极限时称为超程。

解除超程的步骤如下:选择"手动进给"方式,按"超程释放"键![],同时按与超程方向相反的轴向键,使机床返回到工件区间,按"RESET"键,使机床解除报警状态。

(12)"急停"按键

在紧急状态下按此键![],机床各部将全部停止运动,CNC控制系统清零。按急停按钮后,必须重新进行回零操作。

(13)程序保护锁

"程序保护锁"是一钥匙开关![]。当该开关在"1"(ON)位置时,内存程序受到保护,即不能对程序进行编辑。

(14)指示灯

"电源指示"、"加工结束"、"报警指示"和"润滑指示"灯,如图1-14所示。

图1-14 指示灯

2. FANUC 0i Mate—TC系统常用功能页面

FANUC系统的屏幕显示页面按章节进行管理。在数据输入键盘上按功能键就会显示相应主页面,并在显示器下方有七个对应的软键,按对应的软键可显示需要的屏幕页面,如果按"操作"软键可进行下节子页面。

FANUC系统的屏幕显示页面非常多,但操作机床时经常使用的页面并不多,下面介绍几个主要屏幕页面。

1)"POS"(位置)功能页面

在数据输入键盘上按"POS"功能键,然后按[综合]软键就显示坐标位置页面如图 1-15 所示,共有"绝对"、"相对"和"综合"三种显示刀具当前位置的坐标页面。

(1)绝对坐标显示

显示刀具当前在工件坐标系中的位置。

(2)相对坐标显示

显示刀具当前在操作者设定(或执行上程序段结束时)的相对坐标系内的位置。

在显示相对坐标的页面中,可"归零"或"预设"相对坐标值,其操作方法是。

① 按功能键"POS(位置)",在屏幕下方按软键[相对]或[综合];

② 全部相对坐标归零操作。按软键[操作],然后按软键[起源],再按软键[全轴]则所有轴的相对坐标值复位为 0。按软键[EXEC]确认此项并返回上一级菜单;

③ 单个相对坐标归零或预设相对坐标值。按键盘上一个轴地址键(如 U 或 W),此时画面中指定轴的地址闪烁,如图 1-16 所示,按软键[起源],闪烁轴的相对坐标值复位至 0。若要将相对坐标值设置成指定值,则输入地址和指定值(如 U31.58)并按软键[预定],闪烁轴的相对坐标被设定为指定值。

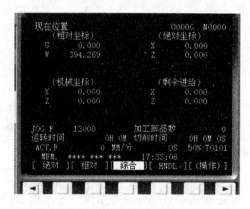

图 1-15 坐标位置

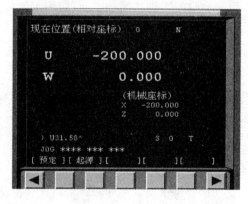

图 1-16 相对坐标

(3)综合位置显示

在图 1-15 中,共显示了 4 组坐标值。

● 相对坐标:在此屏幕页面中也可以根据需要随意归零或设置相对坐标值。

● 绝对坐标:即工件坐标,加工零件时刀位点在工件坐标系中的坐标值,它是由定义的坐标原点和刀具补偿共同决定,是可以设置改变的。

● 机械坐标:把机床上的某一固定位置设定为固定机械坐标值,不能随意改变,用于数控机床调试或以此为基点来定义绝对坐标。

● 剩余进给:正在执行的程序段,到执行完毕刀具还需移动的距离。

2)"PROG"(程序)功能页面

CNC 机床按程序运行称为自动运行,自动运行有以下几种类型。

● 自动运行(MEM):执行存储在 CNC 存储器中的程序运行方式。

● 手动数据输入(MDI)：从 MDI 面板临时输入程序的运行方式。

● 程序远程输入(DNC)：从外部设备上输入程序的运行方式。

(1)"自动运行"下显示画面

在数据输入键盘上按"PROG"功能键，然后按[检视]软键就显示自动运行时常用的加工观察页面，如图 1—17 所示。

程序自动运行期间在面板上输入新程序的方法。在页面中按软键[BG—EDT]进入后台编辑方式，左上角有"程序(BG—EDIT)"的标记，按软键[BG—END]则返回前台。

如图 1—17 所示页面中(未进行自动加工)可进行的操作：输入程序号按软键[O 检索]可打开选定的程序，其作用与面板上的光标键相同；输入行号(N 序号)按软键[N 检索]光标移到选定的行号处；按软键[REWIND]将光标返回到程序头位置；按软键[F 检索]，从外部设备向 CNC 系统输入程序。

(2)"手动数据输入(MDI)方式"下显示画面

选择"手动数据输入"功能模式，在数据输入键盘上按"PROG"功能键，然后按[MDI]软键出现页面如图 1—18 所示，利用 MDI 面板输入临时需要执行的程序，也常用于显示查看模态数据。MDI 方式编辑程序最多 6 行。

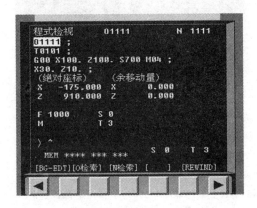

图 1—17　自动运行页面

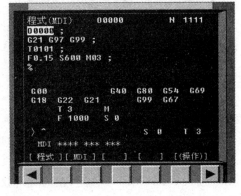

图 1—18　MDI 页面

3)"OFS/SET"(刀偏/设置)功能页面

显示和设定刀具补偿值、工件坐标系偏置量和公共变量值等。

(1)刀具补偿的页面

在数据输入键盘上按"OFS/SET"功能键，然后按[补正]软键，再按[形状]软键进入如图 1—19 所示刀具形状补偿页面，G××所对应行为刀具补偿号，X 列数值为 X 方向的刀具长度补偿值，Z 列数值为 Z 方向的刀具长度补偿值，R 列为刀具半径补偿值，T 列为刀尖方位代号。

刀具偏置量的清除，在补偿值画面下，按菜单继续▶键，然后按软键[CLEAR]，可按[全部]、[磨耗]或[形状]，清除刀具偏置数据。用软键[输入]或[＋输入]修改刀具偏置量的操作步骤。

① 按功能"OFS/SET"键；

② 按软键[补正]。按软键[磨损]后，出现刀具磨损补偿画面。番号 W××；按软键

[形状]出现刀具几何补偿画面,番号 G××;

③ 用翻页键和光标键移动光标至所需设定或修改的补偿值处,或输入所需设定或修改补偿值的补偿号并按下软键[NO 检索];

④ 输入一个设定的补偿值,按软键[输入]则输入值替换原有值。当刀具磨损需要改变补偿值,可输入磨损补偿值并按软键[+输入],于是输入值便与原有值相加(也可设负值)。

(2)工件坐标系设定画面

按功能键"OFS/SET"键,再按"坐标系"显示工件坐标系设定页面。如图 1-20 所示,用于设置 01(G54)的工件原点偏置量和附加工件原点偏置量(番号 00(EXT))。

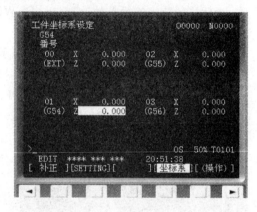

图 1-19　刀具补偿页面　　　　　　　　图 1-20　工件坐标页面

3)"CUTM/GR"(用户宏/图形)页面

"CUTM/GR"功能键,用于用户宏画面或图形的显示。数控车床手工编写的程序,通常要经过机床模拟运行,观察"图形"页面中的刀具轨迹来校验程序。

按"CUTM/GR"功能键,按"图形"软键显示作图页面,如图 1-21 所示,按"G.参数"软键进入显示图形中心位置和大小的设置页面。

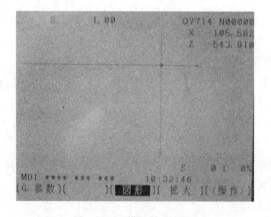

图 1-21　模拟作图页面

3. 数控车床的操作

1)数控车床的开机和关机

数控车床的开机按下列顺序操作,而关机则按相反顺序操作。

① 开机前检查。先检查外围设施,再检查数控车床状况。

② 上电。向"开"的方向旋转机床电源总开关,再按系统面板上的"系统上电"键给系统上电,等待,直到显示坐标或报警信息。

③ 解除报警。顺时针方向旋转"急停"键,指示灯不再闪烁,再按"复位"键消除报警。

在数控系统通电后,CNC 单元尚未出现位置显示或报警画面之前,不要碰 MDI 面板上的任何键。MDI 面板上的有些键专门用于维护和特殊操作,按这其中的任何键,可能使 CNC 装置处于非正常状态,在这种状态下启动机床,有可能引起机床的误动作。

2)车床的手动操作

(1)手动返回参考点操作

由于机床采用增量式位置检测器,所以一旦机床断电后,其上的数控系统失去了参考点坐标的记忆。

在下列几种情况发生后必须进行回参考点操作:每次开机后、超程解除后、按急停按钮后、机械锁定解除后。

回参考点前观察并判断回参过程中刀架的移动不会发生干涉,刀架当前位置距离回参后极限位置 50mm 以上,如果回参考点距离不够,可用"手动"或"手轮移动"方式移动相应的轴到有足够的距离。为了观察方便,一般先回 X 轴,再回 Z 轴。手动回参考点步骤如下:

① 选择"回参考点"功能模式;

② 选择较小的快速进给倍率(50%);

③ 按着"+X"键,刀架先快速移动再缓慢移动最后停止,此时 X 轴指示灯闪烁,表明 X 轴已经返回到了参考点,松开"+X"键;

④ 按着"+Z"键,刀架先快速移动再缓慢移动最后停止,此时 Z 轴指示灯闪烁,表明 Z 轴已经返回到了参考点,松开"+Z"键。

(2)手动连续进给操作

操作前检查各旋钮所选择的位置是否正确,确定正确的坐标方向,然后再进行操作。

① 选择"手动进给"方式;

② 调整进给速度的倍率旋钮;

③ 按住要移动轴方向所对应的键,刀架沿所选择的轴向以进给倍率旋钮设定的速度连续移动。松开对应键,车床刀架停止移动;

④ 在按下轴向键之前,按下了"快速进给"键,则刀具以快移速度移动。

(3)手轮进给操作

① 选择"手脉倍率"方式,用手轮轴向选择开关选定手轮 X 轴进给或 Z 轴进给;

② 确定手轮移动倍率;

③ 转动手轮,刀架按所选轴方向移动。

3)手动数据输入(MDI)方式运行

① 选择"手动数据输入"功能模式；

② 按［PROG］键，出现有预置 O0000 号的画面，在此画面中显示了模态状态或数据；

③ 用键盘上的"地址/数字"键输入程序段的内容。当需要修改模态数据或自动运行 6 行以内程序时，可在此输入程序，如 G21G99F0.2G97S600M03T0101,,；

④ 将光标移到要执行程序前；

⑤ 按"程序启动"键，按键灯亮，数控车床开始自动运行这些程序段。

4）车床的急停操作

如遇到不正常情况需要车床紧急停止时，可通过下列操作方法之一来实现。

（1）按"急停"按钮

按下"急停"按钮后，车床的动作及各种功能立即停止执行，同时闪烁报警信号。

（2）按"SESET（复位）"键

在自动和手动数据输入运行方式下按"SESET"键，则数控车床全部运动均停止。

（3）按"程序暂停"键

在自动和手动数据输入运行方式下，按"程序暂停"键，可暂停正在执行的程序或程序段，车床刀架停止移动，但车床的其他功能有效。当需要恢复车床运行时，按"程序启动"按钮，该键灯亮，此时程序暂停被解除，车床从当前位置开始继续执行后面的程序。

5）车刀的安装

车刀安装得正确与否，将直接影响切削能否顺利进行和工件的加工质量，所以在装夹车刀时要符合以下要求。

（1）确认安装刀具的类型，刀具的位置号一定要与程序中的调用刀具号相对应，以防自动加工中换刀时发生刀具错误调用。

（2）车刀装在刀架上，在不干涉的情况下伸出部分不宜太长，伸出量一般为刀杆高度的 1～1.5 倍。伸出过长会使刀杆刚性变差，切削时易产生振动，影响工件的表面粗糙度值。

（3）车刀垫铁要平紧，数量要尽量少（一般为 1～2 片），垫铁应与刀架对齐。车刀一般要用两个螺钉压紧在刀架上，并逐个轮流拧紧。

（4）车刀刀尖应与工件轴线等高，如图 1-22a 所示，否则会因基面和切削平面的位置发生变化，而改变车刀工作时的前角和后角的值。图 b 车刀尖高于工件轴线，使后角减少，增大了车刀后刀面与工件间的摩擦；图 c 车刀尖低于工件轴线，使车刀实际工作前角减少，切削力增大，切削不顺利。

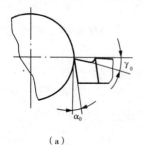
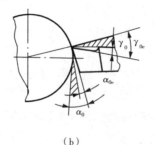
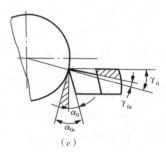

（a）　　　　　　　　　（b）　　　　　　　　　（c）

图 1-22　车刀安装高度对前后角的影响

切断或车端面时,车刀刀尖若高或低于工件中心将出现如图 1-23 所示状况,图 a 高于工件中心,车削到中心处刀尖将崩刃,图 b 低于工件中心,刀具平端面后,端面会留下一凸台。

为使刀尖对准工件中心,通常采用下列几种方法:

① 根据车床的主轴中心高,用游标卡尺测量装刀。

② 根据机床尾架顶尖的高低装刀。

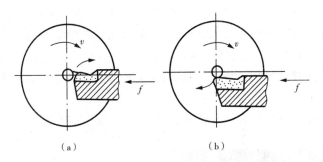

（a）　　　　　　　　　　　（b）

图 1-23　刀尖与工件的中心不等高影响

③ 将车刀靠近工件端面,用目测估计车刀的高低,然后夹紧车刀,试切端面,再根据端面的中心来调整车刀。

（5）保证车刀的实际主偏角要求。车刀刀杆中心线应与进给方向垂直,否则会使主偏角和副偏角的实际工作角度发生变化,如图 1-24 所示。根据实际情况,有时也利用此方式对主偏角和副偏角作少量的调整。切槽刀的刀头中心线必须装得与工件轴线垂直,以保证两副偏角相等,主切削刃与工件轴线平行;螺纹车刀安装歪斜,会使螺纹牙型半角产生误差。

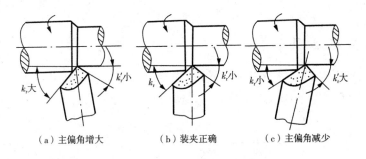

（a）主偏角增大　　　　（b）装夹正确　　　　（c）主偏角减少

图 1-24　车刀安装对主偏角和副偏角的影响

6）用三爪卡盘装夹工件

三爪卡盘为自定心夹具,可直接夹装圆柱体毛坯,工件的轴心线与卡盘的中心线重合,一般不需要找正,装夹速度快。

使用三爪卡盘装夹工件,如图 1-25 所示,需要注意以下问题:

① 在装夹工件的过程中要防止杂物（主要是切屑）夹在卡爪和工件中间。

② 用钢直尺测量来保证毛坯有足够的加工长度（通常工件外伸长度比需要加工的长度多 5~10mm）。

③ 要保证把工件夹牢固,夹持部分要有10mm左右的长度,如果工件较长需要使用尾顶架。

④ 要保证有足够的夹紧力,需要用三爪卡盘扳手并配合加力棒进行夹装。

⑤ 在较低的转速下试转工件,如果工件晃动,则需要耐心仔细调整,直到晃动减少到符合要求为止。

调整方法如下:毛坯表面不规则时,采用旋转工件调整夹装位置;在预夹紧情况下用手扳动卡盘旋转,同时用铜棒轻敲工件的相应位置;对已加工表面用百分表校正,如图1-26所示,要求加工表面回转轴线找正到与车床主轴回转中心重合。找正过程中,将百分表的测头靠在被测零件外圆表面,同时将测头压下,用手扳动主轴,观察表针摆动情况,并用铜棒敲击零件的相应位置,直到百分表表针来回摆动幅度在许可的范围,这时认为工件装夹正确。

⑥ 装夹完工件后卡盘扳手随手取下,以防转动时飞出伤人。

图1-25 三爪卡盘装夹工件

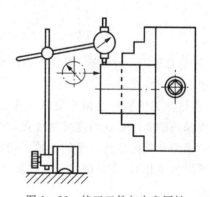

图1-26 校正工件与卡盘同轴

【项目实施器具】

实施本项目需要提前准备以下器具:数控车床为 $C_2-6132HK/1$ 和 $C_2-6136HK$;毛坯材料为45钢,$\phi 36 \times 100$;需要的刀具、量具和用具清单见表1-4。

表1-4 刀具、量具和用具清单

类别	序号	名 称	型号/规格	精 度	数 量	备 注
刀具	1	外圆车刀	W型(93°右偏刀)	刀尖半径≤0.4	1/组	刀片20
	2	端面车刀	S型(45°右偏刀)		1/组	刀片10
量具	3	游标卡尺	0~150	0.02	1/组	
	4	螺旋千分尺	0~25,25~50	0.01	各1/组	
	5	钢直尺	150		1/组	
	6	粗糙度样板			1	套
	7	杠杆百分表		0.01	1	

（续表）

类别	序号	名　称	型号/规格	精　度	数　量	备　注
用具	8	三爪卡盘扳手	与机床相适应		1/组	一套
	9	刀架扳手和钢管	与机床相适应		1/组	一套
	10	垫片			若干	
	11	防护镜			1/人	
	12	工作帽			1/人	
	13	毛刷			1/组	

【项目预案】

问题1 工件转动时晃动太大。

解决措施： 在数控车床上常用三爪卡盘装夹工件。三爪卡盘为自定心夹具，工件的轴心线与卡盘的中心线重合，一般不需要找正，就可以方便地实现工件回转中心与机床主轴同心，即工件转动时通常晃动较小，不需要对工件进行调整就能满足加工要求。但往往由于三爪卡盘的制造精度、三爪自定心卡盘使用时间较长、已失去应有精度、夹持圆柱面不规则、工件装夹的外伸长度较大等原因，造成工件转动时晃动较大，这样就必须找正。首先检查卡爪和工件中间是否有杂物（主要是切屑），如果使用的是软爪，可以在机床上对它进行加工，提高三爪卡盘的制造精度；如果夹持圆柱面不规则时旋转工件调整卡盘的夹持部位；如果工件的外伸长度较大可以用手转动工件通过观察来进行调整、在端面钻中心孔，用尾顶来辅助调整、如果精度要求较高也可以在已加工的圆柱面上利用杠杆百分表来调整。

问题2 车刀加工端面后在中心处留有小的凸头。

解决措施： 造成此现象的原因是车刀刀尖比工件回转轴线低，需要在车刀下面增加垫片。用游标卡尺测量凸头的大小，除以2则是需要增加垫片的厚度。垫片的个数不宜超过两片，最好有与此厚度相当的垫片；如果没有与此厚度相当的垫片，并且高度相差较小时，可以考虑调整两个压紧螺栓松紧程度来满足要求。

问题3 手动切削的工件表面质量较差。

解决措施： 用手动切削时，工件表面质量较差的主要因素有切削状态、工件材料、刀具材质与刀具几何参数、切削参数等。比较方便能直接调整的因素是切削参数，如果切削参数（特别是精加工的切削参数）设置不当，将造成加工表面质量较差。粗加工时可把转速设为600r/min，背吃刀量1.5mm，进给率0.15mm/r（手动方式切削圆柱面时，进给速度的倍率调到10%；手轮方式时，"手脉倍率"选择×10，切削端面时适当减小）；精加工时参考粗加工参数作适当调整。

【项目实施】

1. 学习理解内容

1）FANUC 0i Mate－TC 系统操作面板

在键盘上熟悉以下各键的位置，学习它们的功能。地址和数字键可以输入字母、数字或者其他字符，EOB 用于程序段结束符";"的输入，可使输入程序分行。在有些键上有两个字符，先按"SHIFT"换挡键后，再按此键，可输入键面右下角的小字符。

"输入"（INPUT）键将输入缓冲区的数据输入参数页面，"取消"（CAN）键用于删除最后一个进入输入缓存区的字符或符号，"程序编辑"键有 3 个，用于程序的编辑功能，而"功能"键有 6 个，用于选择各种功能显示画面，按"复位"（RESET）键使 CNC 复位，解除报警，当车床自动运行时，按此键则车床的所有运动都停止。

2）机床操作面板

在数控车床操作面板上熟悉以下各键的位置，理解它们的功能。"方式选择"旋钮用于选择需要的功能模式，"手动倍率/进给倍率/快速倍率"旋钮控制的对应模式，手动换刀的操作方法，各"操作选择功能"键的作用，"安全功能"键的使用。

3）LCD 显示页面

按数据输入键盘上的功能键后出现第一级菜单，显示器的下方有 7 个软键，软键的功能含义显示在当前屏幕中最下一行对应软键的位置。软键随功能键状态不同而具有若干个不同的子功能，左端的软键，为菜单返回键，右端的软键，为菜单继续键，用于显示当前（同级）章节操作功能画面未显示完的内容。按软键中[（操作）]软键可进入下一级子菜单操作，显示该章节功能被处理的数据。

常用显示页面间的切换。经常使用的页面包括："位置"下的相对坐标和绝对坐标，"程序"下的检视和 MDI，"设置"下的形状和坐标系，"图形"下的作图。

2. 操作训练内容

1）数控车床开机

数控车床开机按如下步骤进行。

（1）开机前检查。开电源前检查数控车床外围设施，再检查数控车床状况。

（2）上电。向"开"的方向旋转机床电源开关，再按系统面板上的"系统上电"键给系统上电，等待，直到显示屏上显示坐标。

（3）解除报警。向右旋转"急停"旋钮，指示灯不再闪烁，再按"复位"键消除报警。

（4）回参考点。观察并判断回参过程中刀架的移动不会发生干涉，刀架当前位置距离回参后极限位置 50mm 以上，否则，用"手动"或"手轮"功能模式，将刀架移动到满足上述要求的距离。选择"回参考点"功能模式，调整进给倍率旋钮到 50% 左右，按着"＋X"方向键，直到工作台 X 方向停止移动且 X 指示灯闪烁，再按着"＋Z"方向键，直到工作台 Z 方向停止移动且 Z 指示灯闪烁。

（5）机床初始参数设置。选择"手动数据输入"功能模式，按"PROG"键，再按[MDI]软键，屏幕显示 MDI 程序页面，输入初始设置，如 G21G99F0.2G97S600M03T0101，按"程序启动"键即可。

2)用三爪卡盘装夹工件

选取 ϕ32 的毛坯件,清扫夹在卡爪间的杂物,用钢直尺测量工件在卡爪外的长度大约为45mm左右,用加力棒夹紧工件,使用后要即时拿下三爪扳手。工件夹装后需要在较低的转速下试转工件,如果工件晃动较大,则需要调整直到晃动符合要求。

3)刀具安装

(1)在1号刀位上安装端面车刀

选择端面车刀,把刀具放在1号刀位上,调整刀具与工件轴线垂直,刀具外伸长度在刀具高度的1~1.5倍,用刀架扳手交替旋紧两个螺栓。

刀具安装后要保证刀尖与工件回转轴线等高。可以利用尾顶尖进行判断,也可以试切端来判断。如果刀尖太高,则要选择刀柄截面较小的刀具,否则,在切削端面中心处时将顶坏刀尖;如果刀尖太低,则需要增加垫片,直到符合要求为止。

在需要增加垫片时,可以先用卡尺测量需要增加的厚度,这样可以更方便知道垫片的厚度。如果需要调整的高度较小,可以通过两个压紧螺栓的松紧来调整。垫片的个数一般不超过两片。

(2)在2号刀位上安装外圆车刀

按照与1号刀具类似的要求安装2号刀具。安装外圆车刀时要保证需要的主偏角大约为93°~95°,这样刀具与工件轴线不一定要完全垂直,有较小的角度偏差。

4)换刀

(1)手动换刀

选择"手动"功能模式,观察并确认刀架转动过程中不会发生干涉,再按"手动刀架"键一次,刀架将顺序旋转一个刀位。

(2)程序自动换刀

选择"手动数据输入"功能模式,切换屏幕显示到程序下的 MDI 输入页面,输入程序,如 T0202,观察并确认刀架转动过程中不会发生干涉,按"程序启动"键,刀架顺时针旋转到设置的刀位。在其他自动运行模式下执行该程序也能达到同样的效果。

5)手动连续进给切削

在数控车床上手动切削毛坯,训练手动操作(坐标轴、正负方向、切削进给率)技能。操作机床手动切削前应明确向哪个方向切削以及切削的快慢,然后按相应键或旋转对应旋钮,观察工件与刀具的相对位置,确认无误后进行切削操作。其步骤如下:

① 选择"手动"功能模式,按"正转",主轴以给定转速旋转。

② 调整进给速度的倍率旋钮。

③ 按住要移动轴方向所对应的键,刀架沿所选择的轴向以进给倍率旋钮设定的速度连续移动。当松开此键,车床刀架停止移动。

当刀具靠近工件时,减小进给速度的倍率,否则将会撞坏刀具,切削时可将进给速度的倍率调到10%,切削端面时,越接近中心处更要控制减小切削速度。

④ 切削完成后,刀具退出工件,按"复位"键或"主轴停止"键,主轴停止转动。

6)手轮进给操作

在数控车床上用手轮切削毛坯,训练手轮操作技能。观察工件与刀具的相对位置,选择坐标轴调整手轮转动的快慢。主要步骤如下：

① 选择"手动"功能模式，按"正转"，主轴以给定转速旋转。

② 转动"手脉倍率"到×100，表示手轮每摇一格，刀架移动 100 个脉冲单位，即 0.1mm。

③ 选择移动轴。根据需要移动的轴扳动手轮轴向选择开关到相应的 X 轴或 Z 轴。

④ 转动手轮使刀具快速靠近工件，手轮顺时针转动，刀架向坐标轴正向移动，反之刀架则负向移动。

⑤ 当刀具靠近工件时，减小手轮旋转速度，转动"手脉倍率"到×10，手轮以一般的旋转速度可进行正常切削，当切削到靠近端面中心时要减小手轮旋转速度。

⑥ 切削完成后，刀具退出工件，按"复位"键或"主轴停止"键，主轴停止转动。

7) 手动切削加工

手动切削加工如图 1-27 所示零件。

材料为 45 号钢；毛坯大小为 φ32。

要求如下：

① 手动切削零件到达图中尺寸精度和表面粗糙度的要求；

② 分别用端面车刀和外圆车刀切削并作对比分析；

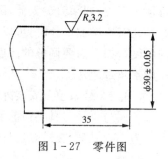

图 1-27 零件图

③ 分别用不同的转速和进给率切削并作对比分析。

手动切削零件步骤如下：

a. 选择刀具，使用端面车刀或外圆车刀。

b. 设置粗加工转速为 600r/min。

c. 选择手动或手轮×100 功能模式，主轴正转。

d. 快速移动刀具靠近工件。

e. 以手轮方式，×10 的进给率切削工件端面，刀具退出，主轴停转，分析端面加工质量；以手动方式，10% 的进给率切削端面，刀具退出，主轴停转，对比分析端面加工质量。

f. 以手轮方式，×10 的进给率切削圆柱面，刀具退出，主轴停转，分析圆柱面加工质量；以手动方式，10% 的进给率切削圆柱面，相对坐标归零，刀具退出，主轴停转，对比分析圆柱面加工质量，用千分尺测量圆柱面的直径。

g. 设置精加工转速为 1000r/min。

h. 用所测圆柱大小减去零件尺寸 φ30±0.05，利用相对坐标控制精加工圆柱面的进刀深度。精加工进刀深度一般控制在 0.6～0.8mm 之间，如果需要切削的量太大，可增加粗加工次数。

i. 以手动方式，10% 的进给率切削圆柱面，相对坐标归零，刀具退出，主轴停转。测量圆柱面的尺寸精度是否符合要求，判断圆柱面的表面粗糙度是否符合要求，如不符合加工质量要求，分析原因。

j. 换另一把刀具，重复上面的加工步骤，并与前把刀具的加工质量作对比分析。

【项目评价】

本项目实训成绩评定见表 1-5 项目 1.2 成绩评价表。

表 1-5　项目 1.2 成绩评价表

产品代号		项目 1.2	学生姓名		综合得分	
类别	序号	考核内容	配分	评分标准	得分	备注
操作过程	1	理解数控系统面板键	5	不理解一个键扣 1 分		
	2	理解操作面板键	5	不理解一个键扣 1 分		
	3	显示页面的切换	5	不能完成一处扣 1 分		
	4	数控车床开机	5	少一个环节扣 2 分		
	5	用三爪卡盘装夹工件	5	不规范酌情扣 1~5 分		
	6	刀具安装	5	不规范每处扣 2 分		
	7	手动连续进给切削	5	不规范酌情扣 1~5 分		
	8	手轮进给操作	5	不规范酌情扣 1~5 分		
	9	完成时间	5	不按时完成无分		
	10	行为规范、纪律表现	5	酌情扣 1~5 分		
加工质量	11	$\phi 30 \pm 0.05$	10	超差 0.01 扣 2 分		
	12	圆柱面粗糙度	5	每降一级扣 1 分		
	13	端面粗糙度	5	每降一级扣 1 分		
职业素养	14	工件场地整理	5	未打扫机床扣 10 分		
	15	机床维护保养正确	5	不完成无分		
	16	安全操作	10	不遵守数控机床安全操作规则每次扣 5 分		
	17	文明操作	5	不符合文明规范操作每次扣 3 分		
	18	注意环保	5	不注意每次扣 3 分		

注：(1)加工操作期间,发生撞刀现象,将暂停操作数控机床的资格;

(2)发生影响安全的违规、违章操作,由指导教师按实训管理制度进行处理。

【项目作业】

(1)复习数控车床面板各键的功能。

(2)预习并准备下次实训内容。

【项目拓展】

1. C_2-6132HK/1 型数控车床面板简介

1)广数系统车床的 LCD/MDI 面板

C_2－6132HK/1 型数控车床控制面板如图 1-28 所示。

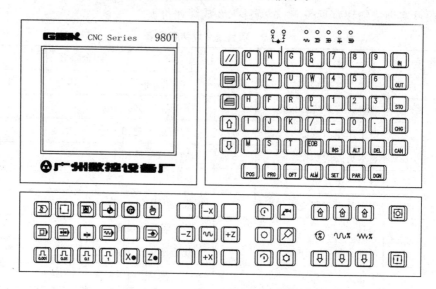

图 1-28 C_2－6132HK/1 型数控车床面板

2)数控系统面板

(1)显示器

它可以显示机床的各种参数和功能,如显示机床参考点坐标、刀具起始点坐标、输入数控系统的指令数据、刀具补偿的数值、报警信息、自诊断内容、刀架快速移动速度以及间隙补偿值等。

(2)数据输入(MDI)键

GSK980T 型数控系统按键功能见表 1-6。

表 1-6   GSK980T 型数控系统按键功能表

序 号	名 称	用 途
1	复位键 //	解除报警;系统复位时所有轴运动停止,所有辅助功能输出无效
2	翻页键	有两种换页方式: 使画面向后翻页; 使画面向前翻页
3	光标移动键	有两种光标移动: 使光标向后移动一个区分单位; 使光标向前移动一个区分单位;持续地按光标上下键时,可使光标连续移动
4	地址/数字键	输入字母、数字等字符
5	输入键 IN	用于输入参数,补偿量等数据;MDI 方式下程序的输入;从 RS232 接口输入文件
6	输出键 OUT	从 RS232 接口输出文件

（续表）

序　号	名　称	用　途
7	存盘键[STO]	从 RS232 接口保存文件
8	CHG 键[CHG]	参数内容提示方式切换:逐位提示或字节提示
9	取消键[CAN]	消除输入到缓冲寄存器中的字符或符号
10	编辑键[INS][ALT][DEL]	用于程序编辑的插入、删除、修改等操作
11	EOB 键[EOB]	程序段结束时按此键产生分号并提行

（3）显示页面键

显示页面键（功能键）[POS][PRG][OFT][ALM][SET][PAR][DGN]，共有 7 个，用于选择相应的显示画面。与显示页面键对应共有七种显示画面:位置,程序,刀补,报警,设置,参数和诊断。各页面的含义如下:

● ［位置］:显示现在机床的位置。按下其键,LCD 显示现在位置,共有四页,［相对］,［绝对］,［总和］,［位置/程序］,通过翻页键转换。

● ［程序］:程序的显示、编辑等,共有三页,［MDI/模］,［程序］,［目录/存储量］。

● ［刀补］:显示,设定补偿量和宏程序变量,共有两项,［偏置］,［宏变量］。

● ［报警］:显示报警信息。

● ［设置］:设置显示及加工轨迹图形显示,反复按此键在两种显示页面间切换。

● ［参数］:显示、设定参数。

● ［诊断］:诊断信息及软键盘机床面板显示,反复按此键在两种显示页面间切换。

3）机床操作面板

数控车床操作面板上的各种功能键,可执行简单的操作,也可直接控制机床的位置和程序的编辑。C_2－6132HK/1 型数控车床操作面板按键功能见表 1-7。

表 1-7　C_2－6132HK/1 型数控车床操作面板按键功能表

图形符号	名　称	用　途
[Z]	编辑键	选择编辑操作方式
[□]	自动键	选择自动操作方式
[回]	录入键	选择录入操作方式
[→]	机械回零键	选择机械回零操作方式
[◎]	手轮/单步键	选择手轮/单步操作方式(本车床无手轮)
[手]	手动键	选择手动操作方式
[∿]	快速/进给键	手动运行中进行快速移动速度与进给速度的相互切换

（续表）

图形符号	名　称	用　途
	坐标轴及方向键	选择手动和单步移动的坐标轴及方向
	正转	在手动和单步方式下使主轴正转
	停止	在手动和单步方式下使主轴停止
	反转	在手动和单步方式下使主轴反转
	冷却液	打开冷却液
	润滑液	打开润滑液
	手动换刀	手动循环换刀
	暂停（进给保持）	电机减速停止，暂停运行，刀架运动立即停止，并保持已进行状态，在螺纹切削中无效
	循环启动按钮	自动运行的启动
	主轴转速百分比	调速主轴百分比，可以改变程序中给定的 S 代码速度，此键在任何状态下均起作用
	快速进给百分比	手动方式中调整快速移动速度倍率，自动运行中调整 G00 指令速度倍率
	进给百分比	在自动程序运行时对进给量进行百分比调整；手动时对连续进给的速度进行调整
	返回程序起点	返回执行程序的起刀点，绝对坐标设为 0
	空运转	无论程序中如何指定进给速度，都快速运行，仅显示数值变化，处于机床锁住方式
	辅助功能锁住	程序中 M、S、T 代码指令不执行
	轴锁住	刀架不移动，但位置坐标的显示和刀架运动时一致，并且程序中 M、S、T 都能执行
	单程序段执行	每按循环启动按钮一次执行一个程序段
	单步/手轮移动量	选择单步操作方式时每按一次的移动量
	急停键	在紧急状态下按此键，机床全部停止运动，NC 控制系统清零，要求进行回零操作

4）面板指示灯

C_2－6132HK/1型数控车床各指示灯如图1－29所示。

图1－29　指示灯

2.C_2－6132HK/1型数控车床基本操作

1）开机

开机前检查,打开电源开关,等待系统显示操作画面,或旋转急停旋钮,解除急停。

2）手动返回参考点

打开机床后,首先要做回参考点操作其步骤如下:

① 按"回参考点"功能模式键,这时屏幕右下角显示[机械回零]。

② 选择坐标轴＋X 或＋Z;机床刀架沿着选择轴方向移动,返回参考点后,返回参考点指示灯亮,如图1－30所示;再选择另一坐标轴进行回参考点操作,进给期间,快速进给倍率有效。

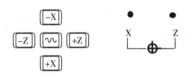

图1－30　回参考点

3）录入功能模式设置初始值

从面板上输入一个程序段的指令,并执行该程序段。

① 按"录入"功能模式键。

② 按"程序"键,按翻页键直到显示[MDI/模],如图1－31所示。

```
程序                              O2000 N0100
      （程序段值）                  （模态值）
      X                           F  200
      Z                           G01 M
      U                           G97 S
      W                             T
      R                           G69
      F                           G99
      M                           G21
      S
      T
      P
      Q                           SACT  0000
地址                              S 0000 T0200
                                  录入方式
```

图1－31　录入方式页面

③ 输入 S600,按输入键;输入 T0100,再按输入键。

④ 按"循环启动"。

该数控机床有一组变速齿轮,在主轴转动前把"主轴手动换挡"扳向"低"处,主轴实际转速是设置转速的1/3。

4)手动移动

① 按"手动"功能模式键。

② 按"位置"键,按翻页键显示坐标和进给百分比页面。

③ 刀具离工件较远时,按"快速/进给键",观察指示灯亮,再按"快速进给百分比"键调整到25%,按坐标轴方向键,刀具以较快的速度移动。

④ 刀具靠近时,按"快速/进给键",观察指示灯不亮,再按"进给百分比"键调整到70%,按坐标轴方向键,刀具以适合切削的速度移动,可手动切削工件,切端面时可根据需要减小。

项目 1.3 数控车床对刀及参数设置

【项目要求】

学习数控车床各坐标系及特点,理解数控车床的对刀原理,强化训练达到熟练掌握试切法对刀,坐标原点的设定,刀具长度补偿值的设置,刀具半径补偿的输入。

(1)计划时间 2学时。

(2)质量要求 熟悉各种坐标,理解对刀原理,熟练掌握对刀操作及参数设置。

(3)安全要求 严格按照安全操作规程进行,确保人身、设备安全。

(4)文明要求 自觉按照文明生产规则进行实训,做有职业修养的人。

(5)环保要求 在项目实训过程中充分考虑保护环境的有利因素。

【项目指导】

1. 数控车床的坐标系

FANUC数控系统坐标位置页面可显示三种坐标系,如图1-32所示。

1)绝对坐标

绝对坐标即工件坐标,它反映刀位点在切削过程中的位置。

2)相对坐标

显示刀具当前在操作者设定的相对坐标系内的位置,或相对于执行上一程序段结束时的位置。

在手动操作机床时,为方便确定刀具

图1-32 坐标位置页面

相对上一位置的距离,可以把它归零或预设值。执行某些程序时(如执行程序换刀),相对坐标将自动发生变化。

3)机械坐标

反映刀具当前在机床坐标系内的位置。机械坐标系是固定不变的,通常各坐标轴的极限位置设置为机械坐标原点。机械坐标用于数控机床调试或以此为基点来定义绝对坐标,机床回参考点或执行设定坐标指令时,以此固定点为基点、数值为距离设置坐标原点。

2. 对刀原理

绝对坐标反映刀位点在切削过程中的位置,编程坐标是编程时面对图形建立的用于计算位置的坐标。编程时设计的刀具路线在加工中用绝对坐标体现出来,因此,绝对坐标同编程坐标一致才能加工出与图形相同的零件。

编程时通常只建立一个坐标原点,即使有多把刀具也可以只使用一个坐标原点。在使用多把刀具的情况下,刀具有不同的形状、在刀架上装夹后具有不同的长度。考虑这些因素后,建立一个编程坐标原点,以刀位点作为参考,使用刀具补偿功能来解决多把刀具形状和长度的问题。

在数控机床上绝对坐标是由设置的坐标原点和刀具补偿共同决定的,即执行坐标原点和刀具补偿指令后,只要显示的绝对坐标值相同则所有刀具的刀位点都在同一位置。因此,可用刀位点作为参考,把刀具看成没有外形的一点来编程。这样既解决了只有一个坐标原点且多把刀具形状和长度不同的问题,也简化了编程过程。

建立坐标原点和刀具补偿后,绝对坐标显示的数值相同,不同刀具补偿时刀架位置不同;反之,刀架位置相同,不同刀具的绝对坐标显示值不同,建立不同刀具补偿或取消刀具补偿时显示值也不相同,明白了这些内容可以帮助理解坐标和刀具补偿的不同设置方法。

执行建立坐标原点和刀具补偿指令时数控系统将在指定地方读取参数,需要事先在指定地方对其参数进行设置。参数设置的方法多种多样,通常采用在数控机床上直接对刀来设置。刀具补偿包括长度补偿和半径补偿,其中半径补偿值直接输入,因此,在数控机床上对刀后需要完成坐标原点和刀具长度补偿设置。

设置的坐标原点数值就是该原点在机械坐标系中的数值(设置的坐标原点以机械坐标为基点),需要设置的刀具长度补偿值为工件坐标原点在设置坐标原点中的数值(长度补偿以设置的坐标原点为基点),可见,应该先设置坐标原点再设置刀具长度补偿。

3. 对刀操作及参数设置

在数控车床上试切法对刀时,通常把对刀点选择工件右端面边缘,即手动试切工件右端面和外圆柱面来定义 Z 和 X 坐标方向的参数。

使用 FANUC 数控系统的车床常用的有三种定义坐标和刀具长度补偿的方法。

1)只设置刀具长度补偿

使用 FANUC 系统的机床,在完成回参考点操作时,就已经执行了默认的 G54 指令。它以机械坐标原点的基准、G54 处的数值为距离来定义坐标原点。

对刀后需要进行坐标、刀具长度补偿参数设置,往往每把刀具只设置其中一项,没有必要两项都设置。在此方法中只对刀具长度补偿参数进行设置。为了方便,将 G54 处的坐标值设置为 0,如图 1-33 所示,在这种情况下机械坐标原点与设定坐标原点重合。刀具长度补偿值为工件坐标原点相对此原点的坐标值,可见,在这种方式下的刀具长度补偿值是

图 1-33　坐标设定页面

一个较大的负数。

（1）Z 轴方向对刀

① 确认刀具（如 1 号刀），用手动或手轮方式切削端面 A，如图 1-34 所示；

② 保持 Z 轴位置不变，向 X 轴方向退刀，停止主轴转动；

③ 确定工件坐标系的零点至端面 A 的距离 L（通常工件右端面为坐标零点，即 $L=0$）；

（2）Z 向刀具长度补偿设置

① 按功能键"OFS/SET"，然后按［补正］软键，再按软键［形状］，出现刀具几何长度补偿页面，如图 1-35 所示；

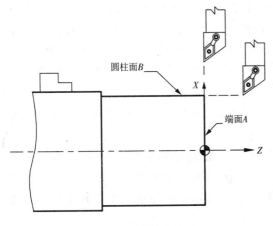

图 1-34　试切法对刀

图 1-35　几何补偿页面

② 将光标移至与刀具号对应的偏置号（如番号 G01）的 Z 处；

③ 键入 ZL 值；

④ 按［测量］软键。则当前机床坐标系下的 Z 坐标值减去 L 值得到的差值作为 Z 轴刀具长度补偿值被自动设置到指定的偏置号。

（3）X 轴方向对刀

① 用手动或手轮方式切削圆柱表面 B，如图 1-34 所示；

② 保持 X 轴位置不变，向 Z 轴方向退刀，停止主轴转动；

③ 测量圆柱面 B 的直径 D；

（4）X 向刀具长度补偿设置

① 在与 Z 向刀具长度补偿的相同页面中，将光标移至与刀具号对应的偏置号的 X 处；

② 输入 XD 值，按［测量］软键。

（5）其他刀具长度补偿设置

使用此方法只设置了刀具长度补偿值，因此，每把刀具的对刀和补偿方法基本相同。不同之处在于 Z 向尺寸不方便测量，后续刀具不能再切削端面，往往用刀具碰工件已切削的右端面，这样 Z 值与上一把刀具的 Z 值相同；而 X 向可以通过测量圆柱面得到，即对刀时既可以选择再次切削圆柱面也可以选择碰已切削的圆柱面。

2)采用 G54～G59 零点偏置指令建立工件坐标系

这种方式既要设置坐标原点也要设置刀具长度补偿,其中刀具长度补偿是依据坐标原点来确定的。因此,先定义坐标原点再确定刀具长度补偿值。通常的做法是:最先用于对刀操作的刀具叫基准刀,基准刀用于确定坐标原点,把它的刀具长度补偿值设置为0;而基准刀具之外的其他刀具使用同一个坐标原点,对刀操作后只需要设置长度补偿值。

工件坐标是由坐标原点和刀具长度补偿值共同决定。不同刀具的夹装位置不同它们的长度补偿值也不同,对刀时要避免前面刀具的长度补偿值影响对刀参数,对刀前需要确认已经取消了刀具长度补偿,再进行对刀操作及参数设置。

刀具长度补偿是相对于坐标原点而言的,而此方式中坐标原点是由基准刀确定的。因此,基准刀具之外的其他刀具的长度补偿是相对基准刀而言的,叫相对刀具长度。如果其他刀具夹装后的长度比基准刀具夹装后的长度长,刀具长度补偿值为正;反之为负。所以,在这种方式下基准刀具的长度补偿值为0,而其他刀具的长度补偿值是一个较小的正负数。

零点偏置指令 G54～G59(通常用 G54)指的是工件坐标原点与机械坐标原点之间的偏置距离。如果可以把基准刀具的刀尖(刀位点)移动到与工件坐标系原点重合的位置,此时机械坐标系中的坐标值即为需要的零点偏置值,把此值输入 CNC 系统零点偏置寄存器中 G54 的位置就完成了对坐标原点的参数设置;实际对刀操作时不能或没有必要把基准刀具的刀尖移动到与工件坐标系原点重合处,只需换算出零点偏置距离或按系统规定格式(数控系统自动换算)进行设置。

(1)基准刀具 Z 轴方向对刀

① 使用基准刀具(如 1 号刀),用手动或手轮方式切削端面 A(同上);

② 保持 Z 轴方向位置不变,仅向 X 轴方向退刀,停止主轴;

③ 确定工件坐标系的零点至表面 A 的距离 L(通常工件右端面为坐标零点,即 L=0);

(2)设置 G54 中 Z 向坐标值

① 按功能键"OFS/SET"和[工件系]软键,出现工件坐标系设定页面,如图 1－33 所示;

② 将光标移至 G54 的 Z 处;

③ 键入 ZL 值;

④ 按[测量]软键。数控系统将自动更新此数值,此数值为工件坐标原点在机械坐标中的数值。

(3)基准刀具 X 轴方向对刀

① 用手动或手轮方式切削圆柱表面 B(同上);

② 保持 X 轴方向位置不变,仅向 Z 轴方向退刀,停止主轴;

③ 测量表面 B 的直径 D;

(4)设置 G54 中 X 向坐标值

① 在与 Z 向坐标设置相同的页面中,将光标移到 X 处;

② 输入 XD 值,按[测量]软键。

(5)其他刀具 Z 向对刀

① 使用手动换刀(如 2 号刀),主轴正转用手动或手轮方式移动刀尖碰工件 A 端面;

② 保持 Z 轴方向位置不变,仅向 X 轴方向退刀,停止主轴;

③ 此时的 Z 向值 L 与上把刀是的 Z 值相同;

(6)Z 向刀具长度补偿设置

① 按显示键"OFS/SET"和[补正]软键,再按软键[形状],出现刀具几何补偿页面,如图 1-35 所示;

② 将光标移至与刀具号对应的偏置号(如番号 G02)的 Z 处;

③ 键入 ZL 值,按[测量]软键。

(7)其他刀具 X 轴方向对刀

① 用手动或手轮方式切削圆柱表面 B,或刀尖碰工件 B 表面;

② 保持 X 轴方向位置不变,仅向 Z 轴方向退刀,停止主轴;

③ 测量表面 B 的直径 D;

(8)其他刀具 X 向刀具长度补偿设置

① 在与 Z 向刀具长度补偿的相同显示页面中,将光标移至与刀具号对应的偏置号的 X 处;

② 输入 XD 值,按[测量]软键。

3)采用 G50XmZn 指令建立工件坐标系

这种方式与"采用 G54~G59 零点偏置指令建立工件坐标系"的原理一样,也是既要设置坐标原点也要设置刀具长度补偿,并且刀具长度补偿的对刀及参数设置方法也都一样,不同的是基准刀具定义坐标原点的方法不同。

用基准刀具对刀后,前面使用 G54 定义坐标原点的方法是在 G54 处填上坐标原点在机械坐标中的值,即使关机后数值也将保留;而 G50 定义坐标原点的方法是执行程序段,关机或回参考点操作后将发生变化,必须重新设定坐标原点。

执行 G50 程序段时,把程序段中的坐标值赋与当前刀位点,即把当前刀位点的坐标值设置为此数值,以此数值来确定坐标原点。如执行程序 G50X200.0Z150.0 后;刀具的当前刀位点在工件坐标系中的坐标值是(200,150),也就确定了它的原点位置。

使用 G50 程序段建立工件坐标系,定义的坐标原点与两个因素有关:G50 程序段中坐标值和执行时刀具的当前刀位点。自动执行含 G50 定义坐标的程序前,需要查看 G50 程序段中的坐标值,还要把基准刀具的刀位点移动到此坐标数值处(即程序起刀点)。

(1)基准刀具 Z 轴方向对刀

① 使用基准刀具(如 1 号刀),用手动或手轮方式切削端面 A,如图 1-34 所示;

② 保持 Z 轴方向位置不变,仅向 X 轴方向退刀,停止主轴;

③ 确定工件坐标系的零点至表面 A 的距离 L(通常工件右端面为坐标零点,即 $L=0$);

(2)定义 Z 向坐标原点

① 选择"手动数据输入"功能模式;

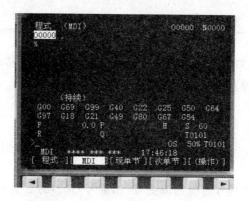

图 1-36　MDI 页面

② 按功能键"PROG"和[MDI]软键,出现程序(MDI)页面,如图 1-36 所示;

③ 键入 G50 ZL 值;

④ 按"程序启动"键。

(3)基准刀具 X 轴方向对刀

① 用手动或手轮方式切削圆柱面 B(同前);

② 保持 X 轴方向位置不变,仅向 Z 轴方向退刀,停止主轴;

③ 测量表面 B 的直径 D;

(4)定义 X 向坐标原点

① 在与定义 Z 向坐标原点相同页面中;

② 输入 G50XD 值,按"程序启动"键。

(5)其他刀具对刀及刀具长度补偿设置

其他刀具的对刀方法和刀具长度补偿设置方法与上述完全相同,刀具长度补偿值仍然是相对于基准刀具的长度。

4．刀具半径补偿

在数控车床上使用的刀具,为达到提高刀尖强度,降低被加工工件表面粗糙度,减缓刀具磨损,提高刀具寿命,刀尖处不可能是一个点,通常将车刀刀尖制成圆弧形。

车刀的刀尖制成圆弧,但为了方便数控程序却是按一点(刀位点)来编写的,这样就会出现车刀在加工圆锥面和圆弧面时,造成零件尺寸与形状的加工误差。解决此问题的办法是在程序中起用刀具半径补偿功能,再把刀尖半径补偿值输入数控车床的刀具表中,自动加工时,数控系统能自动计算补偿量来消除误差。

不是所有刀具和加工方式都有必要进行半径补偿,通常精加工轮廓线组成的零件时使用刀尖圆弧半径补偿。输入刀尖半径补偿的方法如下:

① 按功能键"OFS/SET",然后按[补正]软键,再按软键[形状],出现刀具几何补偿页面,如图 1-35 所示;

② 在相应刀具号的 R 处输入刀尖圆弧半径值,在 T 处输入刀尖方位代号。例如右手外圆车刀的刀尖方位代号是 3。

【项目实施器具】

实施本项目需要提前准备以下器具：数控车床为 C$_2$－6132HK/1 和 C$_2$－6136HK；毛坯材料为 45 钢，ϕ32×100；需要的刀具、量具和用具清单见表 1-8。

表 1-8　刀具、量具和用具清单

类别	序号	名　称	型号/规格	精度	数量	备注
刀具	1	外圆车刀	W 型（93°右偏刀）	刀尖半径≤0.4	1/组	刀片 20
	2	端面车刀	S 型（45°右偏刀）		1/组	刀片 10
	3	外切槽刀	刀宽 4		1/组	刀片 10
	4	外螺纹车刀	T 型（刀尖角 60°）	刀尖半径≤0.2	1/组	刀片 10
量具	5	游标卡尺	0～150	0.02	1/组	
	6	螺旋千分尺	0～25,25～50	0.01	各 1/组	
	7	钢直尺	150		1/组	
用具	8	三爪卡盘扳手	与机床相适应		1/组	一套
	9	刀架扳手和钢管	与机床相适应		1/组	一套
	10	垫片			若干	
	11	防护镜			1/人	
	12	工作帽			1/人	
	13	毛刷			1/组	

【项目预案】

问题 1　刀具长度补偿值不能取消。

解决措施：C$_2$－6136HK 数控车床采用的是 FANUC 0i Mate－TC 数控系统，使用换刀和取消刀具长度补偿指令（如 T0100），都不能取消该刀具的长度补偿值。有两种方法可以取消刀具长度补偿值，其一是返回参考点操作；其二是调用长度补偿值为 0 的刀具补偿号。例如，刀具补偿号 G06 处 X 和 Z 的数值都是 0，执行 T0106 指令后，1 号刀具的长度补偿值为 0，也就取消了 1 号刀具的长度补偿。

问题 2　对刀及参数设置值存在较大误差。

解决措施：对刀及参数设置的一般顺序是：先对刀操作，计算或测量刀位点在工件坐标系中的坐标值，再完成坐标原点或刀具长度补偿的设置。可以按上述相反的顺序进行检查，首先检查设置坐标原点或刀具长度补偿的参数项位置是否正确（比如应该在 G02 处设置的，确设置在 G09 位置上）、输入格式、输入数据是否有错；然后重新测量试切加工表面尺寸（测量时选用与精度要求匹配的量具，规范使用量具，准确读出测量值），重新计算刀位点在工件坐标中的坐标值；或者重新对刀。对刀操作时，要尽量提高表面的切削质量，否则会严重影响测量精度，如果是碰边操作，在靠近目标表面时要非常缓慢且仔细操作,否则会出现较大误差。

问题 3 刀具补偿值设置到"磨损"处而不在"形状"处。

解决措施:按功能键"OFS/SET",然后按软键[补正],会有两个可选择补偿页面。按软键[磨损]后,出现刀具磨损补偿画面,番号 W××;按软键[形状]出现刀具几何补偿画面,番号 G××。下面举例说明它们的差异,假定刀具号为 T02、刀具长度补偿号也是02 号,在 W02 的 X 处输入 1.0,在 G02 的 X 处输入 20.0。在没有长度补偿情况下,执行 T0200 指令后 2 号刀具的长度补偿值为 1.0;执行 T0202 指令后 2 号刀具的长度补偿值为 21.0。可见只要换刀后,"磨损"刀补值将建立,执行调用长度补偿指令则"形状"和"磨损"刀补值都建立,总刀具补偿值为两个之和。通常的使用方法是对刀后在"形状"处设置刀具长度补偿值(将自动清除对应"磨损"的值),对零件加工的误差则在"磨损"处输入误差值。

【项目实施】

1. 学习理解内容

1)数控车床各种坐标系

切换到绝对坐标页面。按功能键"POS(位置)",按软键[绝对],绝对坐标即工件坐标,它反映刀位点在切削过程中的位置。

自动运行的监控页面。选择"自动运行"功能模式,然后按功能键"PROG(程序)",按软键[绝对],自动加工开始时就需要核对绝对坐标是否符合实际。

切换到相对坐标页面。按功能键"POS(位置)",按软键[相对],相对坐标很少用于参数设置,在手动操作数控机床时,用于确定移动的距离。为了方便确定刀具相对上一位置的距离,可以把它归零或设置初始值。相对坐标归零或预设的方法是:

① 按功能键"POS(位置)",按软键[相对],出现"相对坐标"页面;

② 按软键[操作],按键盘上一个轴地址键(如 U 或 W),此时画面中指定轴的地址闪烁,再按软键[起源],闪烁轴的相对坐标值复位至 0;也只可以按软键[起源],再按软键[全轴]则所有轴的相对坐标值复位为 0;

③ 输入坐标字(如 U20.0),按软键[预定],X 轴的相对坐标被设定为指定值 20.0。

④ 切换到综合坐标页面。按功能键"POS(位置)",按软键[综合],机械坐标是固定不变的,是确定其他坐标值或测量距离的基准点,操作机床时一般不直接使用它。

2)对刀原理

观察 4 把刀具在刀架上的安装情况,各把刀具在刀架上装夹后具有不同的长度,以刀位点作为参考,使用刀具补偿功能就能使它们的坐标位置一致。

切换到"工件坐标"页面,分析理解设置的坐标原点数值就是该原点在机械坐标系中的数值。切换到"几何长度补偿"页面,分析理解设置的刀具长度补偿值为工件坐标原点在设置坐标原点中的数值。绝对坐标由设置的坐标原点和刀具长度补偿共同决定,它们的值往往在数控机床上直接对刀后进行设置,显然,应该先设置坐标原点再设置刀具长度补偿。

2. 操作训练内容

1)数控车床开机

(1)开机前检查;

(2)先开机床总电源,再按系统面板上的"系统上电"键;

(3)向右旋转"急停"旋钮,再按"复位"键消除报警;

(4)手动回参考点操作;

(5)数控机床初始参数设置。

2)用三爪卡盘装夹工件

选取 $\phi 32$ 的毛坯件,装入三爪卡盘上外伸长度 50mm 左右,用加力棒夹紧工件,使用后要即时拿下三爪扳手。工件夹装后需要在较低的转速下试转工件,如果工件晃动较大,则需要调整直到晃动符合要求为止。

3)刀具安装

在 1 号刀位上安装外圆车刀,在 2 号刀位上安装端面车刀,在 3 号刀位上安装外圆切槽刀,在 4 号刀位上安装外螺纹车刀。

刀具安装时尽量缩短刀具外伸长度,以提高刀具刚度。刀具安装后要保证刀尖与工件回转轴线等高,否则,将影响加工精度和损坏刀具。

安装 1 号外圆车刀时需要控制主偏角为 93°~95°;安装 2 号端面车刀、3 号外圆切槽刀和 4 号外螺纹车刀时都要使刀具与工件回转轴线垂直。

4)1 号刀具对刀及参数设置

(1)Z 轴方向对刀

① 选择"手动"功能模式,按"手动刀架",换 1 号外圆车刀为当前刀具;

② 选择"手动"或"手轮×100"功能模式,移动刀具靠近工件;

③ 按"正转"键,使主轴以 S500 的转速转动;

④ 选择"手轮×10"功能模式,手轮移动轴选择 X 轴,刀具沿 X 轴负方向切削工件端面,吃刀深度在 0.5mm 左右,切削越靠近端面中心,手轮的旋转速度越慢,保证手动切削的端面光滑;

⑤ 手轮移动轴仍然是 X 轴,沿切削相反方向快速旋转手轮,使刀尖退到工件表面外;

⑥ 按"主轴停止"键或"复位"键;

⑦ 若编程坐标原点在工件右端面中心,此时刀位点在工件坐标系中 Z 向坐标值为 Z0。

(2)Z 向刀具长度补偿设置

① 按显示键"OFS/SET",按[补正]软键,再按软键[形状],出现刀具几何补偿页面,如图 1-37 所示;

② 按菜单继续键 ▶,按[CLEAR]软键,按[全部]软键,清除刀具偏置数据;

③ 将光标移至番号 G01 的 Z 值处;

④ 键入 Z0;

⑤ 校对光标位置和输入值,按[测量]软

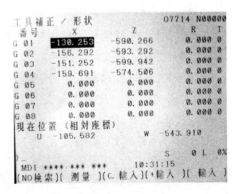

图 1-37　几何补偿页面

键,观察光标处数值应该有所变化。

（3）X轴方向对刀

① 按"正转"键,使主轴以 S500 的转速正转;

② 选择"手轮×10"功能模式,手轮移动轴选择 X 轴,刀具沿 X 轴负方向移动到能切削工件,背吃刀量在 1.0mm 左右。手轮移动轴选择 Z 轴,均匀旋转手轮,保证手轮切削的圆柱表面光滑;

③ 手轮移动轴仍然是 Z 轴,沿切削相反方向快速旋转手轮,使刀尖退到离工件较远处;

④ 按"主轴停止"键或"复位"键;

⑤ 用游标卡尺或螺旋千分尺准确测量加工圆柱表面的直径。如测得直径为 31.234mm,说明此时刀位点在工件坐标系中 X 向坐标值为 X31.234。

（4）X 向刀具长度补偿设置

① 在刀具几何补偿页面中,将光标移至番号 G01 的 X 值处;

② 键入 X31.234;

③ 校对光标位置和输入值,按[测量]软键,观察光标处数值应该有所变化。

5）1 号刀具的半径补偿值

① 在刀具几何补偿页面中,将光标移至番号 G01 行;

② 在 R 列对应处输入刀尖半径值(如 0.4),在 T 列对应处输入刀尖位置代号 3。

6）2 号刀具对刀及参数设置

（1）Z轴方向对刀及参数设置

① 选择"手动"功能模式,按"手动刀架",换 2 号端面车刀为当前刀具;

② 选择"手动"或"手轮×100"功能模式,移动刀具靠近工件;

③ 按"正转"键,使主轴以 S500 的转速转动;

④ 选择"手轮×10"功能模式,仔细观察并移动端面车刀的左侧刀尖贴近工件右端面。选择"手轮×1"模式,手轮移动轴选择 Z 轴,小心缓慢向负方向旋转手轮,直到在刀尖处看到有铁屑产生,表明此刀尖已与工件端面接触。选择"手轮×10"模式,手轮移动轴选择 X 轴,向正方向旋转手轮,使刀尖离开工件;

⑤ 按"主轴停止"键或"复位"键;

⑥ 在刀具几何补偿页面中,将光标移至番号 G02 的 Z 值处;

⑦ 键入 Z0;

⑧ 校对光标位置和输入值,按[测量]软键,观察光标处数值应该有所变化。

（2）X轴方向对刀及参数设置

① 按"正转"键,使主轴以 S500 的转速转动;

② 选择"手轮×10"功能模式,手轮移动轴选择 X 轴,仔细观察并移动端面车刀的前刀尖可以切削到工件,手轮移动轴选择 Z 轴,均匀旋转手轮,保证手轮切削的圆柱表面光滑;向正方向快速旋转手轮,使刀具远离工件;

③ 按"主轴停止"键或"复位"键;

④ 用游标卡尺或螺旋千分尺准确测量加工圆柱表面的直径。如测得值为 29.876,

则此时刀位点在工件坐标系中 X 向坐标值为 $X29.876$；

⑤ 在刀具几何补偿页面中，将光标移至番号 G02 的 X 值处；

⑥ 键入 $X29.876$；

⑦ 校对光标位置和输入值，按［测量］软键，观察光标处数值应该有所变化。

7) 3 号刀具对刀及参数设置

(1) Z 轴方向对刀及参数设置

① 选择"手动"功能模式，按"手动刀架"，换 3 号外圆切槽刀为当前刀具；

② 选择"手动"或"手轮×100"功能模式，移动刀具靠近工件；

③ 按"正转"键，使主轴以 S500 的转速转动；

④ 选择"手轮×10"功能模式，仔细观察并移动外圆切槽刀使左前刀尖贴近工件端面。选择"手轮×1"模式，手轮移动轴选择 Z 轴，小心缓慢地向负方向旋转手轮，直到在左刀尖处看到有铁屑产生，表明左刀尖的左侧与工件端面接触。选择"手轮×10"模式，手轮移动轴选择 X 轴，向正方向旋转手轮，使刀尖离开工件；

⑤ 按"主轴停止"键或"复位"键；

⑥ 在刀具几何补偿页面中，将光标移至番号 G03 的 Z 值处；

⑦ 键入 $Z0$；

⑧ 校对光标位置和输入值，按［测量］软键，观察光标处数值应该有所变化。

(2) X 轴方向对刀及参数设置

① 按"正转"键，使主轴以 S500 的转速转动；

② 选择"手轮×10"功能模式，手轮移动轴选择 Z 轴，移动切槽刀并观察能切削到工件；手轮移动轴选择 X 轴，小心缓慢地向负方向旋转手轮，直到在前切屑刃处看到有铁屑产生，表明切槽刀具的前刃已与圆柱面接触；选择"手轮×100"模式，手轮移动轴选择 Z 轴，向正方向旋转手轮，使刀具离开工件；

③ 按"主轴停止"键或"复位"键；

④ 在刀具几何补偿页面中，将光标移至番号 G03 的 X 值处；

⑤ 键入 $X29.876$；

⑥ 校对光标位置和输入值，按［测量］软键，观察光标处数值应该有所变化。

8) 4 号刀具对刀及参数设置

(1) Z 轴方向对刀及参数设置

① 选择"手动"功能模式，按"手动刀架"，换 4 号外螺纹车刀为当前刀具；

② 选择"手动"或"手轮×100"功能模式，移动刀具靠近工件；

③ 按"正转"键，使主轴以 S500 的转速转动；

④ 选择"手轮×10"功能模式，手轮移动轴选择 Z 轴，仔细观察并移动外螺纹刀使刀尖大致与工件端面对齐。手轮移动轴选择 X 轴，向正方向旋转手轮，使刀尖离开工件；

⑤ 按"主轴停止"键或"复位"键；

⑥ 在刀具几何补偿页面中，将光标移至番号 G04 的 Z 值处；

⑦ 键入 $Z0$；

⑧ 校对光标位置和输入值，按［测量］软键，观察光标处数值应该有所变化。

（2）X 轴方向对刀及参数设置

① 按"正转"键，使主轴以 S500 的转速转动；

② 选择"手轮×10"功能模式，手轮移动轴选择 Z 轴，移动并观察外螺纹刀能切削到工件外圆柱面；手轮移动轴选择 X 轴，小心缓慢向负方向旋转手轮，直到在刀尖处看到有铁屑产生，表明螺纹车刀的刀尖已与圆柱面接触；选择"手轮×100"模式，手轮移动轴选择 Z 轴，向正方向旋转手轮，使刀具离开工件；

③ 按"主轴停止"键，或"复位"键；

④ 在刀具几何补偿页面中，将光标移至番号 G04 的 X 值处；

⑤ 键入 X29.876；

⑥ 校对光标位置和输入值，按［测量］软键，观察光标处数值应该有所变化。

【项目评价】

本项目实训成绩评定见表 1-9。

表 1-9　项目 1.3 成绩评价表

产品代号		项目 1.3		学生姓名		综合得分	
类别	序号	考核内容	配分	评分标准	得分	备注	
操作过程	1	理解各坐标系	5	不理解一个键扣 1 分			
	2	理解对刀原理	5	不理解一个键扣 1 分			
	3	相对坐标设置或清零	5	不能完成一处扣 1 分			
	4	数控车床开机	5	少一个环节扣 2 分			
	5	用三爪卡盘装夹工件	5	不规范酌情扣 1～5 分			
	6	刀具安装	5	不规范每处扣 2 分			
	7	1 号刀具对刀及参数设置	10	不规范酌情扣 1～5 分			
	8	其他刀具对刀及参数设置	15	不规范酌情扣 1～5 分			
	9	完成时间	10	不按时完成无分			
	10	行为规范、纪律表现	5	酌情扣 1～5 分			
职业素养	11	工件场地整理	5	未打扫机床扣 10 分			
	12	机床维护保养正确	5	不完成无分			
	13	安全操作	10	不遵守数控机床安全操作规则每次扣 5 分			
	14	文明操作	5	不符合文明规范操作每次扣 3 分			
	15	注意环保	5	不注意每次扣 3 分			

注：（1）加工操作期间，发生撞刀现象，将暂停操作数控机床的资格；

　　（2）发生影响安全的违规、违章操作，由指导教师按实训管理制度进行处理。

【项目作业】

(1)总结对刀及参数设置方法,理解对刀原理。

(2)预习并准备下次实训内容。

【项目拓展】

1. 广数系统车床对刀及设置

C_2−6132HK/1 型数控车床使用的是 GSK980(广数)系统,它只支持 G50 定义坐标原点。所以,先用基准刀具对刀操作后运行程序段定义工件坐标原点,它的长度补偿设为 0;再用其他刀具对刀操作并设置刀具相对长度补偿值。

如果已经有刀具补偿值,将影响到绝对坐标值,也就会影响后续刀具的长度补偿值,因此,对刀前要先取消刀具长度补偿值。该机床可以方便地取消刀具长度补偿,即执行换刀指令 T××00,在换刀时也取消了该刀具的长度补偿值。

1)基准刀具 Z 轴方向对刀

① 换基准刀具(如 1 号刀)为当前刀具;

② 按"手动"功能模式,主轴"正转";按坐标轴移动方向键,切削工件端面 A,如图 1−34 所示;

③ 在 Z 轴不动的情况下沿 X 轴增大方向移出刀具,"停止"主轴旋转;

④ 确定工件坐标系的零点至工件端面 A 的距离 L(通常工件右端面为坐标零点,即 Z=0)。

2)用 G50 定义 Z 坐标

① 按"录入"功能模式;

② 按[程序],翻页到[MDI/模]下,输入 G50 ZL;

③ 按"执行"键;

④ 按[位置],观察已把当前位置的 Z 轴绝对坐标设为"L"。

3)基准刀具 Z 向长度补偿值清 0

① 按"录入"功能模式;

② 按[刀补],翻页并且把光标移到偏置号为 101 处(基准刀偏置号+100);

③ 输入 ZL,按"输入"键。

基准刀具补偿值清零也可以这样进行:翻页将光标移到 001 行,按 Z 键,此时所按键的地址闪烁,然后按"CAN"键,Z 的值被复位为 0。

4)基准刀具 X 轴方向对刀

① 按"手动"功能模式,主轴"正转";坐标轴移动方向键,切削圆柱 B 表面,如图 1−34 所示;

② 在 X 轴不动的情况下沿 Z 轴增大方向移出刀具,停止主轴旋转;

③ 测量圆柱面直径"D"。

5)用 G50 定义 X 坐标

① 按"录入"功能模式;

② 按[程序]，翻页到[MDI/模]下，输入 G50 XD；

③ 按"执行"键；

④ 按[位置]，观察已把当前位置的 X 轴绝对坐标设为"L"。

6)基准刀具 X 向长度补偿值清 0

① 按"录入"模式；

② 按[刀补]，翻页并且把光标移到偏置号为 101 处；

③ 输入 XD，按"输入"键。

基准刀具补偿值清零也可以这样进行：翻页将光标移到 001 行，按 X 键，此时所按键的地址闪烁，然后按"CAN"键，X 的值被复位为 0。

7)非基准刀具 Z 向对刀

① 换非基准刀具(如 2 号刀)为当前刀具；

② 按"手动"功能模式，主轴"正转"；坐标轴移动方向键，移动刀尖刚好接触工件端面 A(同前)；

③ 在 Z 轴不动的情况下沿 X 轴增大方向移出刀具，"停止"主轴旋转；

④ Z 坐标值与基准刀具相同。

8)非基准刀具 Z 向长度补偿值

① 按"录入"功能模式；

② 按[刀补]，翻页并且把光标移到偏置号为 102 处(刀偏置号＋100)；

③ 输入 ZL，按输入键，可以观察到已经设置了 Z 向长度补偿值。

9)非基准刀具 X 向对刀

① 按"手动"功能模式，主轴"正转"；坐标轴移动方向键，沿圆柱表面 B 切削一段；

② 在 X 轴不动的情况下沿 Z 轴增大方向移出刀具，"停止"主轴旋转；

③ 测量圆柱面直径"D"。

10)非基准刀具 X 向长度补偿值

① 按"录入"功能模式；

② 按[刀补]，翻页并且把光标移到偏置号为 102 处；

③ 输入 XD，按输入键，可以观察到已经设置了 X 向长度补偿值。

项目 1.4 数控车床程序的编辑与校验

【项目要求】

训练在数控车床上手动输入程序,掌握程序的调试编辑方法,熟练应用仿真功能对程序进行校验。

(1)计划时间 2 学时。

(2)质量要求 能在数控车床上手工输入新程序,对有错的程序进行编辑,掌握在数控车床上校验程序的方法及其操作要领。

(3)安全要求 严格按照安全操作规程进行,确保人身、设备安全。

(4)文明要求 自觉按照文明生产规则进行实训,做有职业修养的人。

(5)环保要求 在项目实训过程中充分考虑保护环境的有利因素。

【项目指导】

1. 创建新程序

在数控车床上手工输入一个新程序的方法。

① 选择"程序编辑"功能模式;

② 按面板上的"PROG"键,显示程序页面,如图 1-38 所示;

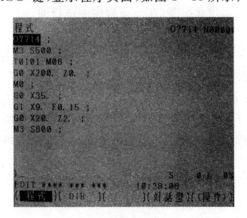

图 1-38 程序编辑页面

③ 用字母和数字键,输入程序号。例如,输入程序号"O7714";

④ 按系统面板上的"插入"键;

⑤ 输入分号";";

⑥ 按系统面板上的"插入"键;

⑦ 这时程序屏幕上显示新建立的程序名,光标在第二行,接下来可以输入程序内容。

一个程序行输入结束时,按 EOB 键生成";",然后再按插入键,这时程序会自动换行,光标出现在下一行的开头。

2. 后台创建新程序

在自动执行一个程序期间输入编辑另一个程序称为后台编辑。编辑方法与普通编辑相同,后台编辑的程序输入完成后,需要返回到前台页面,输入的程序将自动保存到前台存储器中。后台输入程序的操作方法如下:

① 选择"自动运行"或"程序编辑"功能模式;

② 按功能键"PROG";

③ 按软键[操作],然后按软键[BG-EDT],显示后台编辑画面;

④ 在后台编辑画面,按照通用的程序编辑方法输入、编辑程序;

⑤ 输入编辑完成之后,按软键[操作],然后按软键[BG-END],返回到前台页面。编辑程序自动保存到前台存储器中。

3. 打开程序文件

打开存储器中保存的程序,使其成为当前程序。

选择"程序编辑"或"自动运行"功能模式,按"PROG"键,显示程序画面,然后输入程序号,再按光标键。或者使用以下方法:

① 如果不清楚程序名称,按[DIR]软键,可显示程序名列表;

② 使用字母和数字键,输入程序名;

③ 按[O检索]软键;

④ 将显示这个程序,且它为当前程序。

4. 编辑程序

下列各项操作均是在编辑状态下,在当前程序中进行的。

1)字的检索

① 按[操作]软键;

② 按▶软键,直到软键中出现[检索(SRH)↑]和[检索(SRH)↓]软键;

③ 输入需要检索的字。如要检索 M03;

④ 按[检索]键,带向下箭头的检索键为从光标所在位置开始向程序后面检索,带向上箭头的检索键为从光标所在位置开始向程序前面进行检索;如果检索的字不存在,将会出现报警信号;

⑤ 光标找到目标字后,定位在该字上。

2)光标跳到程序头

当光标处于程序中间,而需要将其快速返回到程序头,可用下列三种方法。

方法一:在"程序编辑"功能模式,显示程序画面时,按[RESET]键,光标即可返回到程序头。

方法二:在"自动运行"或"程序编辑"功能模式,显示程序画面时,输入程序名,然后按软键[O检索]。

方法三:在"自动运行"或"程序编辑"功能模式,按[PROG]键,然后按[操作]键,再按[REWIND]键。

3)字的插入

① 使用光标移动键或检索,将光标移到插入位置前的字;

② 键入要插入的字;

③ 按"INSERT"键。

4)字的替换

① 使用光标移动键或检索,将光标移到替换的字上;

② 键入要替换的字;

③ 按"ALTER"键。

5)字的删除

① 使用光标移动键或检索,将光标移到需要删除的字上;

② 按删除键。

6)删除一个程序段

① 使用光标移动键或检索,将光标移到要删除的程序段地址 N;

② 键入";";

③ 按"DELETE"键。

7)删除多个程序段

① 使用光标移动键或检索,将光标移到要删除的第一个程序段的第一个字;

② 键入地址 N;

③ 键入将要删除的最后一个段的顺序号;

④ 按"DELETE"键。

5.删除程序

删除存储器中不使用程序的步骤如下:

① 在"程序编辑"方式下,按[PROG]键;

② 按[DIR]软键;

③ 显示程序名列表;

④ 使用字母和数字键,输入欲删除的程序名;

⑤ 按面板上的"DELETE"键,该程序将从程序名列表中删除。

6.程序的检查

在数控车床上按照程序单手工输入程序时可能会出现输入错误,另外不同数控系统支持的程序格式略有差异,因此,手工输入的程序必须利用数控机床现场进行检验、调整,只有确认加工程序完全正确后才能进行实际加工。在数控车床上现场对程序进行检验的方法较多,可以根据需要选择一种合适的方法。

1)用机床锁定功能来检查

机床锁定后执行自动运行功能,刀架不移动,但位置坐标的显示和刀架运动时一样,并且 M、S、T 都执行。如果程序能顺利运行,说明程序格式没有问题。其操作步骤如下:

① 车床"回参考点"操作；

② 选择"自动运行"方式；

③ 按［PROG］功能键，屏幕上显示被检查的程序，将光标移到程序头；

④ 按下"车床锁定"键，按键灯亮；

⑤ 按"位置"键，显示绝对坐标画面；

⑥ 按"程序启动"键，按键灯亮，开始进行程序检验。根据机床的运行状态、绝对坐标显示值与程序对照分析，从而确定程序的正确性。

2）用单程序段运行来检查

单程序段运行是指数控机床执行一行程序后就暂停，再按一下"程序启动"键，接着再执行一行程序，不断重复按"程序启动"键，直到程序执行完成。但在执行循环指令时，每按一次"程序启动"键，将执行一个循环，回到循环起点位置才暂停。其操作步骤如下：

① 选择自动方式；

② 按［PROG］功能键，屏幕上显示被检查的程序，将光标移到程序头；

③ 设置"进给倍率"旋钮的位置，一般选择100％的进给速度；

④ 按"单程序段"键，按键灯亮；

⑤ 按"POS"键，显示机床坐标画面；

⑥ 按"程序启动"键，按键灯亮，车床执行完第1段程序后暂停运行；

⑦ 此后，每按一次"程序启动"键，程序就往下执行一段，直到整个程序执行完毕。根据机床的运行状态、绝对坐标显示值与程序对照分析，从而确定程序的正确性。

3）作刀具路径图形

图形显示功能能够在屏幕上画出正在执行程序的刀具轨迹。通过观察屏幕上的轨迹，可以检查加工过程。在校验过程中要观察判断以下内容：如果在整个校验过程中机床工作状态没有问题，刀具轨迹完整，说明程序格式没有问题；在校验过程中，一边观察刀轨一边注意机床运行的转速和使用的刀具是否与实际一致；利用在屏幕上画出的刀具路径，检查加工的轨迹和加工形状，判断程序中输入的坐标位置是否正确。

（1）设定图形参数

在图形参数设置页面中，如图1－39所示。

● 图形中心：$X=\_$，$Z=\_$将工件坐标系上的坐标值设在绘图中心。

● 比例：设定绘图的放大率，值的范围是0到10000（单位：0.01倍）。

图形设定范围，此时值的单位是0.001mm，系统会对图形比例，图形中心值进行自动设定，通常使用此项。如：材料长为55000；材料径为35000。

（2）图形模拟

① 在"编辑"功能模式，按"程序"功能键，显示程序页面，检查光标是否在程序起始位置。

② 按"CUTM/GR"（用户宏/图形）键，然后按［参数］软键，对图形显示进行设置。

③ 开动数控车床现场对程序进行校验时，思维上应假定程序有错误，现有工件和刀具有可能出现的情况要充分事先预见。核心问题是校验过程中，刀具不能与任何部件发生干涉，可以依据实际情况从下列方法中选择一种。

其一,不夹装工件或刀具;其二,夹装有工件和刀具,采用"车床锁定";其三,夹装有工件和刀具,还没有进行坐标原点和刀具长度补偿,就可以随意把坐标原点设置到远离工件的地方;其四,夹装有工件和刀具,且已经完成了对刀及参数设置,可以利用FANUC数控系统功能把坐标原点的Z轴向远离工件的方向移动(按"OFS/SET"键,然后按软键[坐标系],在G54 00(EXT)的Z轴处设置坐标偏移,如在Z处输入100.0),也可以虚拟地把工件向远离刀具的方向移动(按"OFS/SET"键,然后按菜单继续键,再按软键[工件移],设置工件平移。如Z轴-100.0。

④ 选择"自动运行"。

⑤ 按"程序启动"键,可以按下"空运行"键,减少程序运行时间。

⑥ 在"CUTM/GR"模式中,按[图形]软键,进入图形显示页面,如图1-40所示,检查刀具路径是否正确,有针对性地对程序进行修改。

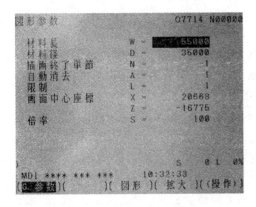

图1-39　图形参数设置页面

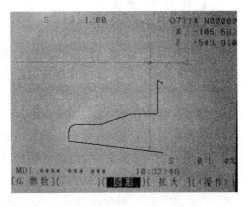

图1-40　模拟作图页面

当有语法和格式问题时,会出现报警(P/S ALARM)和一个报警号,查看光标停留位置,光标后面的两个程序段可能就是出错的程序段,根据不同的报警号查出产生的原因作相应的修改调试。

【项目实施器具】

实施本项目需要提前准备以下器具:数控车床为$C_2-6132HK/1$和$C_2-6136HK$;毛坯材料为45钢,$\phi 32\times100$;需要的刀具、量具和用具清单见表1-10。

表1-10　刀具、量具和用具清单

类别	序号	名　称	型号/规格	精　度	数　量	备　注
刀具	1	外圆粗车刀	W型(93°右偏刀)	刀尖半径0.6	1/组	刀片20
	2	外圆精车刀		刀尖半径≤0.4	1/组	刀片10
量具	5	游标卡尺	0~150	0.02	1/组	
	6	螺旋千分尺	0~25,25~50	0.01	各1/组	
	7	钢直尺	150		1/组	

（续表）

类别	序号	名　称	型号/规格	精　度	数　量	备　注
用具	8	三爪卡盘扳手	与机床相适应		1/组	一套
	9	刀架扳手和钢管	与机床相适应		1/组	一套
	10	垫片			若干	
	11	防护镜			1/人	
	12	工作帽			1/人	
	13	毛刷			1/组	

【项目预案】

问题 1　在编辑程序时出现报警

解决措施: 在新输入程序和编辑已经打开的当前程序时,都必须在可改写状态下进行,否则将出现报警。有些机床是通过修改参数为"开"来设置为改写状态,有些机床则是旋转面板上的"程序保护锁"钥匙开关到"关"处。

新输入程序名与存储器中已有程序名相同时会出现报警,按"复位"解除报警后,查看存储器中已有程序名,重新输入不同的程序名。

在输入或编辑程序时,经常需要移动光标位置,如果在"输入缓存区"中输入了字,此情况下还按光标键,此时不是光标移动功能而是查找功能,如果没有查到需要的字将出现报警。按"复位"键解除报警后,按光标键可移动光标位置。

问题 2　在屏幕上看不到刀具路径图形

解决措施: 在数控车床上刀具路径图形显示已经按习惯模式设置好了(工件大小 $\phi40\times130$,工件坐标原点在右端面中心)。如果实际情况(工件大小、坐标原点位置)与已经设置模式相差较大,需要重新设置图形参数。

在设置图形参数时容易出现的错误:设定绘图的缩放比例不合适,比例数值的范围是 0 到 10000(单位:0.01 倍);图形设定范围不合适,此时数值的单位是 0.001mm,系统会对图形比例,图形中心值进行自动设定,使用此方法设置比较方便。

实际运用中如果需要调整,往往是先将绘图的比率缩小(如修改为 50),初步判断图形的中心位置后,再依据图形的大小和中心位置作适当调整。

问题 3　在程序校验过程中出现超程报警

解决措施: 在校验程序的过程中,可以设置刀架移动或不移动,即使刀架不移动,在程序执行过程中,刀位点的坐标值也会按程序发生变化,如果坐标原点和刀具补偿设置不合理,就会出现超程。以下几种情况都可能出现超程报警:在校验程序前随意设置的坐标原点偏离工件坐标原点太远;坐标原点以及刀具补偿已经通过对刀并进行了设置,是准确值不会有问题,但在校验程序时设置的坐标偏移或工件"移动"数值太大;刀具长度补偿值设置不当。分析系统报警现象,找出具体原因后,进行重新设置调整。

【项目实施】

1. 基本训练内容

按照"项目指导"中的内容进行操作、分析理解,熟悉各显示页面的切换,学会有关程序的基本操作。请练习以下项目的操作方法。

① 创建新程序。

② 后台创建新程序。

③ 打开程序文件。

④ 编辑程序(翻页、光标移动、程序字的修改、插入和删除)。

⑤ 删除程序。

2. 操作训练内容

1)手动输入新程序

(1)准备工作

准备工作包括如下步骤:编写的程序单;开机,数控机床回参考,旋转"程序保护锁"钥匙开关到"关"处。

(2)建立新程序

① 选择"程序编辑"或"自动运行"功能模式,然后按"PROG"键,再按[DIR]软键,从显示程序名列表中查看已有程序名称;

② 选择"程序编辑"功能模式,显示程序页面;

③ 用字母和数字键,输入"O7001"程序号;

④ 按系统面板上的"插入"键,屏幕顶行显示"O7001";

⑤ 按"EOB"键;

⑥ 按系统面板上的"插入"键,屏幕显示首行"O7001;",光标在第二行;

⑦ 每一行程序输入结束时,按 EOB 键生成";",然后再按"插入"键,完成一个程序行的输入,逐行输入以下程序。

O7001

G21G23G97G99

S600M03

T0101

G00X47.0Z3.0

G71U1.5R1.0

G71P90Q150U0.6W0.15F0.15

N90G00X－0.6

G42G01Z0G99F0.1

X0

G03X20.0Z－10.0R10.0

G01Z－15.0

X26.0

X30.0W－2.0

```
Z－43.0
G02X36.0Z－46.0R3.0
G01X40.0
Z－66.0
N150X47.0G40
G00X150.0Z200.0
T0202
G00X47.0Z3.0
S1000M03
G70P90Q150
G00X150.0Z200.0
M30
```

2)程序校验

(1)人工校对程序

手工输入的程序很容易出现输入不完整、输入错误的情况,输入完成后应从前到后对照程序单逐行校对,特别是 Z 轴坐标值。

① 选"程序编辑"功能模式,显示"程序"页面时,按[RESET]键,光标返回到程序头;

② 对照程序单逐行校对;

③ 按"翻页"键,显示下页程序;

④ 按光标键,移动光标到需要删除或修改的字上,或需要插入字的前面;

⑤ 使用"INSERT"、"ALTER"、"DELETE"编辑键,对输入错误的地方进行编辑。

(2)空运行校验程序

程序校验的具体操作细节可以多种多样,主要考虑两方面:在对刀及参数设置之前还是之后进行校验程序(本例采用先校验程序);校验过程中使用与不使用"车床锁定"键(本例不选择"机床锁住")。

不使用"车床锁定"键,程序校验时不仅可以观看刀具轨迹路线,也可以观察刀架的移动情况;在对刀及参数设置之前校验程序,可以不夹装工件,只需把坐标原点和刀具长度补偿设置在远离工件或机床部件地方,校验时不会发生干涉即可。

空运行校验程序步骤如下:

① 通过观察大致确定一个安全位置。如果此位置为坐标原点,程序运行的整个行程中刀架不会发生干涉。选择"手动"功能模式,在 X 轴方向移动刀架大致到工件回转中心;在 Z 轴方向移动刀架远离工件,刀架与工件的距离要大于程序中 Z 向切削长度,如100mm 左右。

② 按"OFS/SET"功能键,然后按[补正]软键,再按软键[形状],出现刀具几何偏置页面。

③ 将光标移到番号 G01 的 Z 处,键入 Z0,按[测量]软键,设置 1 号刀具 Z 向的长度补偿;将光标移到番号 G01 的 X 处,键入 X0,按[测量]软键,设置 1 号刀具 X 向的长度补偿。

用同样的方法将所有刀具的刀位号都设上长度补偿值(各把刀具的数值都相同,都不是准确值)。

④ 在"程序编辑"功能模式,显示程序画面时,按[RESET]键,光标返回到程序头。

⑤ 在"自动运行"功能模式,旋转"进给倍率"旋钮到最小处0%。

⑥ 按"CUTM/GR"(用户宏/图形)键,然后按[参数]软键,对图形显示参数进行设置。完成后按[图形]软键,进入"图形"显示页面。

⑦ 按下"空运行"键,指示灯亮,然后按"程序启动"键。

⑧ 缓慢旋转"进给倍率"旋钮,同时观察刀架移动情况,根据需要调整倍率大小。

⑨ 通过观察刀架(或刀具)情况,注意观察机床运行的转速和使用的刀具是否与实际一致,可以检查工件的加工路线;在屏幕上观察绘出的刀具轨迹线,如图1-41所示,如果在整个校验过程中没有出现报警,刀具轨迹完整,说明程序格式没有问题;依据刀具轨迹线形状,可以检查加工的轨迹和加工形状,判断程序中输入的坐标位置是否正确。

当有语法和格式问题时,会出现报警信息和一个报警号,查看光标停留位置,光标后面的两个程序段就是可能出错的程序段,根据不同的报警号查出产生的原因作相应的修改。

⑩ 按"空运行"键,取消空运行状态,重新返回参考点操作。

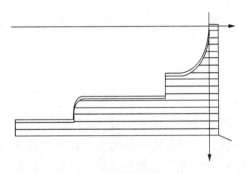

图 1-41 程序刀具路径轨迹

【项目评价】

本项目实训成绩评定见表1-11。

表 1-11 项目 1.4 成绩评价表

产品代号		项目 1.4		学生姓名		综合得分	
类别	序号	考核内容	配分	评分标准		得分	备注
操作过程	1	后台编辑程序	5	不理解一个键扣1分			
	2	打开程序为当前程序	5	不理解一个键扣1分			
	3	输入编辑新程序	15	不能完成一处扣1分			
	4	模拟图形参数设置	5	少一个环节扣2分			
	5	模拟前坐标参数设置	5	不规范酌情扣1~5分			
	6	切削模拟	10	不规范每处扣2分			
	7	程序调试	10	不规范酌情扣1~5分			
	8	完成时间	10	不按时完成无分			
	9	行为规范、纪律表现	5	酌情扣1~5分			

(续表)

	10	工件场地整理	5	未打扫机床扣5分	
	11	机床维护保养正确	5	不完成无分	
职业素养	12	安全操作	10	不遵守数控机床安全操作规则每次扣5分	
	13	文明操作	5	不符合文明规范操作每次扣3分	
	14	注意环保	5	不注意每次扣3分	

注:(1)加工操作期间,发生撞刀现象,将暂停操作数控机床的资格;

(2)发生影响安全的违规、违章操作,由指导教师按实训管理制度进行处理。

【项目作业】

(1)总结在数控车床上现场进行程序校验的步骤及注意事项。

(2)预习并准备下次实训内容。

【项目拓展】

1. 广数系统程序编辑

C_2－6132HK/1型数控车床使用的是GSK980TA(广数)系统,程序的输入与编辑与FANUC系统机床有所不同。存储器能存储的文件数量为有限的几十个,需要经常删除无用的程序;如果需要编辑程序,先设置数控系统为可编辑状态。

1)用键盘键入新程序

① 选择"录入"功能模式,然后按"设置"显示方式,再按"翻页"键,显示设置页面,将光标移到"程序开关"行,按字母D键,状态开关转换为"开"

② 选择"编辑"功能模式,按[程序]键,显示程序页面;

③ 在面板上按"O程序号",再按"EOB"键就建立了程序名行。新输入的程序名称不能和已有的程序同名,否则会报警。如果出现报警,按"复位"键,消除报警后,翻页到另一画面下查看存储器中已有程序名称;

④ 输完一行后,按EOB键,产生";",按"输入"键,光标换行;

⑤ 把所编的程序逐段输入,即可完成数控加工程序的输入。

在缓冲寄存器内的字符,发现输入错误,可按"CAN"键退格删除,然后重新输入正确的字符。

2)删除存储器中的程序

① 选择编辑方式;

② 按[程序]键,显示程序画面;

③ 按地址"O程序号";

④ 按DEL键,则相应程序被删除。

3)已有程序的调用

将已存储程序打开成为当前程序。

① 选择自动或编辑方式；

② 按［程序］键，然后按"翻页"键，显示程序画面；

③ 键入要检索的程序号"O 程序号"；

④ 按↓键。或者输入 O，反复按↓键（编辑方式时，反复按 O，↓键）可逐个显示存入的程序；

⑤ 在 LCD 画面显示检索出的程序并在画面的右上部显示已检索的程序号；

⑥ 通过翻页显示程序。

4）程序的编辑

① 选择编辑方式；

② 按［程序］键，显示要编辑的程序；

③ 不断地按光标↓键或↑键将光标移动至要编辑的位置；按"N 行号"，按"输入"，光标移到所选行号；按地址 O，按"输入"，光标移到程序的开始处；

④ 通过 INS、DEL、ALT 键，完成对程序的插入、删除、修改等编辑操作。

2. 程序校验

用于校验程序的正确性，最好在没有夹装工件和刀具的情况下进行校验。GSK980TA（广数）系统的数控机床，在作刀具路径图形时，如果不同刀具有不同的长度补偿值，就会造成不同刀具的刀具路径图形不重叠，因此，在程序校验前需要把所有刀具长度补偿值清零。

1）全轴机床锁

按"机床锁住"指示灯亮后，自动运行程序时刀架不移动，但位置坐标的显示和刀架运动时一样，并且 M、S、T 都有效。

2）辅助功能锁住

按机床操作面板上的"辅助功能"键指示灯亮时，M、S、T 代码指令不执行，与机床锁住功能一起用于程序校验。

3）单程序段

按"单程序段"键，单程序段指示灯亮，执行完一个程序段后，暂停程序执行。如果再按循环启动按钮，则执行下一个程序段，注意有些指令不能单段执行。

4）作刀具路径图形

程序校验时，如果程序能顺利运行，说明程序格式没有问题；利用在 LCD 上画出的刀具路径，可以检查加工的轨迹和加工形状，判断程序中输入的坐标位置是否正确。

［图形］与［设置］为同一个按键，重复按此键，将在［图形］与［设置］画面间进行切换。在［图形］菜单中，按"翻页"键，可在图形参数与图形显示之间切换。

（1）图形参数

图形参数在程序运行前须事先在录入方式下进行设定。

在图形参数显示状态，通过"光标"键移动光标至要设定的参数处，按提示输入相应的数字，再按"INPUT"键。

图形参数包括：

● 坐标选择。用于设定绘图平面。

● 缩放比例。设定绘图的比例。

● 图形中心。设定工件坐标系下,屏幕中心对应的工件坐标值。

● 最大最小值。当对零件轴向尺寸的最大、最小值作了设定之后,系统会对缩放比例,图形中心值进行自动设定(单位:0.001mm),通常只设置最大/最小值项。

(2)图形显示

在图形显示页面下,监测所运行程序的走刀路线。按 S 键作图,按 T 键停止作图,按 R 键清除已作图形。

5)程序校验步骤

① 输入程序,并人工检查。

② 把刀具长度补偿值清零。

③ 按"自动"功能模式键,按下"车床锁定"键、"空运行"键和"快速进给"键,调整屏幕显示为"作图"页面。

④ 按下"启动"键,开始作图,利用机床运行状态和刀轨检验程序。

⑤ 取消"空运行"状态,重新返回参考点操作。

项目 1.5　台阶轴的数控车床加工

【项目案例】

本项目以图 1-42 所示台阶轴加工为例,学会对零件进行工艺性分析,制订台阶轴加工工艺方案,完成用基本指令和单一循环指令编写的零件加工程序,并进行仿真调试,最后加工出合格的零件。

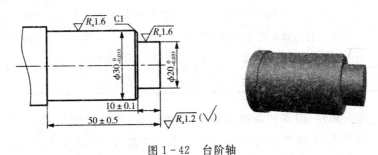

图 1-42　台阶轴

(1) 计划时间　4 学时。

(2) 质量要求　零件加工质量符合图样要求。

(3) 安全要求　严格按照安全操作规程进行,确保人身、设备安全。

(4) 文明要求　自觉按照文明生产规则进行实训,做有职业修养的人。

(5) 环保要求　在项目实训过程中充分考虑保护环境的有利因素。

【项目解析】

1. 图样分析

该零件为回转体外表面加工,包括端面、台阶面、$\phi30$mm 和 $\phi20$mm 的圆柱面。图样中两圆柱的直径尺寸精度 $\phi20_{-0.033}^{0}$ mm 和 $\phi30_{-0.033}^{0}$ mm,为较高公差等级要求。因此,虽然零件结构形状简单,但该零件仍用数控车床自动加工,加工时需要采用粗加工、精加工的加工顺序,并在粗、精加工之间加入测量和误差调整补偿。圆柱的长度尺寸 $50\pm$ 0.5mm,为较低公差等级要求,长度尺寸 10 ± 0.1mm,为中等公差等级要求。零件上所有加工面都用一把刀具连续加工,轴向尺寸只取决于程序和数控机床的加工精度,加工精度一定能满足尺寸精度要求。圆柱面的表面粗糙度要求为 $R_a1.6\mu$m,其余表面为 $R_a3.2\mu$m,用数控车床加工,只要选择好使用刀具的几何参数并调整好切削参数,控制好加工过程中切屑状况还是较容易达到此要求。

图样尺寸标注完整,轮廓描述清楚,零件材料为 45 钢,切削性能好。

2. 加工方案

用三爪卡盘夹持毛坯,工件外伸长约为 55mm。先粗加工端面,留 0.2mm 余量,从右到左粗加工圆柱面,留 0.6mm 余量。再精加工端面和从右到左连续精加工零件各表面,保证零件的尺寸精度和表面粗糙度要求。

3. 夹装

根据零件形状和加工特点选择夹具,数控车床常用夹具及其适用场合见表1-12。

表 1-12 数控车床常用夹具及其适用场合

夹具名称	适用场合
三爪自定心卡盘	用于装夹轴类、盘套类零件
四爪单动卡盘	适用于外形不规则、非圆柱体、偏心、有孔距要求及位置与尺寸精度要求高的零件
花 盘	与其他车床附件一起使用,适用于外形不规则、偏心及需要端面定位夹紧的工件
心 轴	用于套筒和盘类零件的装夹;圆锥心轴的定心精度高,但工件的轴向位移误差大,多用于以孔定位的工件;花键心轴用于以花键定位的工件
顶 尖	用于装夹轴类、盘套类零件;用中心孔定位,定位精度比较高

提供的毛坯为棒料,该零件为规则轴类,长度较短,夹持长度足够,所以装夹时使用三爪自定心卡盘装夹,毛坯外伸长约为 55mm,装夹方便、快捷、定位精度高。

4. 刀具及切削用量选择

刀片材质的选择。常见刀片材料有高速钢、硬质合金、涂层硬质合金、陶瓷、立方氮化硼和金刚石等,其中应用最多的是硬质合金和涂层硬质合金刀片。选择刀片材质主要依据被加工工件的材料、被加工表面的精度、表面质量要求、切削载荷的大小以及切削过程有无冲击和振动等情况综合选择。

毛坯材料为 45 号钢,它的综合加工性能较好。选用 YT15 型号的硬质合金车刀,此刀片材料类型适合于对钢材进行粗、精加工。

数控车床主要用于回转表面的加工,如内外圆柱面、圆锥面、圆弧面、螺纹等切削加工。如图 1-43 所示,为常用车刀的种类、形状和用途,其中,1—切槽(断)刀、2—90°反(左)偏刀、3—90°正(右)偏刀、4—弯头车刀、5—直头车刀、6—成形车刀、7—宽刃精车刀、8—外螺纹车刀、9—端面车刀、10—内螺纹车刀、11—内切槽车刀、12—通孔车刀、13—不通孔车刀。

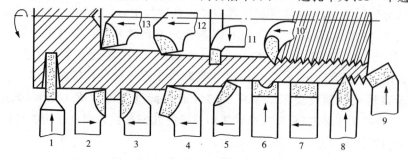

图 1-43 常用车刀的种类、形状和用途

轴类零件数控车削加工一般分为粗、精加工阶段来完成,而各加工阶段对刀具的要求是不同的。粗加工时,外圆车刀一般应选择主偏角 90°～95°,副偏角较小,前角和后角较小,刃倾角较小,排屑槽排屑顺畅的车刀。精加工时,外圆车刀一般应选择主偏角 95°～117°,副偏角较小,前角和后角较大,刃倾角较大,排屑槽排屑顺畅且排向工件待加工表面的车刀。

图 1-44　外圆车刀

　　机夹可转位外圆车刀的刀片类型的选取与被加工对象、刀具的主偏角、刀尖角和有效刃长有关。本项目零件加工包括端面和圆柱面,选用一把 90°外圆车刀,如图 1-44 所示,刀片选用 C 型(或 W型),刀尖 80°角,安装时控制主偏角为 95 度左右,副偏角也符合要求。

　　本项目使用刀具见表 1-13。

表 1-13　数控车床刀具卡

产品名称或代号		项目1.5		零件名称	台阶轴	零件图号	图 1-42
序号	刀具号	刀具规格名称	数量	加工表面		刀尖半径	备注
1	T01	90°外圆车刀(YT15)	1	端面、圆柱面		0.4	20×20
编制	×××	审核	×××	批准	×××	××年 ×月×日	共 1 页　　第 1 页

　　影响切削质量的主要原因除刀具材质与刀具几何参数之外,还有切削状态、工件材料、切削参数等。常用工件材料、刀具材料及车削切削用量见表 1-14。

表 1-14　常用工件材料、刀具材料及车削切削用量表

工件材料	加工内容	背吃刀量 (mm)	切削速度 (m/min)	进给量 (mm/r)	刀具材料
碳素钢 $\sigma_b > 600\text{MPa}$	粗加工	5～7	60～80	0.2～0.4	YT 类
	粗加工	2～3	80～120	0.2～0.4	
	精加工	2～6	120～150	0.1～0.2	
	钻中心孔		500～800r·min^{-1}		W18Cr4V
	钻孔		～30	0.1～0.2	
	切断(宽度<5mm)		70～110	0.1～0.2	YT 类
铸铁 200HBS 以下	粗加工		50～70	0.2～0.4	YG 类
	精加工		70～100	0.1～0.2	
	切断(宽度<5mm)		50～70	0.1～0.2	

切削用量包括主轴转速(切削速度)、背吃刀量、进给量。切削用量的大小对切削力、切削功率、刀具磨损、加工质量和加工成本均有显著的影响。数控加工中选择切削用量时,要在保证加工质量和刀具耐用度的前提下,充分发挥数控机床性能和刀具切削性能,使切削效率最高,加工成本最低。粗、精加工时切削用量有如下选择原则。

(1)粗加工时切削用量的选择原则。首先选取尽可能大的背吃刀量;其次要根据机床动力和刚性等限制条件,选取尽可能大的进给量;最后根据刀具耐用度确定较佳的切削速度。

(2)精加工时切削用量的选择原则。首先根据粗加工后的余量确定背吃刀量;其次根据加工表面粗糙度的要求,选取较小的进给量;最后在保证刀具耐用度的前提下,选取尽可能高的切削速度。

查常用工件材料、刀具材料及切削用量表,通过计算,确定刀具切削参数,并制定数控车床加工工艺卡见表1-15。

表 1-15 数控车床加工工艺卡

单位	××职业技术学院	产品名称或代号		零件名称	零件图号
		项目1.5		台阶轴	1—42
工序号	程序编号	夹具名称		使用设备	车间
001	O1501	三爪卡盘		C_2—6136HK	先进制造基地
工步号	工步内容	刀具号	刀具规格	主轴转速	进给速度	背吃刀量	备注
1	粗加工端面	T01	20×20	600	0.15	0.4	自动
2	粗加工圆柱面	T01	20×20	600	0.18	1.6	自动
3	精加工端面	T01	20×20	1000	0.1	0.2	自动
4	精加工圆柱面	T01	20×20	1000	0.12	0.6	自动
编制	×××	审核	×××	批准	×××	××年×月×日	共页 第1页

5. 程序分析

在图纸上建立编程坐标原点,通常把它建立在工件右端面中心处。

该零件图形简单,两圆柱面直径公差值都一样,轴向尺寸公差为对称值,不需要对尺寸公差求平均值,从图样中可以直接得出基点坐标值。

1)程序格式

不同数控机床因其所使用的数控系统不同,编写的程序略有差异。编程时必须严格按照所使用机床的编程说明书规定的格式书写,后面以 FANUC 0i 系统为例说明。

程序的一般结构如下:

O0001；	程序号（程序开始）
G54；	
T0101；	
S650M03；	程序内容
G00X33.0Z2.0；	
……	
M30；	程序结束

一个程序是由遵循一定结构、句法和格式规则的若干个程序段组成的,而每个程序段是由若干个字组成。

字由字母和数字组成。对字－地址格式而言,每个字长不固定,各个程序段中的长度和功能字的个数都是可变的;在上一程序段中写明的、本程序段里又不变化的那些字,可以不再重写,仍然有效。因此,用字－地址格式编写的程序简短、直观、易检查和修改,故目前应用广泛。

(1)程序号

程序号为程序的开始部分,为了区别存储器中的程序,每个程序都要有程序号。在编号前加程序编号地址码,如 FANUC 系统中,采用英文字母"O"作为编号地址,西门子系统采用"％"作为编号地址。

(2)程序主体

由若干个程序段(行)组成。程序段格式由语句号字、数据字和程序段结束组成。

例如:N20G01X35.Z－46.25F100.0;

数车一般格式:N(1~4)G2X±5.3 Z±5.3F5.3S4T4M2。

(3)程序结束

以指令 M02 或 M30(常用 M30)来结束整个程序。

(4)FANUC 系统字

FANUC 系统地址字的含义见表 1－16。

表 1－16　表示地址符的英文字母的含义

功　能	地址字母	意　义
程序号	O、P	程序编号,子程序号的指定
程序段号	N	程序段顺序编号
准备功能	G	指令动作的方式
坐标字	X、Z	绝对坐标指令
	U、W	相对坐标指令
	I、K	圆弧圆心坐标
进给速度	F	进给速度的指令

功　能	地址字母	意　义
主轴功能	S	主轴转速指令
刀具功能	T	刀具编号指令
辅助功能	M	主轴、冷却液的开关等
暂停功能	P、X	暂停时间指定
循环次数	L	子程序及固定循环的重复次数
尺寸字	R	圆（圆弧）半径、循环指令中指定含义

2）常用编程指令

（1）准备功能字 G

使数控机床作好某种操作准备的指令，用 G 和两位数字组成，G00～G99。

FANUC 0i Mate－TC 常用 G 指令见表 1－17。

表 1－17　FANUC 0i Mate－TC 常用 G 指令

G 代码	组	功　能	G 代码	组	功　能
G00	01	快速定位	G70	00	精加工复合循环
G01		直线插补	G71		轴向粗加工复合循环
G02		顺时针圆弧插补	G72		端面粗加工复合循环
G03		逆时针圆弧插补	G73		仿型粗加工复合循环
G04	00	暂停	G74		端面槽循环切削
G20	06	英寸输入	G75		径向槽循环切削
G21		毫米输入	G76		螺纹复合循环
G28	00	返回参考点	G90	01	轴向单一循环
G32	01	螺纹切削	G92		螺纹单一循环
G40	07	半径补偿取消	G94		端面单一循环
G41		半径左补偿	G96	02	恒线速度设置
G42		半径右补偿	G97		取消 G96 设置
G50	00	坐标系设定或 最大主轴转速设定	G98	05	每分钟进给
G54～G59	14	加工坐标系选择	G99		每转进给

G 代码分为模态代码（又称续效代码）和非模态代码（非续效代码）。

● 续效代码。在程序中执行后,一直有效,直到被同组的代码取代,如 G01。

● 非续效代码。只在所处的程序段中执行且有效,如 G04。

(2)坐标字

坐标字用于确定机床上刀具运动终点的坐标位置。

由地址,+、—符号和数值组成。　　　如:G01X50.5Z—12.25;

常用地址:X　　Y　　Z　　　　　P　　Q　　R　　距离

U　　V　　W

I　　J　　K

A　　B　　C

(3)进给功能字 F

设置切削进给量(进给速度),用 F 和数值表示,有两种单位 mm/r 和 mm/min。可以按公式实现进给速度与每分钟进给量的转化,即

$$v_f = nf$$

式中:v_f——进给速度(mm/min);

f——每转进给量(mm/r);

n——主轴转数(r/min)。

在加工过程中,切削快慢还可以利用操作面板上的"进给倍率"旋钮进行调整。对于数控车床,F 可分为每分钟进给和主轴每转进给两种。但 F 指令在螺纹切削程序段中用于指令螺纹的导程。

(4)主轴转速字 S

设置切削速度(转速),用 S 和数值表示,恒线速度功能时其数值单位为 m/min。其后数值表示主轴转速时,单位为 r/min。程序 S 设置的主轴转速可以在机床操作面板上用"主轴倍率"旋钮进行调整。

(5)刀具功能字 T

用 T 和后面的数值组成,用于指定加工时所用刀具的编号。对于数控车床,其后的数字还兼作指定刀具长度补偿和刀尖半径补偿用。其后的四位数字分别表示选择的刀具号和刀具补偿号,如 T0101 指令。

(6)辅助功能字

用于控制机床或系统开关功能的指令。用 M 和两位数字组成,M00～M99。

FANUC 0i Mate—TC 常用 M 指令见表 1－18。

表 1－18　FANUC 0i Mate－TC 常用 M 指令

代　码	意　　义	格　　式
M00	程序暂停	
M01	程序选择性停止	
M02	结束程序运行	

(续表)

代　码	意　义	格　式
M03	主轴正转	
M04	主轴反转	
M05	主轴停止转动	
M06	冷却液开启	
M07	冷却液关闭	
M30	程序结束返回程序头	
M98	调用子程序	M98 Pxxnnnn 调用程序 Onnnn xx 次
M99	子程序结束	子程序格式：Onnnn…M99

① 程序停止 M00

执行此指令后，将暂停执行下一行程序，以方便操作者进行刀具和工件的尺寸测量、工件调头、手动变速等操作。暂停时，机床的进给停止，而全部现在的模态量保持不变，欲继续执行后续程序，重按"循环启动"键即可。

② 选择停止 M01

与操作面板上的"选择停止"按钮配合使用，起到 M00 的功能。

③ 程序结束 M02

程序结束后，程序执行指针不会自动回到程序的起始处。

④ 主轴正转、反转、停止转动 M03、M04、M05

M03 启动主轴以程序中编制的主轴转速正转（由主轴向尾座看，顺时针方向转动）。M04 启动主轴反转，M05 主轴停止转动。

⑤ 切削液开、关 M06、M07

将开启/关闭切削液电机。

⑥ 程序结束 M30

程序结束后，程序指针自动回到程序头。

⑦ 调用子程序、子程序结束返回主程序 M98、M99

在编程时，零件中几何形状完全相同部分，为了简化程序可将相同部分编写成子程序，在程序运行时可多次调用。

3）基本编程指令

（1）快速定位指令 G00

G00 用于刀具的快速移动定位，一般用于加工前刀具快速定位或加工后快速退刀。

格式：G00 X(U)_Z(W)_；

式中：X(U)_、(W)_的值是快速定位终点的坐标值。

指令执行开始后，刀具沿着各个坐标轴方向以各自速度快速移动，不能保证各轴同时到达终点,因而联动直线轴的合成轨迹不一定是直线(刀具的实际运动路线是开始段为斜线的折线),在移动过程中,刀具不能同任何零部件碰撞。如果需要避开部件时,常见的做法是将两个坐标值分在两个程序行中,移动时各轴先后以直线方式移动。

快速定位移动速度不是用程序指定,而是由机床参数指定,但可用数控机床上的"快速移动倍率"旋钮调整百分比。

(2)直线切削指令 G01

G01 指令控制刀具按指定的进给速度从当前点沿直线切削加工到目标点。

格式:G01 X(U)_Z(W)_ F_;

式中:X(U)_、(W)_的值是加工终点在编程坐标系中的坐标值,F 为进给速度。

4)简单循环指令

在有些特殊的加工中,由于切削量大,同一加工路线要反复切削多次,此时可利用固定循环功能;用一个程序段可实现多个程序指令才能完成的加工路线;并且在重复切削时,只需改变数值,对简化程序非常有效。

简单循环用一个指令完成四段运动。如图 1-45 所示,一个指令完成"从循环起点 A 开始→快速移到 B→切削到 C→切削并退到 D→返回循环起点 A",其中,第 2、3 段为切削,1、4 段移动为快速移动。

共有 3 个简单循环指令,当工件毛坯的轴向切削距离比径向大时(轴类零件),使用 G90 轴向切削循环指令;当材料的径向切削距离比轴向大时(盘类零件),使用 G94 轴向切削循环指令;G92 用于切削螺纹的循环指令,将在后续章节介绍。

(1)轴向圆柱切削循环指令 G90

轴向圆柱切削循环指令走刀路线,如图 1-45 所示,四段走刀路线组成长方形,第一切削段(2F)为轴向切削。

格式:G90X(U)_Z(W)_ F_;

式中:X(U)_、(W)_的值为循环四段走刀路线对角点的坐标值;

　　　F 的值为切削进给量。

(2)轴向圆锥切削循环指令 G90

轴向圆锥切削循环指令走刀路线,如图 1-46 所示,四段走刀路线组成梯形,第一切削段(2F)为斜向切削。

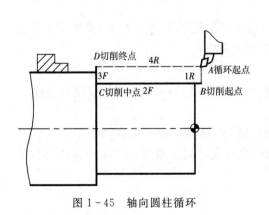

图 1-45   轴向圆柱循环　　　　　　　　图 1-46   轴向圆锥循环

格式:G90X(U)_Z(W)_ R_ F_;

式中:X(U)_、(W)_的值为循环四段走刀路线对角点的坐标值;

F 的值为切削进给量;

R 为切削圆锥段的起点与终点半径值的差值,显然切削圆柱时 R 为 0,可省略不写。

(3)径向端面切削循环指令 G94

径向端面切削循环指令的四段走刀路线组成长方形,第一切削段为径向切削。

径向端面切削循环指令 G94 与轴向圆柱切削循环 G90 相比,走刀方向不同,即一个指令完成"从循环起点 A 开始→快速移到 D→切削到 C→切削并退到 B→返回循环起点 A",其中,第 2、3 段为切削;1、4 段移动为快速移动。

格式:G94X(U)_Z(W)_ R_ F_;

式中:参数含义与 G90 一样。

6. 机床自动加工

1)数控车床自动运行操作

自动切削加工步骤如下:

① 选择"自动运行"功能模式;

② 按[PROG]功能键,屏幕显示切换到"程序"页面,检查程序名和光标位置是否符合加工要求;

③ 调整到显示"检视"的画面,将"进给倍率"旋钮转到 0%处;

④ 按"程序启动"键(指示灯亮),系统执行程序,进行自动加工;

⑤ 一边旋转"进给倍率"旋钮,一边观察机床状况,判断刀具是否是应使用的刀具,主轴转速大小是否适合切削加工。在刀具移动到接近工件表面时,再将"进给倍率"旋钮转到 0%处,判断刀具位置与屏幕显示的绝对坐标是否基本相符。通过上述检查判断没有错误后,关好数控车床的防护门,将"进给倍率"旋钮转到 100%处,进行正常切削加工。

2)数控车床自动运行中的停止操作

让数控机床自动运行停止的方法有两种:一是在程序中设置停止命令,二是按操作面板上的相应按钮。

(1)程序暂停(M00)

含有 M00 的程序段执行后,停止自动运行程序,"单程序段"指示灯亮,机床状态量仍保持不变,按"循环启动"键,将继续自动执行后面的程序。

(2)程序结束(M30)

M30 用于主程序结束,停止程序自动运行,变成复位状态,光标返回到程序的起点。

(3)进给保持

在自动运行过程中,按操作面板上的"暂停"键(进给保持键),使自动切削进给暂时停止。正在执行循环指令时,有些需要当前循环执行完成后才暂停,按"循环启动"键,程序继续执行。

（4）复位

按数控系统面板上的"复位"键，使自动运行强行结束，变成复位状态。

【项目实施器具】

实施本项目需要提前准备以下器具。数控车床为 C₂－6132HK/1 和 C₂－6136HK；毛坯材料为 45 钢，$\phi32\times100$。

需要的刀具、量具和用具清单见表 1－19。

表 1－19　刀具、量具和用具清单

类别	序号	名　称	型号/规格	精　度	数　量	备　注
刀具	1	外圆车刀	90°右偏刀	刀尖半径0.4	1/组	刀片5
量具	2	游标卡尺	0～150	0.02	1/组	
	3	螺旋千分尺	0～25,25～50	0.01	各1/组	
	4	钢直尺	150		1/组	
	5	粗糙度样板			1	套
用具	6	三爪卡盘扳手	与机床相适应		1/组	一套
	7	刀架扳手和钢管	与机床相适应		1/组	一套
	8	垫片			若干	
	9	防护镜			1/人	
	10	工作帽			1/人	
	11	铁钩			1/组	
	12	毛刷			1/组	

【项目预案】

问题 1　使用简单循环指令切削时出现一个空循环。

解决措施:简单循环指令为模态指令,使用简单循环指令时利用相应指令建立,不需要时即时取消,否则会出现一个空循环。

取消简单循环模态量的方法:在简单循环指令的下一程序行中包含直线移动指令G00 或 G01。如果下一行中已有直线移动指令,程序执行到此程序行时简单循环指令已取消;如果下一程序行中是其他指令(不包含直线移动指令),用 G01 单独建立一个程序行即可。

问题 2　切削过程中撞刀。

解决措施:在零件加工过程中出现撞刀是很危险的,分析可能发生撞刀的原因,并严格按数控机床操作规范进行,才能有效避免发生撞刀现象。数控车床在切削过程中出现撞刀现象可大致归纳为以下 4 点:

① 程序错误。坐标值错误,特别是 X 坐标设置为负值;功能指令使用不当,应使用

G01 切削的却用成 G00;快速退刀时应该沿某轴先退刀后再沿另一轴退刀的,却设成两坐标轴同时退刀。因此,切削加工前必须检验程序,确保加工程序正确。

② 对刀及参数设置错误。对刀前分析刀具长度补偿值的特点、对刀需要达到的目的,然后按规范要求对刀,准确测量或计算,再进行相应参数设置。

③ 工件没夹紧。工件在加工过程中受切削力作用,出现加工不稳定情况。要求加工前检查工件是否已夹紧。

④ 没有按规范步骤进行操作。先检查工件安装是否正确、使用刀具安装是否正确、对刀及参数设置是否正确、程序名称与使用程序是否相符、程序光标是否在程序头等内容,再按规范步骤进行操作。

在"自动运行"功能下,屏幕显示切换到"程序"页面,检查程序名和光标位置;将"进给倍率"旋钮转到 0%处,再按"循环启动"键开始自动执行程序;一边旋转"进给倍率"旋钮,一边观察机床状况,判断刀具是否是正要使用的刀具,主轴转速大小是否适合切削加工,当刀具靠近工件时,要将"进给倍率"旋钮再次转到 0%处,判断刀具位置与屏幕显示的绝对坐标是否基本相符。通过上述检查判断后,将"进给倍率"旋钮转到 100%处,进行正常切削加工。

问题 3 零件整体尺寸精度超差。

解决措施:首先检查量具校正是否有误,测量方法是否正确。测量时工件的温度高低对测量值也有影响,可降低温度后再测量。如果超差不是测量的原因则可能是对刀误差,则需要调整刀具长度补偿值。

调整刀具长度补偿的方法:数控车床加工圆柱面时,如果测得加工后的工件尺寸比图样要求的尺寸大,说明刀具在加工过程中磨损了或刀具长度补偿值设置有误差,这就需要修改该刀具 X 轴向的长度补偿值,才能加工出合格的工件。例如加工 $\phi30.0$ 外圆,测得工件直径为 $\phi30.1$,即切削出工件的实际尺寸比图样要求的尺寸大 0.1mm,必须对该刀具长度补偿值进行修改,只需将该刀具 X 轴向长度补偿值减去 0.1mm 即可。

【项目实施】

1. 数控车床操作流程

用数控车床加工零件时,需要认真仔细、严格按操作流程进行。数控车床操作流程见表 1-20。

表 1-20　数控车床的安全操作流程

序　号	操作内容	简要说明
1	开机前	对数控车床进行检查,包括操作面板、导轨面、卡爪、尾座、刀架、刀具、润滑油等,确认无误后方可操作
2	开机	开启数控机床总电源,数控系统上电,等待直到屏幕显示坐标值;各坐标轴回参考点;数控车床初始参数设置;低速运转 15 分钟,为机床预热,确认无误后,方能开始正常工作

（续表）

序　号	操作内容	简要说明
3	刀具安装	在指定的刀位号上安装刀具,确认刀具的安装方向,确保主偏角相符,用垫片来保证刀尖与工件回转轴线等高
4	手动换刀	注意刀架转动中刀具的位置,确保转动过程中不会发生干涉。也要注意身体远离刀具回转部位,以免碰伤
5	工件装夹	工件应夹紧可靠,以免飞出造成事故。完成装夹后,要注意将卡盘扳手及其他调整工具取出拿开,以免主轴旋转后甩出造成事故
6	程序输入	对照程序单仔细核对代码、地址、数值、正负号、小数点及格式。
7	程序校验	加工前,空运行一次程序,看程序能否顺利运行,刀具和夹具安装是否合理,有无超程现象;模拟轨迹是否与编程路线一致
8	对刀及参数设置	按操作要求进行,仔细测量,在屏幕上相应位置设置工件坐标系和刀具长度补偿值;输入车刀尖半径补偿值和刀尖位置代号
9	自动加工	进给倍率调到最小,启动自动加工,观察刀具是否正确,逐步调大倍率旋钮,当刀具靠近工件时仔细核对绝对坐标值,无误后关好防护门进行加工
10	停车处理	操作中出现工件跳动、打抖、异常声音、夹具松动等异常情况,应立即停车进行处理
11	工作完毕	卸下工件,将机床导轨、工作台擦干净,并认真填写日志

2. 项目实施

1) 工艺方案与编程

在操作数控机床前熟悉项目任务,认真阅读"项目解析"内容,按下列步骤分析确定加工工艺,制订零件加工过程指示单并编写加工程序。

（1）项目任务

明白项目要求,弄清项目任务。

（2）图样分析

看懂零件图样,对零件图进行工艺性分析,了解图样的加工要求,弄清要加工的表面及特征,分析基本尺寸、尺寸公差、表面质量等方面具体需要达到的要求。

（3）加工方案

根据对零件图样的分析,制定可行性加工方案。

（4）定位基准与装夹

依据定位基准,选择合适的夹具,制订出具体的装夹方案。

（5）刀具与切削用量

根据加工特点选择使用的刀具。

依据给定的零件材料及热处理方式,加工精度、表面质量的要求,使用刀具材料。参考刀具切削参数表,并结合实际加工经验,确定各刀具的切削用量。

数控机床操作与项目实训

（6）加工过程

零件加工过程见表1-21。

表1-21 零件加工过程指示单

工步号	刀具号	装　夹	工序内容及简图	说　明
1			粗车端面	用 G94 余量0.2
2	90°外圆车刀，刀具号T0101，安装时满足主偏角93°～95°	三爪卡盘装夹工件外伸55左右	粗车外台阶	用 G90 余量0.6
3			精车端面	用 G94
4			连续走刀精车外台阶	

（7）数控程序编制

根据已确定的加工方案，各工步的加工内容，把一次连续加工完成的内容定为一个程序名。在图样上设定编程坐标原点，依次确定各刀具的走刀路线，按使用机床的程序格式编制加工程序。把所有自动加工部分的程序写在程序单上。

（8）参考加工程序

程序可以按自己习惯方式编写，本项目使用循环指令编程，参考程序见表1-22

表1-22 加工程序

程　序	释　义
O1501	程序名
G21G97G99	初始化基本参数
T0101	换1号刀具、建立1号刀具长度补偿并定义坐标
S600M03	主轴以600r/min正转，用于粗加工
G00X34.0Z2.0	快速移动循环起点
G94X－1.0Z0.2F0.15	用端面循环指令粗加工端面
G90X30.6Z－49.8F0.18	用轴向循环指令粗加工大圆柱面
X28.1Z－9.8	粗加工小圆柱外材料第一切削层
X25.6	第二切削层

· 76 ·

（续表）

程 序	释 义
X23.1	第三切削层
X20.6	第四切削层
G00X150.0Z200.0	快速退刀
M05	主轴停止转动
M00	进给暂停
S1000M03	主轴以1000r/min正转,用于精加工
T0101	刀具长度补偿修正
G00X22.0Z2.0	快速移动精加工循环起点
G94X－1.0Z0F0.1	用端面循环指令精加工端面
G01X20.0F0.12	移动到切削小圆柱面处
Z－10.	切削小圆柱面
X28.0	切削肩面
X30.0Z－11.0	倒斜边
Z－50.0	切削大圆柱面
X34.0	切削并退刀
G00X150.0Z200.0	快速退刀
S600	方便后续操作,重设转速
M30	程序结束

（9）模拟仿真

使用模拟仿真软件,将所编写的程序进行软件模拟加工,并依据模拟情况完成程序调试,直到模拟加工完全符合要求。

2）操作数控机床

完成准备工作后,按如下步骤操作数控车床加工零件。

（1）开启数控车床

① 开机前检查;

② 先开机床总电源,再按系统面板上的"系统上电"键;

③ 向右旋转"急停"旋钮,再按"复位"键消除报警;

④ 回参考点操作;

⑤ 数控机床初始参数设置。

（2）用三爪卡盘装夹工件

选取 φ32 的毛坯件,装入三爪卡盘上外伸长度 50mm 左右,用加力棒夹紧工件,使用后要即时拿下三爪扳手。工件夹装后需要在较低的转速下试转工件,如果工件晃动较大,则需要调整直到晃动符合要求为止。

(3)刀具安装

在 1 号刀位上安装外圆车刀,刀具安装时尽量缩短刀具外伸长度,以提高刀具刚度。安装的 1 号外圆车刀需要控制主偏角为 95°左右;刀具安装后要保证刀尖与工件回转轴线等高,否则,将影响加工精度和损坏刀具。

(4)对刀及参数设置

① Z 轴方向对刀。用手轮控制切削工件端面,沿 X 轴正向退刀;

② Z 方刀具长度补偿。显示页面切换到"几何补偿"中,光标移动 1 号刀位,输入 Z0.5,再按"测量"软键,Z 向长度补偿应有所变化;

③ X 轴方向对刀。用手轮控制切削圆柱面,沿 Z 轴正向退刀,用千分尺测量圆柱直径 D;

④ X 方刀具长度补偿。显示页面切换到"几何补偿"中,光标移动 1 号刀位,输入 XD,再按"测量"软键,X 向长度补偿应有所变化。

(5)输入程序

① 选择"程序编辑"或"自动运行"功能模式,然后按"PROG"键,再按[DIR]软键,从显示程序名列表中查看已有程序名称;

② 选择"程序编辑"功能模式,输入"O1501"程序号,按"插入"键;

③ 每一行程序输入结尾时,按 EOB 键生成";",然后再按"插入"键,完成一个程序行的输入;

④ 逐行输入后面的程序内容。

(6)程序检验

① 人工校对程序。手工输入的程序很容易出现输入不完整、输入错误的情况,输入完成后应从前到后对照程序单逐行校对,特别是 X 轴坐标正负值。

② 使用"INSERT"、"ALTER"、"DELETE"编辑键,对输入错误的地方进行编辑。

③ 工件坐标系向 Z 轴正方向移动。按"OFS/SET"功能键,然后[坐标系]软键,将光标移动 G54(EXT)的 Z 坐标处,输入 100.0。

④ 自动运行前准备。在"自动运行"功能模式,检查当前程序名和光标位置。旋转"进给倍率"旋钮到最小处 0%。按"CUTM/GR"(用户宏/图形)键,然后按[参数]软键,对图形显示参数进行设置,完成后按[图形]软键,进入"图形"显示页面。

⑤ 按下"空运行"键,指示灯亮,然后按"程序启动"键。缓慢旋转"进给倍率"旋钮,观察刀架(或刀具)情况,注意观察机床运行的转速和使用的刀具是否与实际一致,检查工件的加工路线。在屏幕上观察刀具轨迹线,如果在整个校验过程中没有出现报警,刀具轨迹完整,说明程序格式没有问题。依据刀具轨迹线形状,可以检查加工的轨迹和加工形状,判断程序中输入的坐标位置是否正确。

⑥ 程序调试。根据模拟操作时的报警信息和刀具路线图对程序作相应修改。

⑦ 回复到加工状态。将工件坐标系向 Z 轴正方向移动的距离恢复为 0。按"空运行"键,取消空运行状态,重新返回参考点操作。

(7)自动加工

① 选择"自动运行"功能模式。

② 按[PROG]功能键,屏幕显示切换到"程序"页面,检查程序名和光标位置是否符合加工要求。

③ 调整到显示"检视"的画面,将"进给倍率"旋钮转到0%处。

④ 按"程序启动"键(指示灯亮),系统执行程序,进行自动加工。

⑤ 开始加工时的操作要领。一边旋转"进给倍率"旋钮,一边观察机床状况,判断刀具是否是应使用的刀具,主轴转速大小是否适合切削加工。观察刀具移动到接近工件表面时,把"进给倍率"旋钮转到0%处,判断刀具位置与屏幕显示的绝对坐标是否基本相符。通过上述检查判断没有错误后,关上数控机床防护门,将"进给倍率"旋钮转到100%处,进行正常切削加工。

⑥ 监控加工过程。注意观察数控机床的加工状况,根据切削状态调整"主轴转速"和"进给倍率"旋钮。依据铁屑形状调整切削液。如果发生紧急情况,立刻按下"紧急制动"或"复位"键,中止机床继续加工。如果发现有铁屑缠绕,可按下"暂停"键,用铁钩对铁屑进行处理。

(8)零件检测

① 在零件粗、精加工之间加入加工测量。在粗加工完成后,机床暂停进给且主轴也停止转动,用螺旋千分尺测量小圆柱直径值。测量值与理论值之差值就是刀具长度补偿在 X 方向上的长度补偿修值,例如测量值为 $\phi20.52\text{mm}$,则长度补偿值为 $20.52-20.6=-0.08\text{mm}$。

② 长度补偿值修正。按功能键"OFS/SET"键,然后按软键[补正],再按软键[形状]出现刀具几何补偿画面,将光标移动G01的 X 处,输入"-0.08",按"+输入"软键,可以看到 X 向刀具长度补偿值已发生了相应改变。

③ 零件加工质量检测。零件加工完成后,用长度测量用具,如图1-47所示,分别测量零件轴向和径向尺寸精度,拿加工零件表面与粗糙度样板进行比较,如图1-48所示,判断加工表面粗糙度是否符合零件图样要求。如果零件的加工质量不符合图样要求,需要找出其中产生的原因,并作相应调整。

图1-47　常用长度测量仪

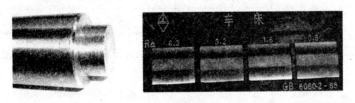

图1-48　车床表面粗糙度样板

(9)场地整理

卸下工件、刀具,移动刀架到非主要加工区域后关机;整理工位(使用器具和零件图纸资料),收拾刀具、量具、用具并进行维护;清扫数控机床并进行维护保养,填写实训记录表,清扫车间卫生。

3)项目总结

零件加工完成后,对零件加工质量以及各个环节进行总结,积累操作数控机床的经验。

(1)项目评价

首先学生自己评价加工的零件,然后学生再互相评价,最后指导教师作评价并给定成绩。

(2)项目总结

学生总结该项目实施工作过程,列出项目实施中各个环节的要点。分析加工过程中出现的问题,讨论解决的方法。

【项目评价】

本项目实训成绩评定见表1-23。

表1-23 项目1.5成绩评价表

产品代号		项目1.5		学生姓名		综合得分		
类别	序号	考核内容		配分	评分标准	得分	备注
工艺制定及编程	1	加工路线制定合理		10	不合理每处扣2分		
	2	刀具及切削参数		5	不合理每项扣2分		
	3	程序格式正确,符合工艺要求		10	每行一处扣2分		
	4	程序完整,优化		5	每部分扣2分		
操作过程	5	刀具的正确安装和调整		5	每次错误扣2分		
	6	工件定位和夹紧合理		3	每项错误扣2分		
	7	对刀及参数设置		10	每项错误扣1分		
	8	工具的正确使用		2	每次错误扣1分		
	9	量具的正确使用		2	每次错误扣1分		
	10	按时完成任务		5	超30分钟扣2分		
	11	设备维护、安全、文明生产		3	不遵守酌情扣1~5分		
零件质量	12	径向尺寸	$\phi 20^{0}_{-0.033}$	10	超差0.01扣2分		
	13		$\phi 30^{0}_{-0.033}$	5	超差0.01扣2分		
	14	轴向尺寸	50 ± 0.5	10	超差无分		
	15		10 ± 0.1	5	超差无分		
	16	粗糙度	$R_a1.6$	10	每处每降一级扣1分		
	17	尺寸检测	检测尺寸正确	5	不正确无分		

注:(1)加工操作期间,报警3次,发生撞刀现象,将暂停操作数控机床的资格;

(2)发生影响安全的违规、违章操作,由指导教师按实训管理制度进行处理。

【项目作业】

(1)总结在数控车床上完成零件加工的操作步骤。

(2)预习并准备下次实训内容。

【项目拓展】

(1)完成如图 1-49 所示零件的加工方案和工艺规程的制订,编写零件加工程序并用软件仿真调试。

(2)广数系统指令字

C_2—6132HK/1 型数控车床采用 GSK980T(广数)车床数控系统,它与 FANUC 0iT 数控系统基本一致,这里列出需要注意的指令字。

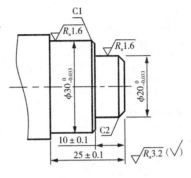

图 1-49 台阶轴

① 功能与地址

字是由地址和其后面的数值构成(有时在数值前带有+,-符号),指令字的地址及功能见表 1-24。

表 1-24 指令字地址及功能

功　能	地　址	意　义
程序号	O	程序号
顺序号	N	顺序号
准备功能	G	指定动作状态(直线,圆弧等)
尺寸字	X,Z,U,W	坐标轴移动指令
尺寸字	R	圆弧半径
尺寸字	I,K	圆弧中心坐标,倒角量
进给速度	F	进给速度指定
主轴功能	S	主轴转速指定
刀具功能	T	刀具号的指定
辅助功能	M	控制机床方面
暂停	P,U,X	暂停时间的指定
程序号指定	P	指定子程序号
参数	P,Q	指定程序重复部分等的行号

可以带小数点的地址有 X,Z,U,W,R,K,I,F。

② X 向半径或直径量的使用

当 X 轴用直径编程时,通常地址为 X 或 U,其后的数值用直径值,地址为 I、K 或 R,其后的数值用半径值。半径或直径量的使用情况见表 1-25。

表 1-25　X 轴向半径或直径量的选择使用

项　目	注意事项
Z 轴指令(Z_或 W_)	与直径、半径无关
X 轴指令(X_或 U_)	用直径
坐标系设定(G50)	用直径指令 X 轴坐标值
刀具补偿量的 X 轴的值	指定直径
G90,G92,G94 中的 X 轴的切深量	可用半径值
圆弧插补的半径指令(R,I,K)	用半径值
X 轴的位置显示(X_或 U_)	显示直径值

项目 1.6 含内凹轮廓轴的循环加工

【项目案例】

本项目以图 1-50 所示含内凹轮廓轴加工为例,学会对零件进行工艺性分析,制定出零件加工工艺方案,完成使用半径补偿和仿形复合循环指令编写的零件加工程序,并进行仿真调试,最后加工出合格的零件。

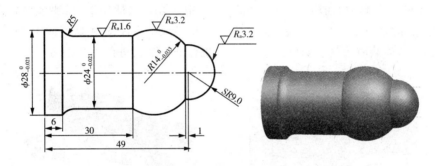

图 1-50 含内凹轮廓轴

(1)计划时间   4 学时。
(2)质量要求   零件加工质量符合图样要求。
(3)安全要求   严格按照安全操作规程进行,确保人身安全、设备安全。
(4)文明要求   自觉按照文明生产规则进行实训,做有职业修养的人。
(5)环保要求   在项目实训过程中充分考虑保护环境的有利因素。

【项目解析】

1.图样分析

该零件的加工为回转体外表面加工,包括球面、圆弧面和圆柱面。图样中两圆柱的直径尺寸精度 $\phi24_{-0.021}^{0}$ mm 和 $\phi28_{-0.021}^{0}$ mm,圆弧面尺寸精度 $R14_{-0.033}^{0}$ mm,为较高公差等级要求,使用数控车床自动加工,加工时需要采用粗加工、精加工的加工顺序,首件切削时先把刀具 X 向长度补偿加大 0.6mm 进行粗、精加工,加工后测量并进行误差调整补偿,再进行一次精加工。零件轴向尺寸没有设置加工尺寸精度。是因为零件上所有加工面都用一把刀具连续加工,轴向尺寸只取决于程序和数控机床的加工精度,加工精度一定能满足尺寸精度要求,所以不需要设置轴向尺寸精度。圆柱面的表面粗糙度要求为 R_a 1.6μm,其余表面为 R_a3.2μm,用数控车床加工,只有选择好使用刀具的几何参数并调整好切削参数,控制好加工过程中切屑状况才会达到此要求。

图样尺寸标注完整,轮廓描述清楚,零件材料为 45 钢,切削性能好。

2. 加工方案

用三爪卡盘夹持毛坯,工件外伸长度为 65mm 左右。先使用仿形粗加工复合循环指令(G73)进行粗加工,留 0.6mm 余量;再使用精加工复合循环指令(G70)从右到左连续精加工零件各表面,保证零件的尺寸精度和表面粗糙度要求。

3. 夹装

根据毛坯形状、零件形状和加工特点选择夹具。提供的毛坯为棒料,该零件为规则轴类,长度较短,夹持长度足够,所以使用三爪自定心卡盘装夹,毛坯外伸长度约为 65mm,装夹方便、快捷,定位精度高。

4. 刀具及切削用量选择

毛坯材料为 45 号钢,它的综合加工性能较好。选用 YT15 型号的硬质合金车刀,此刀片材料类型适合于对钢材进行粗、精加工。

该零件右端为球面,选用一把 90°外圆车刀,中间段含内凹轮廓,需要考虑副偏角大小,以免刀具的后刀面与工件产生干涉,如图 1-51 所示,刀片选用 D 型或 V 型(刀尖角为 55°或 35°),安装时控制主偏角为 93°~95°,也保证了副偏角在 30°以上。

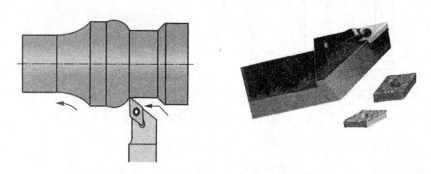

图 1-51 副偏角大于 30°的外圆车刀

本项目使用刀具见表 1-26。

表 1-26 数控车床刀具卡

产品名称或代号		项目1.6	零件名称	含内凹轮廓轴	零件图号	图 1-50
序号	刀具号	刀具规格名称	数量	加工表面	刀尖半径	备注
1	T01	90°外圆车刀(YT15)	1	全部	0.4	20×20
编制	×××	审核	×××	批准	×××××年×月×日	共1页	第1页

查使用工件材料、刀具材料及切削用量表,通过计算,结合实际加工经验确定刀具切削参数,并制定数控车床加工工艺卡见表 1-27。

表 1-27　数控车床加工工艺卡

单位	××职业技术学院		产品名称或代号	零件名称		零件图号
			项目 1.6	含内凹轮廓轴		图 1-50
工序号	程序编号		夹具名称	使用设备		车间
002	O1601		三爪卡盘	C₂-6136HK		先进制造基地
工步号	工步内容	刀具号	刀具规格	主轴转速	进给速度	背吃刀量	备注
1	粗加工复合循环指令 粗加工整个轮廓	T01	20×20	600r/min	0.15	1.2	自动
2	精加工复合循环指令 精加工整个轮廓	T01	20×20	130m/min	0.08	0.6	自动
编制	×××	审核　×××	批准　×××	××年×月×日		共页	第 1 页

5. 程序分析

在图纸上建立编程坐标原点,本项目建立在工件右端球面顶点。

该零件图形包含多个圆柱面和圆弧面,径向尺寸公差不一致,轴向尺寸没有设置尺寸公差,通常需要对 X 方向尺寸的公差求中间值作为 X 坐标进行编程。图样中两种不同公差的平均值之差 $(-0.033+0)/2-(-0.021+0)/2=-0.006\mathrm{mm}$,两者相差较小并且对零件图样进行调整较麻烦,可以不计算尺寸公差的中间值,直接从图样中得出基点坐标值。图样中 $R5$ 圆弧的起始点坐标需要利用勾股定理计算,通过计算可得此基点坐标为 $X24.0$、$Z-48.0$。

在连续切削的开始点增加一段直线为切入段,在切削结束点增加一段直线为退出段,在切入段建立刀具半径补偿,在退出段取消刀具半径补偿。仿形复合循环的起点可以设置到离工件较远的地方,设置为 $X50.0Z6.0$。

工件右端为 $SR9.0$ 的球面,在设计刀具切入段时,考虑刀具有刀尖圆弧,X 坐标值可以设计为 $X-1.0$。

1)圆弧插补指令 G02/03

(1)顺逆时针圆弧的判断

圆弧插补包括顺时针插补和逆时针插补两种,判断方法为:沿圆弧所在平面(如 XZ 平面)的垂直坐标轴的负方向 $(-Y)$ 看去,顺时针方向用 G02 指令,逆时针方向用 G03 指令,如图 1-52 所示。

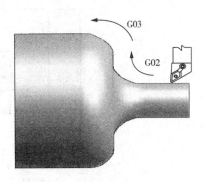

图 1-52　顺逆时针圆弧判断

（2）指令格式

圆弧插补指令有两种指令格式

G02/G03 X(U)_Z(W)_R_F_;

G02/G03 X(U)_Z(W)_I_K_F_;

说明：

（1）圆弧终点坐标采用绝对值时，用 X、Z 表示；当采用增量值（相对坐标）时用 U、W 表示。

（2）当使用 I、K 格式时，I、K 为圆心相对圆弧起点的相对坐标增量值，如图1-53所示。

（3）当使用半径 R 格式时，由于在同一半径 R 的情况下，从圆弧的起点到终点有两个圆弧的可能性，为区别二者，规定圆心角 $\alpha \leq 180$ 时，用正值表示，$\alpha > 180$ 时，用负值表示。

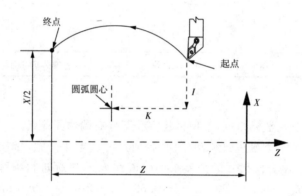

图1-53　I、K值示意图

2）刀尖半径补偿

在数控车床上使用的刀具，为达到提高刀尖强度，降低被加工工件表面粗糙度，减缓刀具磨损，提高刀具寿命，刀尖处不可能是一个点，通常将车刀刀尖制成圆弧形，如图1-54所示。

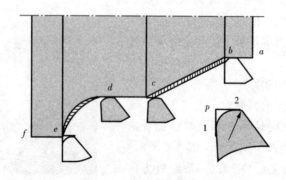

图1-54　刀尖形状及切削影响

由于存在刀尖半径,对刀时实际利用的是端面切削点和外径切削点,即对刀刀尖 p 点,如图 1-55 所示,在进行端面、外径、内径等与轴线平行或垂直的表面加工时,完全是对刀位置参与切削,刀尖圆弧是不会产生切削误差的;在切削锥面或圆弧时,在刀尖圆弧参与切削,会造成过切或少切现象。

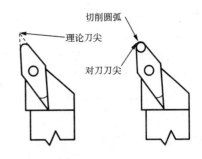

图 1-55　车刀刀尖

车刀的刀尖虽然制成圆弧,但为了方便数控编程,将车刀刀尖作为一点来考虑(即理论刀尖),解决此问题的办法是在程序中起用刀具半径补偿功能,再把刀尖半径补偿值输入数控车床的刀具表中,自动加工时,数控系统能自动计算补偿量来消除误差。

不是所有刀具和加工方式都有必要进行半径补偿,通常精加工轮廓线组成的零件时使用刀尖圆弧半径补偿。

(1)左补偿与右补偿的定义

数控车床的刀尖半径补偿分为刀尖半径左补偿和刀尖半径右补偿。

左右补偿判定方法:用与加工平面垂直的坐标轴(Y 轴)确定视觉方位,再向刀具移动的方向看去,刀具在工件左侧的为左补偿,刀具在工件右侧的为右补偿,如图 1-56 所示。

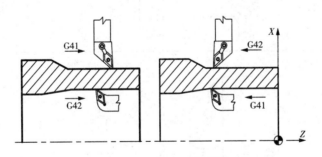

图 1-56　刀具半径补偿判断

(2)刀具半径补偿指令

刀具半径补偿有 3 个指令:

● G41——刀具半径左补偿。

● G42——刀具半径右补偿。

● G40——取消刀具半径补偿。

(3)刀具半径补偿注意事项

① 半径补偿指令不能与圆弧切削指令写在同一程序段,通常与 G00 或 G01 写在一起。

② 受补偿指令的影响,刀尖停留位置与下一程序段始点位置有关,刀尖圆心落在端点,与程序中刀具路径垂直的方向线上,且相距半径值。

③ 在使用 G41,G42 指令模式中,不允许有两个连续的非移动指令,否则刀具在前面

程序段终点的垂直位置停止,且产生过且或欠切现象。

(4)输入刀尖半径值。

操作者需要在数控车床的系统面板上输入刀具半径补偿量 R 和刀尖方位代号。半径补偿量 R 可用测刀仪测量后输入;车刀刀尖的方向号定义了刀具刀位点与刀尖圆弧中心的位置关系,如图 1 - 57 所示,其中"+"代表刀尖圆弧圆心,"●"代表刀具刀位点,从 0~9 有 10 个方向,应用特点见表 1 - 28。刀尖方位代号按实际位置选择,例如使用右手偏刀加工外圆时为 3。

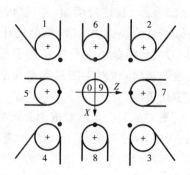

图 1 - 57 刀尖方位代号

① 按功能键"OFS/SET",然后按[补正]软键,再按软键[形状],出现刀具几何补偿页面;

② 在相应刀具号的 R 处输入刀尖圆弧半径值,在 T 处输入刀尖方位代号。例如输入刀尖方位代号 3。

表 1 - 28 数控车床加工工艺卡

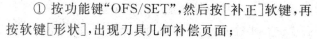

反向镗孔和车端面	镗孔和车端面
车削外圆和端面	反向车削外圆和端面
反向车削端面和槽	车削内孔
车削端面和槽	车削外圆

3)主轴速度功能指令

用于控制主轴转速,有两种单位 m/min 或 r/min。

(1)主轴转速控制

恒定转速控制 G97,常用于数控车削的粗加工,单位 r/min

如:G97S1200——表示主轴转速度为 1200r/min。

(2)线速度控制

为了保证工件各处的表面加工质量一致,在数控车削精加工时常用恒定线速度指令 G96 来设定恒定切削速度。

如:G96S150,表示切削点切削速度控制在 150m/min。

线速度即刀具切削工件时的切削速度,它和工件的表面直径相关。

转速与线速度的转换关系为:

$$n = \frac{1000v}{\pi d}$$

例如:在如图 1-58 所示的零件切削过程中,要保持 A、B、C 各点的线速度在 150m/min,则各点在加工时的主轴转速分别为:

$A:n = 1000 \times 150 \div (\pi \times 40) = 1193r/min$

$B:n = 1000 \times 150 \div (\pi \times 60) = 795r/min$

$C:n = 1000 \times 150 \div (\pi \times 70) = 682r/min$

(3)最高转速限制

设置主轴最高转速。用恒定线速度进行切削加工,当切削半径较小时,主轴转速会很高,为了完全,必须限定主轴转速。

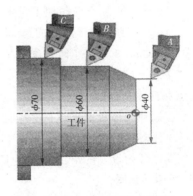

图 1-58 恒线速切削

如:G50S2500——表示主轴最高转速限定为 2500r/min。

4)仿形粗加工复合循环 G73

单一固定循环指令只能完成圆柱或圆锥的加工,而形状较复杂的零件需要用到复合固定循环指令。

当工件的形状较复杂,如果使用复合固定循环指令,只需依指令格式设定粗车时每次的切削深度、精车余量、进给量等参数,在接下来的程序中给出精车时的加工路径,则系统可自动计算出粗车的刀具路径,自动进行粗加工。所谓仿形粗车循环就是按照零件轮廓的形状重复车削,每次平移一个距离,直至要求的形状。这种循环指令用于零件毛坯已基本成型的铸件或锻件的加工。也用来加工 X 方向尺寸非单调变化(有内凹)的工件。如图 1-59 所示为刀具进给路线。

(1)指令格式

仿形粗加工复合循环格式。

G73U(Δi)W(Δk)R(d);

G73P(ns)Q(nf)U(Δu)W(Δw)F(Δf)S(Δs)T(t);

N(ns)……;

F(f)S(s);

……;

N(nf)……;

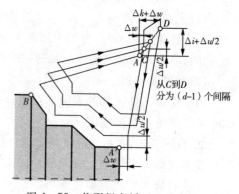

图 1-59　仿形粗车循环刀具路径

其中：Δi——X 轴方向退刀距离和方向，以半径值表示，当向 $+X$ 轴方向退刀时，该值为正，反之为负；

Δk——Z 轴方向退刀距离和方向，当向 $+Z$ 轴方向退刀时，该值为正，反之为负；

d——粗切削次数；

ns——精车开始程序的顺序号；

nf——精车结束程序的顺序号；

Δu——在 X 方向精加工余量（直径值）；

Δw——在 Z 方向精加工余量；

Δf、Δs、t——粗车时切削用量和刀具；

f、s——精车时的切削用量

（2）使用指令的注意事项

① 循环程序段的首尾行必须加相应的行号；

② 循环首行程序必须包括 G00 或 G01 直线移动指令；

③ 循环内设置的 F、S 参数为精加工切削参数，对粗加工无效，并且设置转速 S 的单位与循环外相同；

④ 循环内设置的刀具半径补偿在粗加工过程中无效，只在精加工循环中才有效；

⑤ 在 G73 指令中，Δi 以半径值表示 X 轴方向退刀距离和方向，而精加工余量 Δu 是直径指定；

⑥ 循环起点位置 A 必须在毛坯外面。

4）精加工复合循环 G70

使用粗加工固定循环 G71、G72、G73 指令后，使用 G70 指令进行精加工，调用 $N(ns) \sim N(nf)$ 之间的精加工程序对零件进行精加工，使工件达到所要求的尺寸精度和表面粗糙度。

格式：G70 P(ns)Q(nf)

$N(ns) \sim N(nf)$ 之间程序段设置的切削参数有效，刀具半径补偿的建立与取消功能也有效。

【项目实施器具】

实施本项目需要提前准备以下器具：数控车床为 C_2 -6132HK/1 和 C_2 -6136HK；毛坯材料为 45 钢，$\phi32\times100$；需要的刀具、量具和用具清单见表 1-29。

表 1-29　刀具、量具和用具清单

类别	序号	名　称	型号/规格	精　度	数　量	备　注
刀具	1	外圆车刀	D 型或 V 型刀片	刀尖半径 0.4	1/组	刀片 5
量具	2	游标卡尺	0～150	0.02	1/组	
	3	螺旋千分尺	0～25,25～50	0.01	各 1/组	
	4	钢直尺	150		1/组	
	5	R 规			1	套
	6	粗糙度样板			1	套
用具	7	三爪卡盘扳手	与机床相适应		1/组	一套
	8	刀架扳手和钢管	与机床相适应		1/组	一套
	9	垫片			若干	
	10	防护镜			1/人	
	11	工作帽			1/人	
	12	铁钩			1/组	
	13	毛刷			1/组	

【项目预案】

问题 1　仿形复合循环程序出现错误。

解决措施：用仿形复合循环指令编写程序时，需要按 FANUC 系统规定格式进行编程，经常出现的错误：指令中指定的循环起止号与循环程序段首尾程序行的行号不一致或没有设置行号；循环程序段首行中不包含有直线移动指令 G00 或 G01；切削路线中有较多空行程是仿形轮廓线偏置距离设置太大（此格式中偏置距离为半径值）；切削次数太多是设置格式错误（如粗加工需要切削 10 次，设置为 R10.0。有些数控系统应设置为 R0.01）。

问题 2　用循环指令加工零件表面质量较差。

解决措施：造成加工零件表面质量较差的原因较多，需要逐项检查并排除。检查刀具是否磨损或磨钝，如果磨损，则需要更换刀具。在使用新刀片加工时，切削表面质量也会较差，通常用细砂纸轻磨刀尖；加工含内凹轮廓表面时，刀具副偏角较小时会造成此处切削质量较差，可选择刀尖角较小的刀具；复合循环粗加工指令不仅完成粗加工也包含了半精加工过程，但加工过程中不执行半径补偿，这样会因为留给精加工的余量不均匀造成最后加工表面质量较差。解决此问题的办法可以先预增加刀具径向长度补偿值完成粗精加工，再把刀具长度补偿值改回原参数进行精加工。观察切削状态（如断屑状况）判断刀具选用的切削用量是否合适，如不合适，则需进行优化处理，精加工时最好使用恒定线速控制主轴转速。

问题 3　圆弧加工存在误差。

解决措施：用 R 规检测零件中的圆弧半径存在误差，往往是由于刀具半径补偿不正确造成。检查程序中是否建立了刀具半径补偿,刀具半径补偿指令的使用是否恰当,在数控系统面板中输入的刀尖半径值是否合适,刀尖方位输入是否正确。

【项目实施】

1. 工艺方案与编程

在操作数控机床前熟悉项目任务,认真阅读"项目解析"内容,按下列步骤分析确定加工工艺,制定零件加工过程指示单并编写加工程序。

1)项目任务

明白项目要求,弄清项目任务。

2)图样分析

看懂零件图样,对零件图进行工艺性分析,熟悉图样的加工要求,弄清要加工的表面及特征,分析基本尺寸、尺寸公差、表面质量等方面具体需要达到的要求。

3)加工方案

根据对零件图样的分析,制定可行性加工方案。

4)定位基准与装夹

依据定位基准,选择合适的夹具,制订出具体的装夹方案。

5)刀具与切削用量

根据加工特点选择使用的刀具。

依据给定的零件材料及热处理方式,加工精度、表面质量的要求,使用刀具材料,参考刀具切削参数表,并结合实际加工经验,确定刀具的切削用量。

6)加工过程

零件加工过程见表1-30。

表1-30 零件加工过程指示单

工步号	刀具号	装 夹	工序内容及简图	说 明
1	90°外圆车刀 刀具号 T0101 副偏角大于 30°	三爪卡盘装夹 工件外伸 65 左右	粗、半精加工整个轮廓	用 G73 余量 0.6、0.1
2			精加工整个轮廓	用 G70

7)数控程序编制

根据已确定的加工方案,各工步的加工内容,把一次连续加工完成的内容定为一个程序名。在图样上设定编程坐标原点,依次确定刀具的走刀路线,按使用机床的程序格式编制加工程序,把所有自动加工部分的程序写在程序单上。8)参考加工程序

程序可以按自惯方式编写,本项目使用复合循环指令 G73 编程,参考程序见表 1－31。

表 1－31　加工程序

程　　　序	释　　　义
O1601	程序名
G21G97G99	初始化基本参数
T0101	换 1 号刀具、建立 1 号刀具长度补偿并定义坐标
S600M03	主轴以 600r/min 正转,用于粗加工
G00X50.0Z6.0	快速移动循环起点
G73U13.5W0R12.0	仿形粗加工复合循环指令
G73P10Q20U0.6W0.1F0.15	
N10G00X－0.6Z3.0	快速移动到切削起点
G42G01Z0G99F0.08	切入工件右端面,建立刀具半径补偿
X0	退刀到回转中心
G03X18.0Z－9.0R9.0	SR9.0 逆时针圆弧
G01W－1.0	直线切削
G03X24.0Z－28.0R14.0	R14.0 逆时针圆弧
G01Z－48.0	φ24 圆柱面
G02X28.0W－4.0R5.0	R5 的顺时针圆弧
G01Z－58.0	φ28 圆柱面
N20X34.0G40	退刀,取消刀具半径补偿
G50S2200	设置主轴最高转速
G96S130M03	设置主轴恒定线速度 130m/min,用于精加工
G70P10Q20	精加工复合循环指令
G00X150.0Z200.0	退刀到安全位置
G97S600	设置后续使用转速
M30	程序结束

9)模拟仿真

使用模拟仿真软件,将所编写的程序进行软件模拟加工,并依据模拟情况进行程序调试,直到模拟加工完全符合要求。

2. 操作数控机床

完成准备工作后,按如下步骤操作数控车床加工零件。

1)数控车床开机

① 开机前检查;

② 先开机床总电源,再按系统面板上的"系统上电"键;

③ 向右旋转"急停"旋钮,再按"复位"键消除报警;

④ 机床回参考点操作;

⑤ 数控机床初始参数设置。

2)用三爪卡盘装夹工件

选取 $\phi32$ 的毛坯件,在三爪卡盘上夹紧毛坯件(外伸长度 65mm 左右)。毛坯夹装后在较低的转速下试转,如果毛坯晃动较大,则需要调整直到符合要求为止。

3)刀具安装

在 1 号刀位上安装 D 型刀片的外圆车刀。安装的车刀需要控制主偏角为93°~95°;刀具安装后要保证刀尖与工件回转轴线等高。

4)对刀及参数设置

① 切削工件右端面,完成 Z 轴方向对刀;

② 在刀具"几何补偿"页面中,完成 1 号刀具 Z 向长度补偿;

③ 切削工件圆柱面,完成 X 轴方向对刀,用千分尺测量圆柱直径;

④ 在刀具"几何补偿"页面中,完成 1 号刀具 X 向长度补偿;

⑤ 在刀具"几何补偿"页面中,输入 1 号刀具的半径补偿值 0.4,输入刀尖方位代号 3。

5)输入程序

① 选择"程序编辑"或"自动运行"功能模式,在程序名列表中查看已有的程序名称;

② 选择"程序编辑"功能模式,输入"O1601"程序号,建立新程序;

③ 每一行程序输入结尾时,按 EOB 键生成";"程序换行;

④ 逐行输入后面的程序内容。

6)程序检验

① 对照程序单从前到后逐行校对新输入的程序;

② 使用编辑键,对输入有误程序进行编辑;

③ 在"坐标系"页面中,将工件坐标系向 Z 轴正方向偏移 100mm;

④ 在"空运行"模式下进行自动运行,观察机床运行的转速和使用的刀具是否与实际一致,根据机床是否有报警信息检验程序格式,利用"图形"显示路线,判断程序中输入的坐标数值是否正确,并完成程序的检验和调试;

⑤ 在"坐标系"页面中,将工件坐标系向 Z 轴正方向偏移恢复为 0,取消空运行状态,重新进行手动返回参考点操作。

7)自动加工

① 选择"自动运行"功能模式,屏幕显示切换到"程序"页面,检查程序名和光标位置是否符合加工要求。

② 将"进给倍率"旋钮转到 0%。

③ 按"程序启动"键,一边旋转"进给倍率"旋钮,一边观察机床状况,判断刀具是否是应使用的刀具,主轴转速大小是否适合切削加工。当刀具移动到接近工件表面时,将"进给倍率"旋钮转到 0%,判断刀位点位置与屏幕显示的绝对坐标是否基本相符。通过上述检查判断没有错误后,关上数控机床防护门,将"进给倍率"旋钮转到 100%,进行正常切削加工。

④ 在加工过程中也要注意观察数控机床的加工状况,根据切削状态调整"主轴转速"和"进给倍率"旋钮,依据铁屑形状调整切削液。如果发生紧急情况,立刻按下"紧急制动"或"复位"键,中止机床运行。如果发现有铁屑缠绕,可按下"暂停"键,用铁钩对铁屑进行处理。

8)零件检测

① 在首件试切加工中,完成粗加工(或相应刀具在 X 向长度补偿值预增加一定余量后完成精加工)后停止加工,用螺旋千分尺测量圆柱直径值。测量值与理论值之差值就是刀具长度补偿在 X 方向上的补偿修正值。

② 在"刀具形状几何补偿"页面中,在相应刀具的 X 向长度补偿处"+输入"补偿修正值。

③ 零件加工质量检测。加工完成后用长度测量工具分别测量零件轴向和径向尺寸精度,用表面粗糙度样板与加工零件表面比较,判断加工表面粗糙度是否符合零件图样要求,用 R 规测量零件球面和圆弧面的半径值,如图 1-60 所示。如果零件的加工质量不符合图样要求,需要找出其中产生的原因,并作相应调整。

图 1-60 R 规测半径

9)场地整理

卸下工件、刀具,移动刀架到非主要加工区域后关机;整理工位(使用器具和零件图纸资料),收拾刀具、量具、用具并进行维护;清扫数控机床并进行维护保养,填写实训记录表,清扫车间卫生。

3.项目总结

零件加工完成后,对零件加工质量以及各个环节进行总结,积累操作数控机床的经验。

(1)项目评价

首先学生自己评价加工出的零件,然后学生互相评价,最后指导教师评价并给定成绩。

（2）项目总结

学生总结该项目实施工作过程,列出项目实施中各个环节的要点。分析加工过程中出现的问题,讨论解决的方法。

【项目评价】

本项目实训成绩评定见表1-32。

表1-32　项目1.6成绩评价表

产品代号		项目1.6		学生姓名		综合得分	
类别	序号	考核内容		配分	评分标准	得分	备注
工艺制定及编程	1	加工路线制定合理		10	不合理每处扣2分		
	2	刀具及切削参数		5	不合理每项扣2分		
	3	程序格式正确,符合工艺要求		10	每行一处扣2分		
	4	程序完整,优化		5	每部分扣2分		
操作过程	5	刀具的正确安装和调整		5	每次错误扣2分		
	6	工件定位和夹紧合理		3	每项错误扣2分		
	7	对刀及参数设置		10	每项错误扣1分		
	8	工具的正确使用		2	每次错误扣1分		
	9	量具的正确使用		2	每次错误扣1分		
	10	按时完成任务		5	超30分钟扣2分		
	11	设备维护、安全、文明生产		3	不遵守酌情扣1～5分		
零件质量	12	径向尺寸	$\phi24^0_{-0.021}$	5	超差0.01扣2分		
	13		$\phi28^0_{-0.021}$	5	超差0.01扣2分		
	14	轴向尺寸	总长度	5	超差无分		
	15	圆弧面	$SR9.0$	5	超差0.01扣2分		
	16		$R14^0_{-0.033}$	5	超差0.01扣2分		
	17	粗糙度	$R_a1.6$、$R_a3.2$	10	每处每降一级扣1分		
	18	尺寸检测	检测尺寸正确	5	不正确无分		

注:(1)加工操作期间,报警3次,发生撞刀现象,将暂停操作数控机床的资格;

(2)发生影响安全的违规、违章操作,由指导教师按实训管理制度进行处理。

【项目作业】

（1）总结在数控车床上完成零件加工的操作步骤。

（2）预习并准备下次实训内容。

【项目拓展】

完成如图 1-61 所示零件的加工方案和工艺规程的制定,编写零件加工程序并用软件仿真调试。

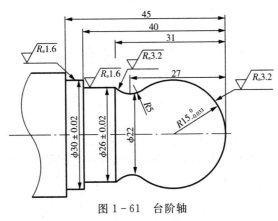

图 1-61　台阶轴

项目 1.7 典型轴的数控车床加工

【项目案例】

本项目以图 1-62 所示典型轴零件加工为例,学会对零件进行工艺性分析,制定出零件加工工艺方案,完成轴向粗车复合循环指令、切槽和螺纹车削加工程序,并进行程序仿真调试,最后加工出合格的零件。

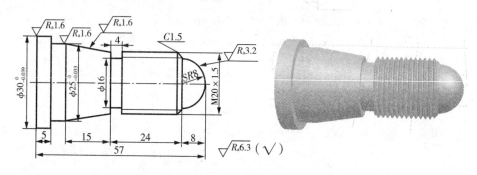

图 1-62 典型轴

(1)计划时间 4 学时。
(2)质量要求 零件加工质量符合图样要求。
(3)安全要求 严格按照安全操作规程进行,确保人身、设备安全。
(4)文明要求 自觉按照文明生产规则进行实训,做有职业修养的人。
(5)环保要求 在项目实训过程中充分考虑保护环境的有利因素。

【项目解析】

1. 图样分析

该零件的加工为回转体外表面加工,零件表面由圆柱、圆锥、圆弧、槽及螺纹等组成。图样中两圆柱的直径尺寸为 $\phi25^{0}_{-0.033}$ mm 和 $\phi30^{0}_{-0.039}$ mm,有较高公差等级要求,使用数控车床自动加工,加工时需要采用粗、精加工的加工顺序,首件切削时在粗、精加工之间加入直径测量并进行误差调整补偿。零件轴向尺寸没有设置加工尺寸精度,是因为精加工零件上与轴向尺寸有关的表面都用一把刀具连续加工,轴向尺寸只取决于程序和数控机床的精度,轴向加工精度一定能满足尺寸精度要求,所以不需要设置轴向尺寸精度。圆柱面的表面粗糙度要求为 $R_a1.6\mu m$,圆锥表面和球面为 $R_a3.2\mu m$,其余为 $R_a6.4\mu m$,用数控车床加工,精加工时采用恒定线速度切削,并且只有选择好使用刀具的几何参数并调整好切削参数,控制好加工过程中切屑状况才会达到此要求。

图样尺寸标注完整,轮廓描述清楚,零件材料为 45 钢,切削性能好。

2. 加工方案

用三爪卡盘夹持毛坯,工件外伸长度为 65mm 左右。先使用轴向粗车复合循环指令(G71)进行粗加工,留 0.6mm 余量;再使用精车复合循环指令(G70)从右到左连续精加工零件各表面,保证零件的尺寸精度和表面粗糙度要求;然后切槽,最后进行螺纹加工。

3. 夹装

根据毛坯形状、零件形状和加工特点选择夹具。提供的毛坯为棒料,该零件为规则轴类,长度较短,夹持长度足够,所以装夹时使用三爪自定心卡盘装夹,毛坯外伸长约为 65mm,装夹方便、快捷,定位精度高。

4. 刀具及切削用量选择

毛坯材料为 45 号钢,它的综合加工性能较好。选用 YT15 型号的硬质合金车刀,此刀片材料类型适用于对钢材进行粗、精加工。

切槽刀的选择。切槽刀切削时是以横向进给为主,前端的切削刃是主切削刃,两侧的切削刃是副切削刃,一般切槽刀的主切削刃较窄,刀头较长,刀头强度比其他车刀差,所以在选择几何参数及切削参数时应特别注意。切槽刀的主切削刃的宽度要适宜,要根据沟槽的宽度来选择;切削刃的长度要大于槽深,以防撞刀。

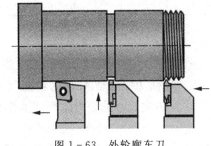

图 1-63　外轮廓车刀

该零件加工含右端球面和肩面,选用 90°外圆车刀,刀片选用 C 型或 W 型(刀尖角为 80°),安装时控制主偏角为 93°～95°,副偏角也符合加工要求,如图 1-63 所示;槽的宽度为 4mm,选择 4mm 宽度的外切槽刀;螺纹加工选用 60°外螺纹车刀。

本项目使用刀具见表 1-33。

表 1-33　数控车床刀具卡

产品名称或代号		项目 1.7	零件名称	典型轴	零件图号	图 1-62
序号	刀具号	刀具规格名称	数量	加工表面	刀尖半径	备注
1	T01	90°外圆车刀(YT15)	1	外轮廓粗、精加工	0.4	20×20
2	T02	4mm 宽外切槽刀	1	切槽		20×20
3	T03	60°外螺纹车刀	1	车外螺纹		20×20
编制	×××	审核	×××	批准 ×××××年×月×日	共 1 页	第 1 页

查使用工件材料、刀具材料及切削用量表,通过计算,结合实际加工经验确定刀具切削参数,并制定数控车床加工工艺卡见表1-34。

表1-34　数控车床加工工艺卡

单位	××职业技术学院		产品名称或代号	零件名称	零件图号
			项目1.7	典型轴	图1-62
工序号	程序编号		夹具名称	使用设备	车间
003	O1701		三爪卡盘	C_2-6136HK	先进制造基地
工步号	工步内容	刀具号	刀具规格	主轴转速	进给速度 背吃刀量 备注

工步号	工步内容	刀具号	刀具规格	主轴转速	进给速度	背吃刀量	备注
1	G71复合循环指令 粗加工整个轮廓	T01	20×20	600r/min	0.15	1.2	自动
2	G70复合循环指令 精加工整个轮廓	T01	20×20	130m/min	0.08	0.6	自动
3	G01切槽	T02	20×20	400r/min	0.06		自动
4	G92车螺纹	T03	20×20	550r/min	1.5		自动
编制 ×××	审核 ×××	批准 ×××	××年×月×日			共页	第1页

5. 程序分析

在图纸上建立编程坐标原点,把它建立在工件右端球面顶点。

该零件图形中两个圆柱面的径向尺寸公差不一致,轴向尺寸没有设置尺寸公差,通常需要对 X 方向尺寸的公差求中间值作为 X 坐标进行编程。图样中两种不同公差的平均值相差(−0.033+0)/2−(−0.039+0)/2=−0.002mm,两者相差较小,可以不需要计算尺寸公差的中间值,直接用图样中基准尺寸作为基点坐标值。在加工 M20×1.5 螺纹时,根据塑性材料变形特点将此处圆柱尺寸设定为 ϕ19.8mm。

在设计复合循环加工路线时,在连续切削的开始处增加一段直线为切入段,在切削结束处增加一段直线为退出段,在切入段建立刀具半径补偿,在退出段取消刀具半径补偿,把复合循环的起点设置毛坯外 X33.0Z2.0 处。

工件右端为 SR9.0 的球面,在设计刀具切入段时,考虑刀具有刀尖圆弧,X 坐标值可以设计为 X−1.0。

切槽到底部时需要设置一段暂停进给时间,对工件底面进行抛光。

螺纹加工用单一循环指令,循环的起点设置为 X24.0Z−3.0。

加工螺纹前圆柱直径＝螺纹大径−0.13 螺距

＝20.0−0.13×1.5＝19.8mm。

螺纹最小加工直径＝螺纹大径−2×0.6495 螺距

＝20−2×0.6495×1.5＝18.04mm。

1)轴向粗车复合循环指令 G71

当圆柱毛坯有较多余料需要分多层切削时,无论使用直线指令还是使用单一循环指令都需要计算出每层终点坐标值,当零件的轮廓形状较复杂,用手工方法很难计算出每层终点坐标值。如果使用复合循环指令,只需依指令格式设定粗车时每次的切削深度、精车余量、进给量等参数,在循环部分给出精车时的加工路径,则系统可自动计算出粗车的刀具路径,自动进行粗加工。

轴向粗车复合循环指令 G71 适用于圆柱毛坯有较多余料需要分多层切削。如图 1-64 所示,图中(R)表示快速进给,(F)表示切削进给,A 点是刀具起点位置,C 点是粗车循环起点,A′至 B 是工件的外形。

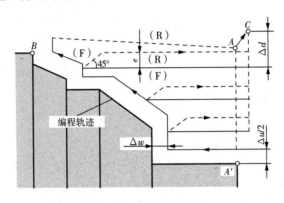

图 1-64　G71 加工路径

(1)指令格式

轴向粗车复合循环指令格式。

G71U(Δd)R(e);

G71P(ns)Q(nf)U(Δu)W(Δw)F(Δf)S(Δs)T(t);

N(ns)……;

F(f)S(s);

……

N(nf)……;

其中:Δd——X 方向的进刀深度(半径正值);

e——每次切削结束的退刀量;

ns——精车开始程序的顺序号;

nf——精车结束程序的顺序号;

Δu——在 X 方向精加工余量(直径值);

Δw——在 Z 方向精加工余量;

Δf、Δs、t——粗车时切削用量和刀具;

f、s——精车时的切削用量。

(2)使用指令的注意事项

① G71 只能用于零件轮廓是单调增大或单调减少的,不可有内凹的轮廓外形;

② 循环程序段的首尾行必须加相应的行号；

③ 循环首行程序必须包括 G00 或 G01 直线指令，且只能有 X 轴移动，而不能有 Z 坐标；

④ 循环内设置的 F、S 参数为精加工切削参数，对粗加工无效，并且设置转速 S 的单位与循环外相同；

⑤ 循环内设置的刀具半径补偿粗车时无效，只在精加工循环中才有效；

⑥ 在 G71 指令中，每次切削深度 Δd 是半径指定，而精加工余量 Δu 是直径指定；

⑦ 循环起点位置 A 必须在毛坯外面。

2）暂停进给指令 G04

暂停进给指令 G04 的功能是使刀具按指定时间暂停进给，以获得平整而光滑的表面。主要用于如下几种情况：

（1）横向切槽、倒角、车顶尖孔时，为使表面平整，使用暂停指令，使刀具在加工面位置停留几秒钟再退刀。

（2）对盲孔进行钻削加工时，刀具进给到孔底位置，用暂停指令使刀具作非进给光整切削，然后再退刀，保证孔底平整。

暂停指令的格式：G04X_或 G04P_

地址 X 或 P 为暂停时间。其中 X 后面可带小数点的数，单位为 S，P 后面是不可带小数点的整数，单位为毫秒。例如需要程序执行自动暂停进给 5.0 秒后才执行后面的程序，此程序行可以写成 G04X5.0、G04X5000 或 G04P5000。

G04 为非模态代码，只在本行有效，G04 必须单独编写成一个程序段。

3）自动返回参考点指令 G28

完成自动返回参考点功能。

格式：G28X(U)_Z(W)_;

说明：X(U)_Z(W)_的值为返回参考点时经过的中间点在编程坐标系中的坐标值，设置中间点的目的是指定回参考点路径，避免刀具与工件或夹具发生干涉；G28 指令仅在该程序行有效。

在数控车床中常用格式为：G91G28U0；

G28W0；

说明：直接从当前点先 X 坐标轴返回参考点后，再进行 Z 坐标轴返回参考点。

4）螺纹车削加工指令

螺纹的类型包括：内外螺纹和圆锥螺纹、单头螺纹和多头螺纹、恒螺距与变螺距螺纹。

（1）螺纹加工要求

在数控车床上加工螺纹有特殊的要求。

① 螺纹加工时，要严格保证工件每旋转一周，刀具进给一个导程，因此，进给速度单位应采用旋转进给率，即 mm/r。并且为了防止产生乱牙，主轴转速只能使用主轴恒定转

速,且主轴的转速高低有一定的限制;

　　② 进行螺纹加工时进给量为螺纹导程,具有较大值,如图 1-65 所示,并且螺纹车刀的强度一般较差。螺纹具有规定的加工深度,往往需要分多刀进行加工,这样可以减小切削力,保证螺纹精度。螺纹切削加工次数以及每次的切削深度可查表 1-35 得到,但实际加工中,往往依据螺纹加工的总深度,并按每次切削深度依次递减的原则进行分配(目的是使每次切削面积接近相等),自行设定,一般精加工余量为 0.05～0.1mm;

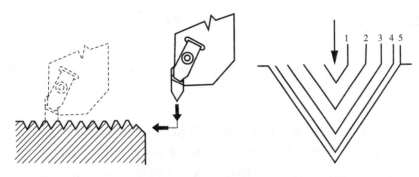

图 1-65　螺纹车削进刀量

表 1-35　常用公制螺纹的进给次数与吃刀量

螺 距		1.0	1.5	2.0	2.5	3.0	3.5	4.0
牙 深		0.649	0.974	1.299	1.624	1.949	2.273	2.598
背吃刀量及切削次数	1 次	0.7	0.8	0.9	1.0	1.2	1.5	1.5
	2 次	0.4	0.6	0.6	0.7	0.7	0.7	0.8
	3 次	0.2	0.4	0.6	0.6	0.6	0.6	0.6
	4 次		0.16	0.4	0.4	0.4	0.6	0.6
	5 次			0.1	0.4	0.4	0.4	0.4
	6 次				0.15	0.4	0.4	0.4
	7 次					0.2	0.2	0.4
	8 次						0.15	0.3
	9 次							0.2

　　③ 数控车床进行螺纹切削是根据主轴上的位置编码器发出的脉冲信号,控制刀具进给运动形成螺旋线的,主轴每转一周,刀具进给一个导程。主轴旋转启动和停止时,旋转速度升降不均,刀具的进给速度也快慢不均,这时不能进行螺纹切削,否则会产生螺纹"乱牙"现象。在螺纹加工轨迹中应设置足够的升速段和降速段,以消除伺服滞后造成的螺距误差,设置引入距离 δ1 和超越距离 δ2,δ1 通常取 2～5mm(大于螺距),δ2 通常取 δ1/4。数控车床也可加工无退刀槽的螺纹。

(2)螺纹加工直径尺寸的确定

螺纹刀具在车削过程中对工件有一定的挤压作用,因此直径值不能直接按图纸尺寸加工。由于挤压变形的大小和工件材料性质和螺纹类型有关,难以用公式准确计算,一般可根据经验取大径值,然后再调整。若无经验值参考,可按下面方法估算。

外螺纹加工前的外圆直径应为 $D_外 \approx D-(0.1\sim0.2165)$螺距

内螺纹加工前的内孔直径应为 $D_内 \approx D-1.0825$螺距

螺纹最小加工直径=螺纹大径 -2×0.6495螺距

(3)螺纹加工指令

FANUC 系统提供的螺纹加工指令有螺纹指令 G32、单一循环指令 G92 和螺纹固定循环指令 G76。

① 单行程螺纹加工指令 G32

G32 指令可以加工圆柱螺纹和圆锥螺纹,其和 G01 指令的根本区别:G32 能使刀具直线移动的同时,使刀具的移动和主轴保持同步,即主轴转一周,刀具移动一个导程;G01 指令刀具的移动和主轴的旋转位置不同步,用来加工螺纹时会产生乱牙现象。

格式:G32X(U)_Z(W)_F_

其中:X_、Z_——螺纹终点坐标值;

   U_、W_——螺纹终点坐标的增量值;

   F——螺纹导程,单位是 mm/r。

② 螺纹单一循环指令 G92

使用 G32 指令加工螺纹时,每层切削都要写 4 个程序段,为了简化编程,可以使用螺纹单一循环指令 G92,把 4 个移动段用一个指令来表示,它也可以完成圆柱螺纹和圆锥螺纹的循环切削,显然 G92 比 G32 要方便得多,程序段少就不容易出错。

格式:G92 X(U)_Z(W)_R_F_;

其中:X_、Z_——螺纹终点坐标值;

   U_、W_——螺纹终点坐标的增量值;

   R_——锥螺纹起点与终点半径值之差,若 R 为"0",则为圆柱螺纹,可以省略不写;

   F_——螺纹导程,单位是 mm/r。

③ 螺纹复合循环指令 G76

格式:G76 P(m)(r)(a)Q(Δdmin)R(d);

     G76 X(U)_Z(W)_R(i)P(k)Q(Δd)F(f);

G76 螺纹切削循环的工艺性比较合理,编程效率较高,螺纹切削循环路线及进刀方法如图 1—66 所示。

其中:m——表示精车重复次数,从 1—99;

   r——斜向退刀量单位数,或螺纹尾端倒角值,f 为螺纹导程,用 $0.0f$—$9.9f$ 设置,以 $0.1f$ 为一单位,(即为 0.1 倍导程),用 00—99 两位数字指定;

   a——刀尖角度。从 80°、60°、55°、30°、29°、0° 六个角度选择一个,由 2 位数规定;

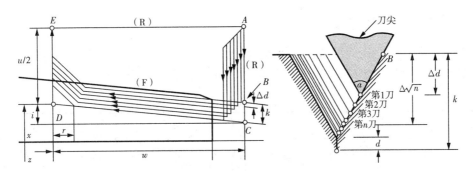

图 1-66　螺纹复合循环指令路线及进刀

Δd_{min}——最小切削深度(用半径值指定),当计算深度小于 Δd_{min},则取 Δd_{min} 作为切削深度,单位 μm;

d——精加工余量,用半径值指定;

$X(U)\_Z(W)\_$表示螺纹终点的坐标值;

i——锥螺纹的半径差,若 $i=0$,则为直螺纹;

k——螺纹深度,用半径值定义,单位 μm;

Δd——第一刀粗切深度(半径值),单位 μm。

例如:M20×1.5 的螺纹加工程序　　G76P011060Q80R0.98

　　　　　　　　　　　　　　G76X18.04Z-30.0P974Q400F1.5

④ G92 指令与 G76 指令的特点

G92 螺纹切削循环采用直进式进刀方式,如图 1-67 所示。由于刀具两侧刃同时切削工件,切削力较大,而且排削困难,因此在切削时,两切削刃容易磨损。在切削螺距较大的螺纹时,由于切削深度较大,刀刃磨损较快,从而造成螺纹中径产生误差,因此在加工中要经常测量。但由于其加工的牙形精度较高,因此一般多用于小螺距高精度螺纹的加工。

G76 螺纹切削循环采用斜进式进刀方式,如图 1-68 所示。由于单侧刀刃切削工件,刀刃容易损伤和磨损,使加工的螺纹面不直,刀尖角发生变化,而造成牙形精度较差。但由于其为单侧刃工作,刀具负载较小,排屑容易,并且切削深度为递减式,因此,此加工方法一般适用于大螺距低精度螺纹的加工。如果需加工高精度、大螺距的螺纹,则可采用 G92,G76 混用的办法,即先用 G76 进行螺纹粗加工,再用 G92 进行精加工。需要注意的是粗精加工时的起刀点要相同,以防止螺纹乱扣。

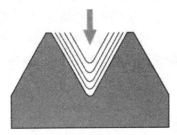

图 1-67　直进式进刀

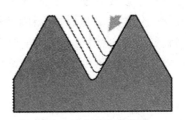

图 1-68　直进式进刀

【项目实施器具】

实施本项目需要提前准备以下器具:数控车床为 $C_2-6132HK/1$ 和 $C_2-6136HK$;毛坯材料为 45 钢,$\phi 32 \times 100$;需要的刀具、量具和用具清单见表 1-36。

表 1-36   刀具、量具和用具清单

类别	序号	名 称	型号/规格	精 度	数 量	备 注
刀具	1	外圆车刀	W 型(90°外圆刀)	刀尖半径≤0.4	1/组	刀片 5
	2	外切槽刀	刀宽 4		1/组	刀片 10
	3	外螺纹车刀	T 型(刀尖角 60°)	刀尖半径≤0.2	1/组	刀片 10
量具	4	游标卡尺	0~150	0.02	1/组	
	5	螺旋千分尺	0~25,25~50	0.01	各 1/组	
	6	钢直尺	150		1/组	
	7	R 规			1	套
	8	粗糙度样板			1	套
用具	9	三爪卡盘扳手	与机床相适应		1/组	一套
	10	刀架扳手和钢管	与机床相适应		1/组	一套
	11	垫片			若干	
	12	防护镜			1/人	
	13	工作帽			1/人	
	14	铁钩			1/组	
	15	毛刷			1/组	

【项目预案】

问题 1   校验轴向粗车复合循环程序时格式出错。

解决措施:用轴向粗车复合循环指令编写程序时,需要按 FANUC 系统规定格式进行编写,经常出现的格式错误如下:指令中指定的循环起止号与循环程序段首尾程序行的行号不一致或没有设置行号;循环程序段首行中不包含有直线移动指令 G00 或 G01,或者首行中包含有 Z 坐标指令;零件轮廓有内凹的外形,将切除前面零件材料;每次切削深度用直径指定,会出现每层切削厚度太大;循环内设置的精加工转速不正确,由于循环内重新设置的转速单位无效,导致精加工转速设置不当。

问题 2   切槽加工不合格。

解决措施:切槽宽度超差可能是由于刀具刀的磨损或测量尺寸不准,需要准确测量刀具宽度;也可能是由于退刀时斜向退出把侧壁切伤,正确的方法是应该沿 X 向切入切

出;也可能是对刀与计算编程坐标时采用了切槽刀具的右刀尖而出现误差,多次切槽时应明确刀位点的位置。

切槽深度尺寸超差,一般是由于对刀有误差,或在多刀切槽时在槽底出现接刀痕,影响测量。应正确刃磨和安装切槽刀具,编程时正确计算坐标值,沿着 X 轴正向退刀,减少接刀,并在槽底光刀。

问题 3　螺纹加工出现乱牙。

解决措施:螺纹加工出现乱牙时先考虑以下因素,确定原因后做相应修改。螺纹加工时主轴转速只能使用恒定转速,且主轴的转速不能太高;在螺纹加工开始和结束段会有螺纹不规则现象,应设置足够的升速进刀段和降速退刀段,以消除伺服滞后造成的螺距误差;在整个螺纹加工过程中,刀具长度补偿参数只能调整 X 向补偿值。修改程序时可以修改螺纹程序的终点坐标值,而螺纹起点坐标值只允许是螺纹导程的整数倍修改。

问题 4　外螺纹加工不合格。

解决措施:首先检查螺纹刀尖刃磨角度和安装是否正确,用带有 V 形块的螺纹角度样板安装螺纹车刀,保证刀具安装后牙型角为 $60°$,刀具对称中心线垂直于工件轴线;其次检查螺纹进给深度计算是否有误,在加工到接近小径尺寸时,需反复用环规测量,正确调整切入尺寸;然后检查程序中是否考虑塑性变形而事先将螺纹顶径车小 $0.1\sim0.2$mm,最后看检测时是否将工件和环规中的切屑等杂物清理干净。

【项目实施】

1. 工艺方案与编程

在操作数控机床前熟悉项目任务,认真阅读"项目解析"内容,按下列步骤分析确定加工工艺,制定零件加工过程指示单并编写零件加工程序。

1)项目任务

明白项目要求,弄清项目任务。

2)图样分析

看懂零件图样,对零件图进行工艺性分析,了解图样的加工要求,弄清要加工的表面及特征,分析基本尺寸、尺寸公差、表面质量等方面具体需要达到的要求。

3)加工方案

根据对零件图样的分析,制订可行性加工方案。

4)定位基准与装夹

依据定位基准,选择合适的夹具,制订出具体的装夹方案。

5)刀具与切削用量

根据加工特点选择使用的刀具。

依据给定的零件材料及热处理方式,加工精度、表面质量的要求,使用刀具材料。参考刀具切削参数表,并结合实际加工经验,确定各刀具的切削用量。

6)加工过程

零件加工过程见表 1-37。

表 1-37 零件加工过程指示单

工步号	刀具号	装夹	工序内容及简图	说明
1	90°外圆车刀，刀具号 T0101	三爪卡盘装夹工件外伸 65 左右	粗、精加工	用 G71 粗加工余量 0.6,0.15 用 G70 精加工
2	4mm 外切槽刀，刀具号 T0202		切槽	用 G01 加工
3	60°外螺纹刀，刀具号 T0303		螺纹加工	用 G92 加工

7）数控程序编写

根据已确定的加工方案,各工步的加工内容,把一次连续加工完成的内容定为一个程序名。在图样上设定编程坐标原点,依次确定各刀具的走刀路线,按使用机床的程序格式编制加工程序,把所有自动加工部分的程序写在程序单上。

8）参考加工程序

程序可以按自己习惯方式编写,本项目使用轴向复合循环指令 G71 粗加工棒材,复合循环 G70 进行精加工,螺纹用单一循环指令 G92 编程。参考程序见表1-38。

表 1-38 加工程序

程 序	释 义
O1701	程序名
G21G97G99	初始化基本参数
T0101	换 1 号刀具、建立 1 号刀具长度补偿并定义坐标
S600M03	主轴以 600r/min 正转,用于粗加工
G00X33.0Z2.0	快速移动循环起点
G71U1.2R1.0	轴向粗加工复合循环指令。切削深度 1.2mm
G71P10Q20U0.6W0.15F0.15	X、Z 向精加工余量 0.6,0.15mm,粗车进给量 0.15mm/min
N10G00X-0.6	循环程序段首行。单坐标轴快速移动到切削起点

（续表）

程 序	释 义
G42G01Z0F0.07	切入段,建立刀具半径右补偿
X0	切入到圆弧加工起点
G03X16.0Z-8.0R8.0	SR8.0圆弧切削
G01X17.0	倒边前直线段
X19.8W-1.4	倒边
Z-32.0	螺纹圆柱面
X20.0	到圆锥面起点
X25.0Z-47.0	圆锥面
W-5.0	ϕ25圆柱面
X30.0	肩面
Z-57.0	ϕ30圆柱面
N20X33.0G40	循环程序段末行,切出段,取消刀具半径补偿
G50S2500	限速主轴最高转速
G96S130M03	主轴恒线速设置
G70P10Q20	循环指令精加工
G00X150.0Z200.0	退刀到完全位置
T0202	换2号切槽刀具,建立2号刀具补偿
S400M03	设置切槽转速
G00X25.0Z-32.0	快速移动到切槽起点
G01X16.0F0.06	切槽
G04X1.0	切到槽底暂停进给1秒
G00X30.0	沿X轴快速退出切槽
X150.0Z200.0	退刀到完全位置
T0303	换3号螺纹刀具,建立3号刀具补偿
S550M03	设置螺纹加工转速
G00X25.0Z-3.0	快速移动到螺纹循环起点
G92X19.2Z-30.0F1.5	螺纹加工
X18.75	
X18.45	
X18.25	

（续表）

程　　序	释　　义
X18.12	
X18.04	
G00X150.0Z200.0	退刀到完全位置
G28U0	X 轴回参考点
G28W0	Z 轴回参考点
T0101	换回 1 号外圆车刀
M30	程序结束

9）模拟仿真

使用模拟仿真软件，将所编写的程序进行软件模拟加工，并依据模拟情况完成程序调试，直到模拟加工完全符合要求。

2. 操作数控机床

完成准备工作后，按如下步骤操作数控车床加工零件。

1）数控车床开机

① 开机前检查；

② 先开机床总电源，再按系统面板上的"系统上电"键；

③ 向右旋转"急停"旋钮，再按"复位"键消除报警；

④ 回参考点操作；

⑤ 数控机床初始参数设置。

2）用三爪卡盘装夹工件

选取 $\phi32$ 的毛坯件，在三爪卡盘上夹紧毛坯件（外伸长度 65mm 左右）。毛坯夹装后在较低的转速下试转，如果毛坯晃动较大，需要调整直到符合要求为止。

3）刀具安装

在 1 号刀位上安装 W 型刀片的外圆车刀，安装车刀时需要控制主偏角在 $93°\sim95°$ 之间；在 2 号刀位上安装 4mm 宽外圆切槽刀，刀具与主轴回转轴线垂直；在 3 号刀位上安装外螺纹刀具，可利用螺纹角度样板来安装螺纹车刀，如图 1-69 所示，保证刀具与主轴回转轴线垂直，刀具安装后要保证刀尖与工件回转轴线等高。

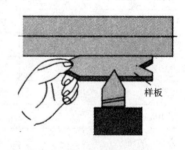

图 1-69　螺纹角度样板

4）对刀及参数设置

（1）1 号外圆车刀对刀及参数设置

① 换 1 号刀具为当前刀具，切削工件右端面，完成 Z 轴方向对刀；

② 在刀具"几何补偿"页面中，完成 1 号刀具 Z 向长度补偿；

③ 切削工件圆柱面，完成 X 轴方向对刀，用千分尺测量圆柱直径；

④ 在刀具"几何补偿"页面中,完成 1 号刀具 X 向长度补偿;

⑤ 在刀具"几何补偿"页面中,输入 1 号刀具的半径补偿值 0.4,输入刀尖方位代号 3。

(2)2 号切槽刀具对刀及参数设置

① 换 2 号刀具为当前刀具,刀具左刃碰工件右端面,完成 Z 轴方向对刀;

② 在刀具"几何补偿"页面中,完成 2 号刀具 Z 向长度补偿;

③ 切槽刀具前刃碰工件圆柱面,完成 X 轴方向对刀;

④ 在刀具"几何补偿"页面中,完成 2 号刀具 X 向长度补偿。

(3)3 号螺纹刀具对刀及参数设置

① 换 3 号刀具为当前刀具,刀尖大致对齐工件右端面,完成 Z 轴方向对刀;

② 在刀具"几何补偿"页面中,完成 3 号刀具 Z 向长度补偿;

③ 螺纹刀具刀尖碰工件圆柱面,完成 X 轴方向对刀;

④ 在刀具"几何补偿"页面中,完成 3 号刀具 X 向长度补偿。

5)输入程序

① 选择"程序编辑"或"自动运行"功能模式,在程序名列表中查看已有程序名称;

② 选择"程序编辑"功能模式,输入"O1701"程序号,建立新程序;

③ 每一行程序输入结尾时,按 EOB 键生成";"程序换行;

④ 逐行输入后面的程序内容;

6)程序检验

① 对照程序单从前到后逐行校对新输入的程序;

② 使用编辑键,对输入有误的程序进行编辑;

③ 在"坐标系"页面中,将工件坐标系向 Z 轴正方向偏移 100mm;

④ 在"空运行"模式下进行自动运行,观察机床运行的转速和使用的刀具是否与实际一致,根据是否有报警信息检验程序格式,利用"图形"显示路线,判断程序中输入的坐标数值是否正确,并进行程序的检验和调试;

⑤ 在"坐标系"页面中,将工件坐标系向 Z 轴正方向偏移恢复为 0,取消空运行状态,操作机床重新返回参考点。

7)自动加工

① 选择"自动运行"功能模式,屏幕显示切换到"程序"页面,检查程序名和光标位置是否符合加工要求。

② 将"进给倍率"旋钮转到 0%。

③ 按"程序启动"键,一边旋转"进给倍率"旋钮,一边观察机床状况,判断刀具是否是应该使用的刀具,主轴转速大小是否适合切削加工。在刀具移动到接近工件表面时,将"进给倍率"旋钮转到 0%,判断刀具位置与屏幕显示的绝对坐标是否基本相符。通过上述检查判断没有错误后,关上数控机床防护门,将"进给倍率"旋钮转到 100%,进行正常切削加工。

④ 在加工过程中观察数控机床的加工状况,根据切削状态调整"主轴转速"和"进给倍率"旋钮,依据铁屑形状调整切削液。如果发生紧急情况,立刻按下"紧急制动"或"复

位"键,中止机床运行。如果发现有铁屑缠绕,可按下"暂停"键,用铁钩对铁屑进行处理。

8)零件检测

① 在首件试切加工中,完成粗加工(或相应刀具在 X 向长度补偿值预增加一定余量后完成精加工)后停止加工,用螺旋千分尺测量圆柱直径值。测量值与理论值之差就是刀具长度补偿在 X 方向上的补偿修值。

② 在"刀具形状几何补偿"页面中,在相应刀具的 X 向长度补偿处"＋输入"补偿修正值。

③ 螺纹加工过程中,分别用止通螺纹环规进行测量,如图 1-70 所示,或者用螺纹千分尺测量,如图 1-71 所示,根据测量情况对刀具长度补偿参数进行适当调整,再重新运行螺纹加工程序,直到通螺纹环规能够安全旋入而止螺纹环规只能够旋入一小段,说明螺纹加工符合要求。

图 1-70 螺纹止、通环规

④ 零件加工质量检测。加工完成后用长度测量工具分别测量零件轴向和径向尺寸精度,把加工零件表面与粗糙度样板进行比较,判断加工表面粗糙度是否符合零件图样要求。如果零件的加工质量不符合图样要求,需要找出其中产生的原因,并作相应调整。

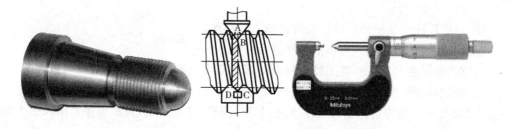

图 1-71 螺纹千分尺测量

9)场地整理

卸下工件、刀具,移动刀架到非主要加工区域后关机;整理工位(使用器具和零件图纸资料),收拾刀具、量具、用具并进行维护;清扫数控机床并进行维护保养,填写实训记录表,清扫车间卫生。

3. 项目总结

零件加工完成后,对零件加工质量以及各个环节进行总结,积累操作数控机床的经验。

(1)项目评价

首先学生自己评价加工出的零件,然后学生互相评价,最后指导教师评价并给定成绩。

(2)项目总结

学生总结该项目实施工作过程,列出项目实施中各个环节的要点。分析加工过程中出现的问题,讨论解决的方法。

【项目评价】

本项目实训成绩评定见表 1 - 39。

表 1 - 39　项目 1.7 成绩评价表

产品代号		项目 1.7		学生姓名		综合得分	
类别	序号	考核内容		配分	评分标准	得分	备注
工艺制定及编程	1	加工路线制定合理		5	不合理每处扣 2 分		
	2	刀具及切削参数		10	不合理每项扣 2 分		
	3	程序格式正确,符合工艺要求		10	每行一处扣 2 分		
	4	程序完整,优化		5	每部分扣 2 分		
操作过程	5	刀具的正确安装和调整		5	每次错误扣 2 分		
	6	工件定位和夹紧合理		3	每项错误扣 2 分		
	7	对刀及参数设置		10	每项错误扣 1 分		
	8	工具的正确使用		2	每次错误扣 1 分		
	9	量具的正确使用		2	每次错误扣 1 分		
	10	按时完成任务		5	超 30 分钟扣 2 分		
	11	设备维护、安全、文明生产		3	不遵守酌情扣 1~5 分		
零件质量	12	径向尺寸	$\phi 25^{0}_{-0.033}$	5	超差 0.01 扣 2 分		
	13		$\phi 30^{0}_{-0.039}$	5	超差 0.01 扣 2 分		
	14	轴向尺寸	总长度	5	超差无分		
	15	圆弧面	$SR8.0$	5	超差 0.01 扣 2 分		
	16	螺纹加工	环规止通测量	10	一项超差扣 2 分		
	17	粗糙度	$R_a1.6、R_a3.2$	5	每处每降一级扣 1 分		
	18	尺寸检测	检测尺寸正确	5	不正确无分		

注:(1)加工操作期间,报警 3 次,发生撞刀现象,将暂停操作数控机床的资格;

(2)发生影响安全的违规、违章操作,由指导教师按实训管理制度进行处理。

【项目作业】

(1)总结数控车床常用的循环指令,螺纹加工计算。

(2)预习并准备下次实训内容。

【项目拓展】

完成如图 1-72 所示零件的加工方案和工艺规程的制定,编写零件加工程序并用软件仿真调试。

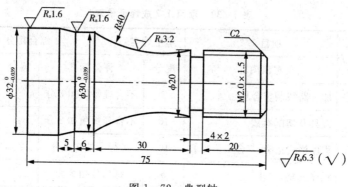

图 1-72 典型轴

项目1.8   轴套零件的加工技能

【项目案例】

本项目以如图1-73所示典型轴套零件加工为例,学会对零件进行工艺性分析,制定出零件加工工艺方案,完成轴向内外轮廓粗精加工复合循环编程,并进行程序仿真调试,最后加工出合格的零件。

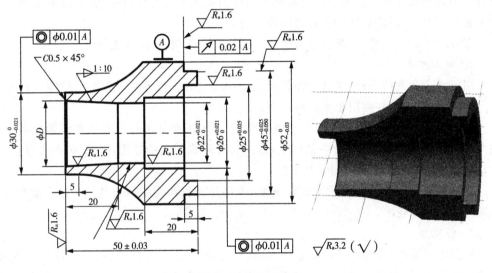

图1-73   典型轴套

(1)计划时间   6学时。
(2)质量要求   零件加工质量符合图样要求。
(3)安全要求   严格按照安全操作规程进行,确保人身、设备安全。
(4)文明要求   自觉按照文明生产规则进行实训,做有职业修养的人。
(5)环保要求   在项目实训过程中充分考虑保护环境的有利因素。

【项目解析】

1. 图样分析

该零件的加工为回转体内外表面加工,零件表面由圆柱、圆锥、圆弧等组成。图样中多处圆柱面有较高的尺寸精度要求,特别是内孔圆柱面 $\phi 26^{+0.021}_{0}$、$\phi 20^{+0.021}_{0}$ 和内孔圆锥面。使用数控车床自动加工,加工时采用粗、精加工顺序,并在粗、精加工之间加入直径测量并进行误差调整补偿。加工内孔圆柱面和圆锥面时,还要考虑镗刀的刚度、排屑等问题,严格遵循孔加工工艺、准确测量孔的尺寸、控制切削参数才可能使加工零件达到图样中要求的尺寸精度。

零件需要调头加工,调头后平端面控制零件轴向总尺寸 50 ± 0.03 mm,零件其他轴向尺寸没有设置加工尺寸精度,是因为这些轴向尺寸都是以轴向总尺寸为基准,以此为参照后相应部分用一把刀具连续加工,这样轴向尺寸只取决于程序和数控机床的精度,加工零件的轴向尺寸精度都会较高,不需要再设置轴向尺寸精度。

零件大多数表面的粗糙度要求为 $R_a1.6\mu m$,其余为 $R_a3.2\mu m$,相对加工难易而言,内孔圆柱面和圆锥面的粗糙度要求最高。用数控车床加工,精加工时采用恒定线速度切削,并且只有选择好使用刀具的几何参数并调整好切削参数,控制好加工过程中切屑状况才会达到此要求。

零件图样中有三处位置精度(两个同轴度和一个圆跳度)要求,在加工过程中,必须设置正确的夹装方式。如果以切削的辅助圆柱为夹装定位基准,再以加工的 $\phi52$ 圆柱面为夹装定位基准,是能够达到位置精度要求的。

图样尺寸标注完整,轮廓描述清楚,零件材料为 45 钢,切削性能好。

2. 加工方案

用三爪卡盘夹持毛坯,工件外伸长度为 25mm 左右,手动平端面用于控制零件轴向总尺寸,手动切削圆柱面用于夹装精基准。

调头后用刚切削的圆柱面为夹装精基准,手动平端面并进行对刀参数设置控制零件轴向总尺寸精度,按照先进行内孔加工,后进行外轮廓加工的原则,先钻 $\phi20$ 的通孔;再自动加工零件右端内轮廓和外轮廓。

调头后以 $\phi52$ 圆柱面为夹装定位基准,工件外伸长约为 30mm 左右,自动加工零件左端内锥面和外轮廓。

3. 夹装

根据毛坯形状、零件形状和加工特点选择夹具。提供的毛坯为棒料,零件长度较短,夹持长度足够,依据零件位置公差要求,使用通用夹具三爪自定心卡盘装夹,装夹方便、快捷,定位精度高。

该零件左右端都要加工,要满足调头夹装后同轴度和控制零件左右端面尺寸精度,需要加工出夹装精基准,首先用三爪卡盘装夹,毛坯外伸长约为 25mm,手动切削圆柱面18mm 作为下次夹装的精基准;其次用圆柱面为精基准定位夹装加工零件右端内外轮廓;再以零件已加工 $\phi52$ 圆柱面为定位面加工零件左端内外轮廓。

4. 刀具及切削用量选择

毛坯材料为 45 号钢,它的综合加工性能较好。机夹式可转位刀具选用 YT15 型号的硬质合金车刀,此刀片材料类型适合于对钢材进行粗、精加工。中心钻和麻花钻选用一般的高速钢整体刀具。

内孔车削较外圆车削困难了许多,需要解决好刀具的刚度和排屑问题,选择车孔车刀时需要注意。

1) 刀柄截面形状的选用

优先选用圆柄车刀。由于圆柄车刀的刀尖高度是刀柄设计的 1/2,且柄部为圆形,有利于排屑,故在加工相同直径的孔时圆柄车刀的刚性明显高于方柄车刀。在卧式车床上因受四方刀架限制,一般多采用正方形或矩形柄车刀。

2) 刀柄截面尺寸的选用

标准内孔车刀已给定了最小加工孔径。对于加工最大孔径范围,刀柄截面尺寸一般不超过比它大一个规格的内孔刀所定的最小加工孔径,如有特殊需要,也应小于再大一个规格的使用范围。

3) 刀柄形式的选用

通常大量使用的是整体钢制刀柄,这时刀杆的伸出量应在刀杆直径的 4 倍以内,当伸出量大于 4 倍或加工刚性差的工件时,应选用带减振机构的刀柄。

4) 通孔与不通孔车刀

套类零件上有通孔和不通孔(台阶孔)结构上的差别,通孔刀的主偏角一般取 $60°\sim 75°$,但不能用于盲孔的加工,加工不通孔或台阶孔时,只能用主偏角大于 $90°$ 的内孔刀,为保证车平孔的底面,主偏角一般取 $92°\sim 95°$,当刀尖位于刀杆的最前端时,刀尖与刀杆外端的距离应小于内孔半径,使内孔刀刀杆不与孔壁发生碰撞。

5) 顺利排屑

通过刃倾角的合理选用,控制排屑方向,精车通孔时使切屑流向待加工表面(前排屑),采用正刃倾角的内孔车刀;车不通孔时使切屑从孔口排出(后排屑),应采用负的刃倾角。

该零件加工左右外轮廓时含有端面、圆弧面和圆柱面,选用 $90°$ 外圆车刀,刀片选用 C 型或 W 型(刀尖角为 $80°$),如图 1-74 所示,安装时控制主偏角为 $93°\sim 95°$,副偏角也符合加工要求;钻孔前先用高速钢 $\phi3.15mm$ 中心钻钻孔;内孔最小孔径 $\phi22mm$,可选择高速钢 $\phi20mm$ 钻头钻通孔;镗孔加工时选择直径 $\phi16mm$,长度大于 50mm 的内孔镗刀。

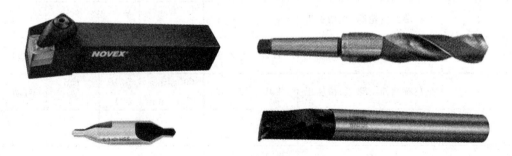

图 1-74　项目 1.8 使用刀具

本项目使用刀具见表 1-40。

查使用工件材料、刀具材料及切削用量表,通过计算,结合实际加工经验确定刀具切削参数,并制订数控车床加工工艺卡见表 1-41。

表 1-40　数控车床刀具卡

产品名称或代号		项目 1.8	零件名称	典型轴套	零件图号	图 1-73
序号	刀具号	刀具规格名称	数量	加工表面	刀尖半径	备注
1	T01	90°外圆车刀（YT15）	1	外轮廓粗、精加工	0.4	20×20
2	T02	90°内孔镗刀（YT15）	1	内孔粗、精加工	0.2	$\phi16$
3		$\phi3.15$mm 中心钻	1	钻中心孔		
4		$\phi20$mm 麻花钻	1	钻孔		
编制	×××	审核　×××	批准	×××　××年×月×日	共1页	第1页

表 1-41　数控车床加工工艺卡

单位	××职业技术学院		产品名称或代号	零件名称	零件图号
			项目 1.8	典型轴套	图 1-73
工序号	程序编号		夹具名称	使用设备	车间
004	O1801～O1804		三爪卡盘	C₂-6136HK	先进制造基地
工步号	工步内容	刀具号	刀具规格	主轴转速	进给速度	背吃刀量	备注

工步号	工步内容	刀具号	刀具规格	主轴转速	进给速度	背吃刀量	备注
1	平左端面、车夹装圆柱面	T01	20×20	400r/min			手动
2	平右端面	T01	20×20	400r/min			手动
3	钻中心孔		$\phi3.15$	800r/mi			手动
4	钻 $\phi20$ 通孔		$\phi20$	200r/mi			手动
5	车右端面外轮廓粗、精加工	T01	20×20	400r/min 120m/min	0.18 0.12	1.5	自动
6	镗右端面内轮廓粗、精加工	T02	$\phi16$	800r/min 120m/min	0.12 0.08	1.0	自动
7	镗左端面内轮廓粗、精加工	T02	$\phi16$	800r/min 120m/min	0.12 0.08	1.0	自动
8	车左端面外轮廓粗、精加工	T01	20×20	600r/min 120m/min	0.18 0.12	1.5	自动
编制	×××	审核　×××	批准	×××	××年×月×日	共页	第1页

5. 程序分析

在图纸上建立编程坐标原点,把它们都建立在加工安装方向上右端中点处。该零件轴向总长度尺寸公差由手动对刀并设置 Z 向坐标原点控制。图形中径向尺寸公差不一致,需要对 X 方向尺寸的公差求中间值作为 X 坐标进行编程。

零件右端内轮廓圆柱尺寸中间值分别是 $\phi22.0105$、$\phi26.0105$、$\phi35.0125$。

零件右端外轮廓圆柱尺寸中间值分别是 $\phi44.9625$、$\phi51.985$。

零件左端内圆锥大端尺寸中间值是 $\phi23.9605$。

零件左端外圆柱尺寸中间值是 $\phi29.986$。

在设计轴向复合循环加工路线时,分别在连续切削的开始点增加一段直线为切入段,在切削结束点增加一段直线为退出段,在切入段建立刀具半径补偿,在退出段取消刀具半径补偿,把复合循环的起点设置毛坯外。

使用轴向粗车复合循环指令 G71 进行内外轮廓加工,当切削外轮廓时精加工余量值为正值,在镗内轮廓时精加工余量值为负值。

6. 孔加工相关问题及注意事项

(1)钻孔前,必须先将工件端面车平,中心处不允许有凸台,否则钻头不能自动定心,会使钻头折断。

(2)当钻头将要穿透工件时,由于钻头横刃首先穿出,因此轴向阻力大减。所以这时进给速度必须减慢,否则钻头容易被工件卡死,造成锥柄在尾座套筒内打滑,损坏锥柄和锥孔。

(3)钻小孔或钻较深孔时,由于切屑不易排出,必须经常退出钻头排屑,否则容易因切屑堵塞而使钻头"咬死"或折断。

(4)内孔加工时观察刀具切削情况比较困难,尤其在孔小而深时更突出,手动时很难控制钻孔深度。

(5)钻小孔时,转速应选得快一些,否则钻削时抗力大,容易产生孔位偏斜和钻头折断。

(6)精车内孔时,应保持刀刃锋利,否则容易产生让刀(因刀杆刚性差),把孔车成锥形。

(7)车平底孔时,刀尖必须严格对准工件旋转中心,否则底平面无法车平。

(8)内孔加工尤其是盲孔加工时,切屑难以及时排出,切削液难以达到切削区域。

(9)应保持孔壁清洁,否则会影响测量,内孔测量比较困难,需要仔细耐心。

【项目实施器具】

实施本项目需要提前准备以下器具:数控车床为 C₂－6132HK/1 和 C₂－6136HK;毛坯材料为 45 钢,$\phi55\times52$;需要的刀具、量具和用具清单见表 1－42。

表 1－42　刀具、量具和用具清单

类别	序号	名　称	型号/规格	精　度	数　量	备　注
刀具	1	外圆车刀	90°右偏刀	刀尖半径≤0.4	1/组	刀片 5
	2	内孔镗刀	刀杆直径 $\phi16$	刀尖半径≤0.2	1/组	刀片 5
	3	中心钻	$\phi3.15$		1/组	
	4	麻花钻	$\phi20.0$		1/组	

（续表）

类别	序号	名　称	型号/规格	精　度	数量	备　注
量具	5	游标卡尺	0～150	0.02	1/组	
	6	螺旋千分尺	0～25,25～50	0.01	各1/组	
	7	钢直尺	150		1/组	
	8	内径螺旋千分尺	15～25,25～50		2	套
	9	粗糙度样板			1	套
用具	10	三爪卡盘扳手	与机床相适应		1/组	一套
	11	刀架扳手和钢管	与机床相适应		1/组	一套
	12	钻夹头	莫氏4号		1/组	
	13	活动顶尖	莫氏4号		1/组	
	14	垫片			若干	
	15	防护镜			1/人	
	16	工作帽			1/人	
	17	铁钩			1/组	
	18	毛刷			1/组	

【项目预案】

问题 1 手动钻 $\phi20$ 孔时，孔径偏大。

解决措施：本数控车床钻孔时采用手动进给方式，需要根据经验进行控制。在切削过程中应注意以下几点：将钻孔端面车削平整；用中心钻在端面上钻出引导孔的位置；检查 $\phi20$ 钻头的横向切削刃是否锋利，特别是两条横向切削刃是否对称；车床的尾架尽量靠近工件，减少工件的晃动；在切削过程注意排屑通畅，防止切出的铁屑对已钻出孔的过渡挤压。

问题 2 镗孔加工质量不合格。

解决措施：镗孔加工质量不符合要求，经常表现为加工表面粗糙以及圆柱面呈圆锥形。内孔加工较外圆加工要困难得多，需要注意以下内容：最好选择截面为圆形的刀柄，有利于加工中排屑，防止铁屑对已加工表面的挤压，造成加工表面粗糙；增大刀柄截面尺寸，减少刀杆外伸长度，提高刀具刚度；选择与加工状态相适应的刀具主偏角和刀尖刃倾角，有利于排屑；精车时保持刀刃锋利，否则容易产生让刀，加工圆柱面成圆锥形；镗孔刀具对刀时不容易观察，需要准确对刀，内孔测量也比较困难，需要保持孔壁清洁，仔细耐心测量，否则会影响尺寸精度；程序中编好控制切削参数的程序段，背吃刀量、进给量要小些；在加工过程中，小孔处的切屑难以及时排出，切削液难以达到切削区域，可手动暂停、辅助调整；加工中采用粗、精加工顺序，并在粗、精加工之间加入直径测量并进行误差调整补偿，注意不要把磨损补偿值补反（补偿正负值）。

问题 3　零件总长度超差。

解决措施：零件的总长度为左右端面之间的距离,而零件的左右端面是在两次调头夹装后分别加工而成,零件总长度尺寸精度受较多因素影响,要做到规范操作才能保证零件总长度满足尺寸公差要求。将零件的一个端面车削光滑(它的表面质量将影响测量的精度),再车削出一个圆柱面;工件调头后用三爪卡盘夹持刚加工的圆柱面,台阶贴紧三爪,车削出另一个端面;用测量工具测出工件两个端面之间的距离,此时工件在卡盘上不方便测量,需要认真仔细多次测量,否则测量值会有较大的偏差,如果不能放入测量工具进行测量或多次测量值存在较大差异,可以取下工件进行测量;测量长度与零件总长度的差值就是工件多余的材料,切除工件多余的材料,就可保证零件总长度的尺寸公差。

问题 4　内孔加工程序的刀具轨迹不合理。

解决措施：数控车削内孔的指令与外圆车削指令基本相同,关键应该注意外轮廓在加工过程中是越加工越小,而内孔在加工过程中是越加工越大。如果使用内外径粗车循环指令 G71,在加工外径时 X 向精加工余量为正,但在加工孔时余量应为负;内孔的加工较外轮廓加工更困难一些,因受刀体强度、排屑状况的影响,在安排每次的背吃刀量、进给量时要小些;程序中如有换刀指令,在设置换刀点时要考虑内孔镗刀的刀杆更长,要防止刀架转动时刀体与工件或机床尾座等发生碰撞;退刀时应先使刀具在孔内直径减小方向的退刀(0.5～1 mm),再从 Z 向退到孔外,然后才能退回换刀点。

【项目实施】

1. 工艺方案与编程

在操作数控机床前熟悉项目任务,认真阅读"项目解析"内容,按下列步骤分析确定加工工艺,制定零件加工过程指示单并编写零件加工程序。

1)项目任务

明白项目要求,弄清项目任务。

2)图样分析

看懂零件图样,对零件图进行工艺性分析,了解图样的加工要求,弄清要加工的表面及特征,分析基本尺寸、尺寸公差、表面质量等方面具体需要达到的要求。

3)加工方案

根据对零件图样的分析,制订可行性加工方案。

4)定位基准与装夹

依据定位基准,选择合适的夹具,制订出具体的装夹方案。

5)刀具与切削用量

根据加工特点选择使用的刀具。依据给定的零件材料及热处理方式,加工精度、表面质量的要求,使用刀具材料,参考刀具切削参数表,并结合实际加工经验,确定各刀具的切削用量。

6)加工过程

零件加工过程见表 1-43。

表 1-43 零件加工过程指示单

工序号	刀具	装夹	工序内容及简图	说明
1	90°外圆车刀	外伸 25mm	(1)平左端面(要求光滑); (2)切外圆柱长度 18,大小 ϕ45 以上(用于装夹)	手动
2	90°外圆车刀 中心钻 ϕ20 钻头	调头夹装, 贴紧三爪卡盘	(1)平右端面进行 Z 轴对刀,测量总长度后通过设置 Z 坐标值确保工件总长度 50 满足尺寸公差; (2)钻中心孔; (3)ϕ20 通孔	手动
3	90°外圆车刀 刀具号 T0101	同上 加工长度 22mm	切削零件右端面与右端外轮廓	程序名 O1801
4	ϕ16 内孔镗刀 刀具号 T0202	同上 加工深度 31mm	切削右端内孔	程序名 O1802
5	ϕ16 内孔镗刀 刀具号 T0202	调头夹装 ϕ52 圆柱外伸 35mm	加工左端锥孔	程序名 O1803
6	90°外圆车刀 刀具号 T0101	同上 加工长度 30mm	加工左端外轮廓	程序名 O1804

7)数控程序编写

根据已确定的加工方案,各工序的加工内容,把一次连续加工完成的内容定为一个程序名。在图样上设定编程坐标原点,依次确定各刀具的走刀路线,按使用机床的程序格式编制加工程序,把所有自动加工部分的程序写在程序单上。

8)参考加工程序

程序可以按自己习惯方式编写,本项目使用轴向复合循环指令 G71 进行粗加工,复合循环 G70 完成精加工。切削右端外轮廓参考程序见表 1-44。

表 1-44　右端外轮廓加工程序

程　　序	释　　义
O1801	程序名
G21G97G99	初始化基本参数
T0101	换 1 号刀具、建立 1 号刀具长度补偿并定义坐标
S400M03	主轴以 400r/min 正转,用于粗加工
G00X56.0Z2.0	快速移动循环起点
G71U1.5R1.0	轴向粗加工复合循环指令,切削深度 1.5mm
G71P1Q2U0.6W0.2G99F0.18	X、Z 向精加工余量 0.6、0.2mm,粗车进给量 0.18mm/min
N1G00X15.0	循环程序段首行,单坐标轴快速移动到切削起点
G01Z0F0.12	切入段
X44.9625	切右端面
Z-5.0	φ45 圆柱面
X51.985	切肩面
Z-22.0	φ52 圆柱面
N2X55.0	切出段,循环程序末行
G00X150.0Z200.0	快速退刀
M05	主轴停止转动
M00	暂停,测量外径,进行刀具 X 向长度补偿修正
G50S2200	主轴最高限速
G96S120M03	设置精加工转速
T0101	重新调用修正后的刀具补偿值
G00X55.0Z2.0	快速移动到循环起点
G70P1Q2	精加工复合循环
G00X150.0Z200.0	快速退刀
G97S600	重设主轴转速
M30	程序结束

镗工件右端内孔参考程序见表 1-45。

表 1-45 右端内孔加工程序

程　序	释　义
O1802	程序名
G21G97G99	初始化基本参数
T0202	换 2 号刀具、建立 2 号刀具长度补偿并定义坐标
S800M03	主轴以 800r/min 正转,用于粗加工
G00X19.0Z2.0	快速移动循环起点
G71U1.0R0.5	轴向粗加工复合循环指令,切削深度 1.0mm
G71P1Q2U-0.6W0.2G99F0.12	X、Z 向精加工余量-0.6、0.2mm,粗车进给量 0.12mm/min
N1G00X35.0125	循环程序段首行,单坐标轴快速移动到切削起点
G01Z-5.0F0.08	切削 ϕ35 内圆柱面
X26.0105	切内肩面
Z-20.0	ϕ26 圆柱面
X22.0105	切内肩面
Z-31.0	ϕ22 圆柱面
N2X19.0	切出段,循环程序末行
G00X150.0Z200.0	快速退刀
M05	主轴停止转动
M00	暂停,测量内径,进行刀具 X 向长度补偿修正
G50S2200	主轴最高限速
G96S120M03	设置精加工转速
T0202	重新调用修正后的刀具补偿值
G00X19.0Z2.0	快速移动到循环起点
G70P1Q2	精加工复合循环
G00Z10.0	沿 Z 轴退刀
X150.0Z200.0	快速退刀
G97S600	重设主轴转速
M30	程序结束

镗工件左端内孔参考程序见表 1－46。

表 1－46　左端内圆锥孔和倒边加工程序

程　　序	释　　义
O1803	程序名
G21G97G99	初始化基本参数
T0202	换 2 号刀具、建立 2 号刀具长度补偿并定义坐标
S800M03	主轴以 800r/min 正转，用于粗加工
G00X19.0Z2.0	快速移动循环起点
G71U1.0R0.5	轴向粗加工复合循环指令，切削深度 1.0mm
G71P1Q2U－0.6W0.2G99F0.12	X、Z 向精加工余量－0.6、0.2mm，粗车进给量 0.12mm/min
N1G00X24.9605	循环程序段首行，单坐标轴快速移动到切削起点
G01Z0F0.08G41	切入段，建立刀尖半径补偿
X23.9605Z－0.5	倒边
X21.8105Z－22.0	切削内圆锥面
N2X19.0	切出段，取消刀尖半径补偿，循环程序末行
G50S2200	主轴最高限速
G96S120M03	设置精加工转速
G70P1Q2	精加工复合循环
G00Z10.0	沿 Z 轴退刀
X150.0Z200.0	快速退刀
G97S600	重设主轴转速
M30	程序结束

切削左端面外轮廓参考程序见表 1－47。

表 1－47　左端外轮廓加工程序

程　　序	释　　义
O1804	程序名
G21G97G99	初始化基本参数
T0101	换 1 号刀具、建立 1 号刀具长度补偿并定义坐标
S400M03	主轴以 400r/min 正转，用于粗加工
G00X56.0Z2.0	快速移动循环起点
G71U1.5R1.0	轴向粗加工复合循环指令，切削深度 1.5mm

（续表）

程　序	释　义
G71P1Q2U0.6W0.2G99F0.18	X、Z向精加工余量0.6、0.2mm，粗车进给量0.18mm/min
N1G00X29.99	循环程序段首行，单坐标轴快速移动到切削起点
G42G01Z0F0.12	切入段，建立刀具半径右补偿
Z－5.0	ϕ30圆柱面
G02X54.0Z－30.456R33.0	切R33圆弧面
N2G01X56.0G40	切出段，循环程序末行
G50S2200	主轴最高限速
G96S120M03	设置精加工转速
G70P1Q2	精加工复合循环
G00X150.0Z200.0	快速退刀
G97S600	重设主轴转速
M30	程序结束

9）模拟仿真

使用模拟仿真软件，将所编写的程序进行软件模拟仿真，并依据模拟情况完成程序调试，直到模拟仿真完全符合要求。

2．操作数控机床

完成准备工作后，按如下步骤操作数控车床加工零件。

1）数控车床开机

① 开机前检查；

② 先开机床总电源，再按系统面板上的"系统上电"键；

③ 向右旋转"急停"旋钮，再按"复位"键消除报警；

④ 回参考点操作；

⑤ 数控机床初始参数设置。

2）刀具安装

在1号刀位上安装C或W型刀片的外圆车刀，安装时需要控制主偏角大约在93°～95°；在2号刀位上安装ϕ16mm的内孔镗刀，刀具与主轴回转轴线一致，也需要控制主偏角大约在93°～95°。刀具安装后通过试切工件端面，观察端面中心材料是否能安全切除；或者在机床尾架上装入顶尖，顶尖如图1-75所示，观察刀尖与顶尖是否等高，来保证刀尖与工件回转轴线等高。

图1-75　顶尖

3）工序 1（手动）加工

（1）用三爪卡盘装夹工件

选取 ϕ55 的毛坯件，在三爪卡盘上夹紧毛坯件（外伸长度 25mm 左右）。毛坯夹装后在较低的转速下试转，如果毛坯晃动较大，则需要校正直到符合要求为止。

（2）切削端面

① 换 1 号刀具为当前刀具；

② 主轴以 400r/min 正转；

③ 用手轮方式切削工件端面，控制好切削进给速度、背吃刀具量，达到端面光滑。

（3）切削夹装圆柱面

用手轮方式切削圆柱面。此圆柱面用于调头后夹装工件，切削长度 18mm，切削后圆柱面直径要大于 45mm，否则，后续加工时材料余量不够，控制好切削参数，达到切削的表面光滑。

4）工序 2（手动）加工

（1）装夹工件

取下工件，调头夹装。用三爪卡盘装夹刚加工的圆柱表面，台肩面贴紧卡盘，即可保证夹装长度，也可确保夹装后工件的轴线与主轴轴线基本一致。

（2）切削端面并设置轴向长度补偿值

① 用手轮方式切削工件端面，控制好切削进给速度、背吃刀具量，达到端面光滑，完成 Z 轴方向对刀；

② 用游标卡尺测量工件总长度。测量时注意游标卡尺的正确使用，测准工件的总长度。测量值与工件总长度中间值之差值，就是材料在轴向多余部分；

③ 在刀具"几何补偿"页面中，把差值定为 Z 轴坐标值，完成 1 号刀具 Z 向长度补偿。

（3）钻中心孔

① 将 ϕ3.15 的中心钻夹装在钻夹头上，钻夹头如图 1 - 76 所示，然后把钻夹头装入机床尾架上，再将尾架移到中心钻头离工件较近的地方，锁住尾架。

图 1 - 76　钻夹头

② 主轴以 800r/min 正转；

③ 用手动方式转动尾架手轮，钻中心孔。钻出的中心孔深度达到钻出圆锥面即可。

（4）钻 ϕ20 通孔

① 将 ϕ3.15 的中心钻取下，重新装上 ϕ20 的麻花钻（钻头需要先进行刃磨），然后把钻夹头装入机床尾架上，再将尾架移到钻头离工件较近的地方，锁住尾架；

② 主轴以 200r/min 正转，打开切削液，喷口对准钻孔口；

③ 用手动方式转动尾架手轮,钻通孔。钻孔到一定深度后往回退钻头,带出铁屑,进刀快慢以及每次进刀深度以能够即时排出铁屑为准,如图 1-77 所示。

图 1-77 手动钻孔

5)工序 3 右端外轮廓加工

(1)1 号外圆车刀对刀及参数设置

① 取下钻夹头,将尾架移到机床尾部;

② 用 1 号刀具切削工件圆柱面,完成 X 轴方向对刀,用千分尺测量圆柱直径;

③ 在刀具"几何补偿"页面中,完成 1 号刀具 X 向长度补偿;

④ 1 号刀具 Z 向长度补偿已在前面完成;

⑤ 在刀具"几何补偿"页面中,输入 1 号刀具的半径补偿值 0.4,输入刀尖方位代号 3。

(2)输入程序

① 选择"程序编辑"或"自动运行"功能模式,在程序名列表中查看已有程序名称;

② 选择"程序编辑"功能模式,输入"O1801"程序号,建立新程序;

③ 每一行程序输入结尾时,按 EOB 键生成";"程序换行;

④ 逐行输入后面的程序内容。

(3)程序检验

① 对照程序单从前到后逐行校对新输入的程序。

② 使用编辑键,对输入有误的程序进行编辑。

③ 在"坐标系"页面中,将工件坐标系向 Z 轴正方向偏移 100mm。

④ 在"空运行"模式下进行自动运行,观察机床运行的转速和使用的刀具是否与实际一致,根据是否有报警信息检验程序格式,利用"图形"显示路线,判断程序中输入的坐标数值是否正确,并完成程序的检验和调试。

⑤ 在"坐标系"页面中,将工件坐标系向 Z 轴正方向偏移恢复为 0,取消空运行状态,重新手动返回参考点操作。

(4)自动加工

① 选择"自动运行"功能模式,屏幕显示切换到"程序"页面,检查程序名和光标位置是否符合加工要求。

② 将"进给倍率"旋钮转到 0%。

③ 按"程序启动"键,一边旋转"进给倍率"旋钮,一边观察机床状况,判断刀具是否是应使用的刀具,主轴转速大小是否适合切削加工。在刀具移动到接近工件表面时,再将"进给倍率"旋钮转到 0%,判断刀具位置与屏幕显示的绝对坐标是否基本相符。通过上述检查判断没有错误后,关上数控机床门,将"进给倍率"旋钮转到 100%,进行正常切削加工。

④ 在加工过程中观察数控机床的加工状况,根据切削状态调整"主轴转速"和"进给

倍率"旋钮,依据铁屑形状调整切削液。如果发生紧急情况,立刻按下"紧急制动"或"复位"键,中止机床运转。如果发现有铁屑缠绕,可按下"暂停"键,用铁钩对铁屑进行处理。

(5)零件检测

① 在零件粗、精加工之间加入加工测量。在 G71 粗加工完成后,机床暂停且主轴也停止转动,用螺旋千分尺测量圆柱直径值。测量值与理论值之差值就是刀具长度补偿在 X 方向上的补偿修正值;

② 在"刀具形状几何补偿"页面中,在 1 号刀具的 X 向长度补偿处"+输入"补偿修正值,再执行 G70 精加工程序;

③ 零件加工质量检测。加工完成后用长度测量工具分别测量零件轴向和径向尺寸精度,把加工零件表面与粗糙度样板进行比较,判断加工表面粗糙度是否符合零件图样要求。如果零件的加工质量不符合图样要求,需要找出产生的原因,并作相应调整。

6)工序 4 右端内孔加工

(1)2 号镗孔刀具对刀及参数设置

① 换刀使 2 号镗孔刀具为当前刀具;

② 用 2 号刀具刀尖碰工件右端面,完成 2 号刀具 Z 向对刀;

③ 在刀具"几何补偿"页面中,在 2 号刀位的 Z 处输入 Z0,按"测量",完成 2 号刀具 Z 向长度补偿;

④ 用 2 号刀具切削内孔圆柱面,完成 X 轴方向对刀,用内径千分尺测量内圆柱直径,如图 1−78 所示;

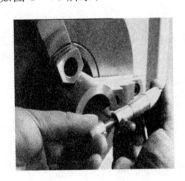

图 1−78 内径千分尺测浅孔

⑤ 在刀具"几何补偿"页面中,在 2 号刀位的 X 处输入 XD,按"测量",完成 2 号刀具 X 向长度补偿;

⑥ 在刀具"几何补偿"页面中,输入 2 号刀具的半径补偿值 0.2,输入刀尖方位代号 2。

(2)输入程序

建立新程序,程序号为"O1802",其他与工序 3 内容相同。

(3)程序检验

程序检验步骤与工序 3 内容相同。要注意加工内孔退刀时不要碰撞到孔的另一边;使用轴向粗车复合循环指令 G71 时,X 方向精加工余量为负值。

（4）自动加工

自动加工的操作步骤，完成内容以及注意事项与工序 3 相同。

（5）零件检测

在 G71 粗加工完成后，机床暂停且主轴也停止转动，用内径螺旋千分尺测量内孔圆柱直径值，如果需要测量深孔的直径值，可用三点内径千分尺或内径百分表，如图 1 - 79 所示。测量值与理论值之差值就是刀具在 X 方向上的补偿修值，它与加工外轮廓时补偿修正值的正负相反，其他内容与工序 3 内容相同。

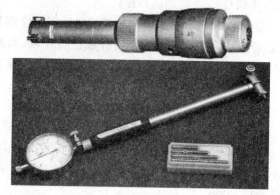

图 1 - 79　内径百分表测深孔径

7）工序 5 左端内孔加工

（1）装夹工件

取下工件，调头夹装。用铜皮包上 ϕ52 圆柱面，放入三爪卡盘上轻轻夹紧，工件外伸 35mm 左右，用中心顶尖辅助找正工件后夹紧工件。

（2）2 号镗孔刀具对刀及参数设置

① 用 2 号刀具刀尖碰工件右端面，完成 2 号刀具 Z 向对刀；

② 在刀具"几何补偿"页面中，在 2 号刀位的 Z 处输入 Z0，按"测量"，完成 2 号刀具 Z 向长度补偿；

③ 刀具 X 方向长补偿值以及刀尖半径补偿值与前面设置相同。

（3）输入程序

建立新程序，程序号为"O1803"，其他与工序 3 内容相同。

（4）程序检验

程序检验步骤与工序 3 内容相同。要注意加工内孔退刀时不要碰撞到孔的另一侧；使用轴向粗车复合循环指令 G71 时，X 方向精加工余量为负值。

（5）自动加工

自动加工的操作步骤，完成内容以及注意事项与工序 3 内容相同。

（6）零件检测

零件检测的方法与内容与工序 3 相同。

8）工序 6 左端外轮廓加工

（1）1 号外圆车刀对刀及参数设置

① 换 1 号刀具为当前刀具;

② 用 1 号刀具刀尖碰工件右端面,完成 1 号刀具 Z 向对刀;

③ 在刀具"几何补偿"页面中,在 1 号刀位的 Z 处输入 Z0,按"测量",完成 1 号刀具 Z 向长度补偿;

④ 刀具 X 方向长补偿值以及刀尖半径补偿值与前面设置相同。

(2)输入程序

建立新程序,程序号为"O1804",其他与工序 3 内容相同。

(3)程序检验

程序检验步骤与工序 3 内容相同。

(4)自动加工

自动加工的操作步骤,完成内容以及注意事项与工序 3 内容相同。

(5)零件检测

零件检测的方法与内容与工序 3 相同,完成加工后零件的形状如图 1-80 所示。

图 1-80 零件外形

9)场地整理

卸下工件、刀具,移动刀架到非常用加工区域后关机;整理工位(使用器具和零件图纸资料),收拾刀具、量具、用具并进行维护;清扫数控机床并进行维护保养,填写实训记录表,清扫车间卫生。

3. 项目总结

零件加工完成后,对零件加工质量以及各个环节进行总结,积累操作数控机床的经验。

(1)项目评价

首先学生自己评价加工出的零件,然后学生互相评价,最后指导教师评价并给定成绩。

(2)项目总结

学生总结该项目实施工作过程,列出项目实施中各个环节的要点,分析加工过程中出现的问题,讨论解决的方法。

【项目评价】

本项目实训成绩评定见表 1-48。

【项目作业】

(1)总结在数控车床上手动钻孔的要求及操作技能。

(2)总结在数控车床上镗孔的编程指令及保证孔加工质量的操作要领。

(3)预习并准备下次实训内容。

表 1-48　项目 1.7 成绩评价表

产品代号		项目 1.8		学生姓名		综合得分	
类别	序号	考核内容		配分	评分标准	得分	备注
工艺制定及编程	1	加工路线制定合理		10	不合理每处扣 2 分		
	2	刀具及切削参数		5	不合理每项扣 2 分		
	3	程序格式正确,符合工艺要求		5	每行一处扣 2 分		
	4	程序完整,优化		10	每个程序扣 2.5 分		
操作过程	5	刀具的正确安装和调整		3	每次错误扣 2 分		
	6	工件定位和夹紧合理		5	每项错误扣 2 分		
	7	对刀及参数设置		5	每项错误扣 1 分		
	8	工具的正确使用		2	每次错误扣 1 分		
	9	量具的正确使用		2	每次错误扣 1 分		
	10	按时完成任务		5	超 30 分钟扣 2 分		
	11	设备维护、安全、文明生产		3	不遵守酌情扣 1～5 分		
零件质量	12	径向尺寸	$\phi 20^{+0.021}_{0}$	3	超差 0.01 扣 2 分		
	13		内孔圆锥面	5	超差 0.01 扣 2 分		
	14		$\phi 26^{+0.021}_{0}$	3	超差 0.01 扣 2 分		
	15		其他径向尺寸	8	超差 0.01 扣 1 分		
	16	轴向尺寸	总长度	5	超差无分		
	17	圆弧面	$SR33.0$	3	超差 0.01 扣 1 分		
	18	位置公差	◎ $\phi 0.01$ A	4	一项超差扣 2 分		
	19		↗ 0.02 A	2	超差扣 2 分		
	20	粗糙度	$R_a 1.6$、$R_a 3.2$	7	每处每降一级扣 1 分		
	21	尺寸检测	检测尺寸正确	5	不正确无分		

注:(1)加工操作期间,报警 3 次,发生撞刀现象,将暂停操作数控机床的资格;

　　(2)发生影响安全的违规、违章操作,由指导教师按实训管理制度进行处理。

【项目拓展】

完成如图 1-81 所示零件的加工方案和工艺规程的制定,编写零件加工程序并用软件仿真调试。

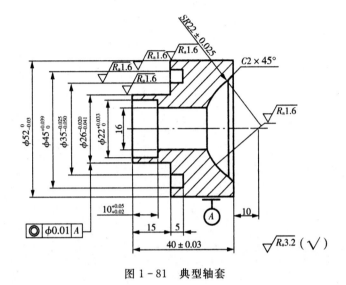

图 1-81　典型轴套

模块 2
数控车床操作拓展技能

项目 2.1　配合件的数控车床加工

【项目案例】

本项目加工由两个零件组成的螺纹轴套配合件。如图 2-1 所示零件 1 和图 2-2 所示零件 2 的加工为例,学习数控车床配合件的加工技能。学会对零件进行工艺性分析,制订两个零件加工工艺方案,完成两个零件内外轮廓粗精加工复合循环编程,并进行程序仿真调试,最后对两个零件进行加工,保证单个零件的加工精度和两零件的配合精度。两零件配合后的螺纹轴套如图 2-3 所示。

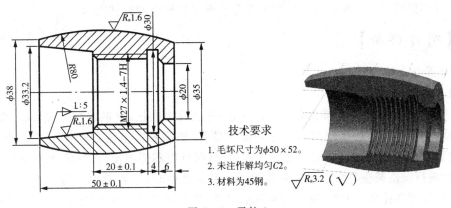

技术要求

1. 毛坯尺寸为ϕ50×52。
2. 未注作解均匀C2。
3. 材料为45钢。

图 2-1　零件 1

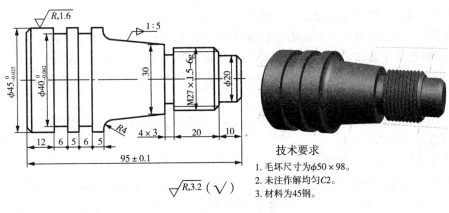

技术要求

1. 毛坯尺寸为ϕ50×98。
2. 未注作解均匀C2。
3. 材料为45钢。

图 2-2　零件 2

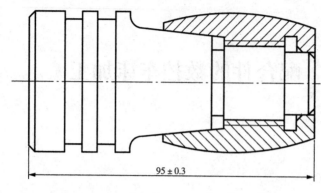

95 ± 0.3

图 2-3　零件 3

(1)计划时间　12 学时。

(2)质量要求　零件加工质量及配合后符合图样要求。

(3)安全要求　严格按照安全操作规程进行,确保人身、设备安全。

(4)文明要求　自觉按照文明生产规则进行实训,做有职业修养的人。

(5)环保要求　在项目实训过程中充分考虑保护环境的有利因素。

【项目解析】

1. 图样分析

1)零件 1 的图样分析

该零件的加工为回转体内外表面加工,零件表面由圆柱、圆锥、圆弧等组成。图样中内圆锥面为配合面,具有较高的尺寸和形状精度,使用数控车床自动加工,加工时采用粗、精加工顺序,并在粗、精加工之间加入直径(圆锥面不便测量,可测量 $\phi20$ 的圆柱面)测量并进行误差调整补偿。加工内孔圆柱面和圆锥面时,还要考虑镗刀的刚度、排屑等问题,严格遵循孔加工工艺、准确测量孔的尺寸、控制切削参数才可能使加工零件达到图样中配合的要求。零件 1 总长度为 50 ± 0.1mm,加工时需要调头加工,调头后平端面控制零件轴向长度。内螺纹长度为 20 ± 0.1mm,尺寸精度要求较低,但此精度可能影响零件的配合,加工时也需要注意此尺寸精度的控制。

零件外圆弧面、内孔圆锥面的粗糙度要求为 $R_a1.6\mu$m,其余为 $R_a3.2\mu$m,相对加工难易而言,内孔圆柱面和圆锥面的粗糙度要求最高。用数控车床加工,精加工时采用恒定线速切削,并且只有选择好使用刀具的几何参数并调整好切削参数,控制好加工过程中切屑状况才会达到此要求。

零件 1 图样尺寸标注完整,轮廓描述清楚,零件材料为 45 钢,切削性能好。

2)零件 2 的图样分析

该零件的加工为回转体外表面加工,包括由圆柱圆锥和圆弧组成的外轮廓、槽以及螺纹等加工内容。图样中一处圆柱的直径尺寸精度 $\phi45^0_{-0.025}$mm,有较高公差等级要求,使用数控车床自动加工。加工时需要采用粗、精加工的加工顺序,首件切削时在粗、精加工之间加入直径测量并进行误差调整补偿。槽也有加工精度 $\phi40^0_{-0.062}$mm 要求,但尺寸精度要求较低,在加工槽时注意使表面光滑,加工后进行测量,如不符合尺寸精度要求,只需修改刀补参数后再加工一次即可。零件 2 总长为 95±0.1mm,尺寸精度要求:调头夹装手动平端面后,用游标卡尺进行测量,即可达到此精度要求。零件 2 其他轴向尺寸没有设置加工尺寸精度,是因为零件的加工表面用一把刀具连续加工,轴向尺寸只取决于程序和数控机床的精度,轴向加工精度一定能满足尺寸精度要求,所以不需要设置轴向尺寸精度。左端圆柱面的表面粗糙度要求为 $R_a 1.6 \mu m$,其余为 $R_a 3.2 \mu m$,用数控车床加工,选择好使用刀具的几何参数并调整好切削参数,控制好加工过程中切屑状况就会比较容易达到此要求。

零件 2 图样尺寸标注完整,轮廓描述清楚,零件材料为 45 钢,切削性能好。

2. 加工方案

1)零件 1 的加工方案

手动加工右端。用三爪卡盘夹持毛坯,工件外伸长度为 20mm 左右,手动平右端面用于控制零件轴向总尺寸,手动切削大约为 $\phi45 \times 15$ 的圆柱面用于夹装基准。

手动加工左端。调头后用刚切削的圆柱面为夹装基准,手动平左端面,测量后设置轴向长度补偿可控制零件轴向总尺寸。

内孔加工。包括钻中心孔、钻 $\phi16$ 的通孔和自动加工零件 1 内腔。加工内螺纹 M27×1.5—7H 时,如果采用丝锥攻丝,既方便、快捷,也容易控制内螺纹的几何尺寸,但会受到条件的限制。

2)零件 2 的加工方案

左端加工。用三爪卡盘夹持毛坯,工件外伸长约为 42mm 左右,自动加工左端轮廓和切槽。

右端加工。用三爪卡盘夹持 $\phi45$ 圆柱面,工件外伸长约为 66mm 左右,手动平右端面(测量并设置 Z 轴坐标原点)用于控制零件轴向总尺寸,自动加工零件右端轮廓、切槽和外螺纹。

3)配合后的加工方案

将零件 1 的螺纹旋入零件 2,配合后钻中心孔,采用一夹一顶夹装,自动加工零件 1 的外弧面。

3. 夹装

根据毛坯形状、零件形状和加工特点选择夹具。提供的毛坯为棒料,零件长度较短,夹持长度足够,使用三爪自定心卡盘装夹。零件配合后加工零件 1 外圆弧面时有较高的表面粗糙度要求,采用三爪自定心卡盘"一夹一顶"装夹,这样的装夹方便、快捷,定位精度高。

零件 1 左右端都要加工,要满足调头夹装后同轴度和控制零件左右端面间总长度尺寸精度,需要先手动加工出夹装基准。用三爪卡盘装夹毛坯,毛坯外伸长约为 20mm 左右,手动切削 $\phi45 \times 15$ 的圆柱面作为下次夹装的精基准,调头后用圆柱面为基准定位夹装加工零件左端内轮廓。

加工零件 2 左端面,夹装毛坯面,工件外伸长约为 42mm 左右;加工右端面时,用铜皮包上 $\phi45$ 的圆柱面夹装,工件外伸长约为 66mm 左右。

不改变对零件2的夹装,在零件2上旋入零件1,增加尾顶装夹,配合后加工零件1的外圆弧面。

4. 刀具及切削用量选择

毛坯材料为45号钢,它的综合加工性能较好。机夹式可转位刀具选用YT15型号的硬质合金车刀,此刀片材料类型适合于对钢材进行粗、精加工。中心钻和麻花钻选用一般的高速钢整体刀具。

两个零件中加工外轮廓(含有端面、圆弧面和圆柱面)时,选用90°外圆车刀,刀片选用D型(刀尖角为55°),安装时控制主偏角为93°~95°,副偏角也符合加工要求。

零件1钻孔前先用高速钢ϕ3.15mm中心钻钻孔;内孔最小孔径ϕ20mm,可选择高速钢ϕ18mm钻头钻通孔;镗孔加工时选择直径ϕ16mm,长度大于50mm的内孔镗刀;选择4mm宽度的内孔切槽刀具切孔内槽;用60°内螺纹车刀加工内螺纹,内切槽刀具和内螺纹刀具的结构如图2-4所示。

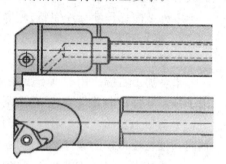

图2-4　内孔切槽、螺纹车刀

加工零件2除选择90°外圆车刀之外,还需要选择4mm宽度的外圆切槽刀具和60°外螺纹车刀。

零件1使用刀具见表2-1。

表2-1　数控车床刀具卡(零件1)

产品名称或代号		项目2.1	零件名称	零件1	零件图号	图2-1
序号	刀具号	刀具规格名称	数量	加工表面	刀尖半径	备注
1	T01	90°外圆车刀(YT15)	1	外轮廓粗、精加工	0.4	20×20
2	T02	90°内孔镗刀(YT15)	1	内孔粗、精加工	0.2	ϕ16
3	T03	4mm宽内孔切槽刀(YT15)	1	内孔切槽	0.2	20×20
4	T04	60°内螺纹车刀(YT15)	1	内螺纹	0.2	20×20
5		ϕ3.15mm中心钻	1	钻中心孔		
6		ϕ18mm麻花钻	1	钻孔		
编制	×××	审核	×××	批准	×××　××年×月×日	共1页　第1页

零件2使用刀具见表2-2。

查使用的工件材料、刀具材料及切削用量表,通过计算,结合实际加工经验确定刀具切削参数,并制定零件1数控车床加工工艺卡见表2-3。

表 2-2　数控车床刀具卡(零件 2)

产品名称或代号		项目 2.1	零件名称	零件 2	零件图号	图 2-2
序号	刀具号	刀具规格名称	数量	加工表面	刀尖半径	备注
1	T01	90°外圆车刀(YT15)	1	外轮廓粗、精加工	0.4	20×20
2	T02	4mm 外圆切槽刀(YT15)	1	切槽	0.2	20×20
3	T03	60°螺纹车刀	1	外螺纹	0.2	20×20
编制	×××	审核	×××	批准	×××　××年×月×日	共 1 页　第 1 页

表 2-3　数控车床加工工艺卡(零件 1)

单位	××职业技术学院		产品名称或代号	零件名称	零件图号
			项目 2.1	零件 1	图 2-1
工序号	程序编号		夹具名称	使用设备	车间
201	O2101,O2104		三爪卡盘	C₂-6136HK	先进制造基地
工步号	工步内容	刀具号	刀具规格	主轴转速	进给速度	背吃刀量	备注
1	平右端面、夹装圆柱面	T01	20×20	400r/min			手动
2	平左端面	T01	20×20	400r/min			手动
3	钻中心孔		φ3.15	800r/mi			手动
4	钻 φ18 通孔		φ18	200r/mi			手动
5	镗左端面内轮廓粗、精加工	T02	φ16	800r/min 120m/min	0.12 0.08	1.0	自动
6	切内孔槽	T03	宽 4mm	400r/mi	0.04	4	自动
7	内螺纹	T04		500r/mi	1.5		自动
8	外轮廓粗、精加工	T01	20×20	400r/min 120m/min	0.18 0.12	1.5	自动
编制	×××	审核	×××	批准	×××	××年×月×日	共页　第 1 页

零件 2 数控车床加工工艺卡见表 2-4。

表 2-4　数控车床加工工艺卡(零件 2)

单位	××职业技术学院	产品名称或代号	零件名称	零件图号
		项目 2.1	零件 1	图 2-2
工序号	程序编号	夹具名称	使用设备	车间
202	O2102,O2103	三爪卡盘	C₂-6136HK	先进制造基地
工步号	工步内容	刀具号	刀具规格	主轴转速	进给速度	背吃刀量	备注
1	左端外轮廓粗、精加工	T01	20×20	400r/min / 120m/min	0.18 / 0.12	1.5	自动
2	切左端槽	T02	20×20	300r/min	0.08		自动
3	右端外轮廓粗、精加工	T01	20×20	400r/min / 120m/min	0.18 / 0.12	1.5	自动
4	切右端槽	T02	20×20	400r/min	0.06		自动
5	螺纹	T03	20×20	500r/min	1.5		自动
编制	×××	审核　×××	批准　×××	××年×月×日		共页	第 1 页

5. 程序分析

编写程序前首先在图纸上建立编程坐标原点,把它们都建立在加工安装方向上右端面与回转轴线交点处。零件轴向总长度尺寸公差由手动切削测量后设置 Z 向坐标原点控制。

如果切除的材料较多通常使用复合循环指令,在设计轴向复合循环加工路线时,分别在连续切削的开始点增加一段直线为切入段,在切削结束点增加一段直线为退出段,在切入段建立刀具半径补偿,在退出段取消刀具半径补偿,把复合循环的起点设置毛坯外。

使用轴向粗车复合循环指令 G71 进行内外轮廓加工,当切削外轮廓时精加工余量值为正值,在镗孔内轮廓时精加工余量值为负值。

在编写零件 2 左端加工程序时,以 X 方向公差尺寸的中间值作为 X 坐标进行编程。如下所示:

$$\phi45^{0}_{-0.025} \rightarrow \phi44.9875; \quad \phi40^{0}_{-0.062} \rightarrow \phi39.969$$

切槽到底部时需要设置一段暂停进给时间,对槽底面进行抛光。

通过计算可得出零件 2 中 R4 圆弧的端点坐标值为 $X34.68Z-57.398$、$X42.64\ Z-61.0$。

外螺纹加工螺纹前圆柱直径 = 螺纹大径 -0.13 螺距

$$= 27.0 - 0.13 \times 1.5 = 16.8 \text{mm}。$$

外螺纹螺纹最小加工直径 = 螺纹大径 -2×0.6495 螺距

$$= 27 - 2 \times 0.6495 \times 1.5 = 25.04 \text{mm}。$$

内螺纹的尺寸则参考外螺纹,加工前内圆柱直径＝25.04＋0.13×1.5＝25.2mm。
内螺纹加工直径＝27.0mm。

【项目实施器具】

实施本项目需要提前准备以下器具:数控车床为 C₂－6132HK/1 和 C₂－6136HK;
毛坯材料为 45 钢,ϕ50×52 和 ϕ50×98;需要的刀具、量具和用具清单见表 2-5。

表 2-5　刀具、量具和用具清单

类别	序号	名　称	型号/规格	精　度	数　量	备　注
刀具	1	外圆车刀	D 型(93°右偏刀)	刀尖半径≤0.4	1/组	刀片 5
	2	内孔镗刀	刀杆直径 ϕ16	刀尖半径≤0.2	1/组	刀片 5
	3	中心钻	ϕ3.15		1/组	
	4	麻花钻	ϕ18.0		1/组	
	5	内孔切槽刀	刀宽 4			刀片 5
	6	内螺纹车刀	T 型(刀尖角 60°)	刀尖半径≤0.2	1/组	刀片 5
	7	外切槽刀	刀宽 4		1/组	刀片 5
	8	外螺纹车刀	T 型(刀尖角 60°)	刀尖半径≤0.2	1/组	刀片 5
量具	9	游标卡尺	0～150	0.02	1/组	
	10	螺旋千分尺	0～25,25～50	0.01	各 1/组	
	11	钢直尺	150		1/组	
	12	内径螺旋千分尺	15～25,25～50		2	套
	13	R 规			1	套
	14	螺纹环规	M27×1.5		1	套
	15	螺纹塞规	M27×1.5		1	套
	16	粗糙度样板			1	套
用具	17	三爪卡盘扳手	与机床相适应		1/组	一套
	18	刀架扳手和钢管	与机床相适应		1/组	一套
	19	钻夹头	莫氏 4 号		1/组	
	20	活动顶尖	莫氏 4 号		1/组	
	21	垫片			若干	
	22	防护镜			1/人	
	23	工作帽			1/人	
	24	铁钩			1/组	
	25	毛刷			1/组	

【项目预案】

问题 1 在加工零件时刀具的重复定位精度超差。

解决措施:刀具夹装正确,刀具补偿参数在加工中已进行了修正,但在加工零件的不同部位或加工下一个零件时出现尺寸超差,说明该刀具的重复定位精度不够。刀具的重复定位精度受机床的重复定位精度的影响,但数控机床的重复定位精度通常都符合要求,因此,当出现重复定位精度超差时主要检查:工件是否夹紧,工件是否晃动太大;刀尖高度与工件回转中心可能相差较大,刀具是否夹紧或刀具外伸长度是否符合要求,使用机夹式刀具特别要检查刀片是否夹紧;数控机床回参极限位置的行程挡块是否有杂物。

问题 2 螺纹加工不合格。

解决措施:首先检查螺纹刀尖刃磨角度是否为 60°,刀具安装的长度、高度是否符合要求,夹装主偏角利用带有 V 形槽的螺纹角度样板辅助安装,保证刀具安装后牙型角为 60°,刀具对称中心线垂直于工件轴线;其次检查螺纹切削深度计算是否有误,在加工到接近最终尺寸时,外螺纹需要反复用环规测量,内螺纹用塞规测量,正确调整切削深度;然后检查程序中是否考虑材料塑性变形而事先将圆柱面直径减小 0.1~0.2mm,最后看检测时是否将工件和环规塞规中的切屑等杂物清理干净。

问题 3 一夹一顶装夹方式的使用。

解决措施:数控车床加工形状、位置精度要求较高的零件或夹装悬伸较长零件时,可采用一端用卡盘夹持,另一端用尾座顶尖支承的一夹一顶方式来装夹工件。使用顶尖时首先选择与加工要求相适应的顶尖类型(固定顶尖刚性好,定心准确,适用于低速加工精度要求较高的工件。活顶尖存在一定的装配累计误差,从而降低加工精度,但能在很高的转速下正常工作);使用固定顶尖时,为避免顶尖与中心孔间由于滑动摩擦而发热过多,将中心孔或顶尖"烧坏",需要在中心孔中注入油膏;检查中心孔与顶尖之间的配合是否符合要求,既不能太松也不能太紧。

问题 4 配合精度不符合图样要求,出现超差。

解决措施:首先检查各零件毛刺是否完全去除;如果毛刺已完全去除,则检查零件和零件二的配合尺寸是否符合零件图样要求,如果配合尺寸精度合格,则需检验这两个配合表面的锥度、圆柱度、圆柱面与端面的垂直度等形位公差是否合格。

【项目实施】

1. 工艺方案与编程

在操作数控机床前熟悉项目任务,认真阅读"项目解析"内容,按下列步骤分析确定加工工艺,制订零件加工过程指示单并编写零件加工程序。

1)项目任务

明白项目要求,弄清项目任务。

2)图样分析

看懂零件图样,对零件图进行工艺性分析,了解图样的加工要求,弄清要加工的表面及特征,分析基本尺寸、尺寸公差、表面质量等方面需要达到的要求。

3)加工方案

根据对零件图样的分析,制订可行性加工方案。

4)定位基准与装夹

依据定位基准,选择合适的夹具,制订出具体的装夹方案。

5)刀具与切削用量

根据加工特点选择使用的刀具。

依据给定的零件材料及热处理方式,加工精度、表面质量的要求,使用刀具材料,参考刀具切削参数表,并结合实际加工经验,确定各刀具的切削用量。

6)加工过程

(1)零件1加工过程

零件1加工过程见表2-6。

(2)零件2加工过程

零件2加工过程见表2-7。

7)数控程序编写

根据已确定的加工方案,各工序的加工内容,把一次连续加工完成的内容定为一个程序名。在图样上设定编程坐标原点,依次确定各刀具的走刀路线,按使用机床的程序格式编制加工程序,把所有自动加工部分的程序写在程序单上。

表2-6　零件1加工过程指示单

工序号	刀　具	装　夹	工序内容及简图	说　明
1	90°外圆车刀	外伸20mm	(1)平右端面(要求光滑); (2)切外圆柱长度15,大小ϕ45以上(用于装夹)	手动
2	90°外圆车刀 中心钻 ϕ18钻头	调头夹装,贴紧三爪卡盘	(1)平左端面并进行Z轴对刀,测量后设置Z坐标值确保工件总长度50满足尺寸公差; (2)钻中心孔; (3)ϕ20通孔	手动
3	T0202内孔刀 T0303内槽刀 T0404内螺纹刀	同上	(1)车内轮廓; (2)切内孔槽; (3)内螺纹	程序名 O2101
4	90°外圆车刀 刀具号 T0101	配合到零件2上,一夹一顶	外轮廓圆弧面	程序名 O2104

表2-7 零件2加工过程指示单

工序号	刀 具	装 夹	工序内容及简图	说 明
1	90°外圆车刀 刀具号 T0101	加工长度 37mm	左端轮廓	程序名 O2102
2	外圆切槽刀 T0202	同上	切 $\phi40$ 槽	
3	90°外圆车刀 刀具号 T0101	调头 加工长度 61mm	切削右端外轮廓	程序名 O2103
4	外圆切槽刀 刀具号 T0202	同上	右端槽	
5	外螺纹刀 刀具号 T0303	同上	外螺纹	

8) 参考加工程序

程序可以按自己习惯方式编写,零件1内孔加工使用轴向复合循环指令 G71 进行粗加工,复合循环 G70 完成精加工。零件1加工中切削内轮廓、切内孔槽和加工内螺纹参考程序见表2-8。

表 2-8　零件 1 内孔加工程序

程　　　序	释　　义
O2101	程序名
G21G97G99	初始化基本参数
T0202	换 2 号镗孔刀、建立 2 号刀具长度补偿并定义坐标
S800M03	主轴以 800r/min 正转,用于粗加工
G00X17.0Z2.0	快速移动循环起点
G71U1.0R0.5	轴向粗加工复合循环指令。切削深度 1.0mm
G71P1Q2U−0.6W0.2G99F0.12	X、Z 向精加工余量−0.6、0.2mm,粗车进给量 0.12mm/min
N1G00X33.2	循环程序段首行。单坐标轴快速移动到切削起点
G01Z0F0.08G41	切入端,建立刀尖半径补偿
U−4.0Z−20.0	切圆锥面
X27.2	肩面
X25.2Z−22.0	倒边
Z−44.0	内螺纹表面
X24.0	肩面
X20.0Z−46.0	倒边
Z−51.0	ϕ20 圆柱面
N2X17.0G40	切出段,取消半径补偿循环程序末行
G00X150.0Z200.0	快速退刀
M05	主轴停止转动
M00	暂停,测量内径,进行刀具 X 向长度补偿修正
G50S2200	主轴最高限速
G96S120M03	设置精加工转速
T0202	重新调用修正后的刀具补偿值
G00X17.0Z2.0	快速移动到循环起点
G70P1Q2	精加工复合循环
G00Z10.0	沿 Z 轴退刀
X100.0Z100.0	快速退刀
T0303	换内切槽刀
G97S400M03	设置切槽转速

（续表）

程　　序	释　　义
G00X16.0Z10.0	快速进刀
Z-44.0	刀具移动到切槽外
G01X30.0F0.04	切槽
G04P1000	暂停1秒
X16.0F0.5	退刀
G00Z10.	刀具退到孔外
X100.0Z100.0	快速退刀
T0404	换内螺纹刀
S500M03	设置内螺纹加工转速
G00X22.0Z10.0	快速进刀
Z-15.0	刀具移动到切螺纹循环起点
G92X25.8Z-42.0F1.5	螺纹加工
X26.3	
X26.63	
X26.8	
X26.92	
X27.0	
G00Z10.	刀具退到孔外
X100.0Z100.0	快速退刀
M30	程序结束

零件2左端加工参考程序见表2-9。

表2-9　零件2左端加工程序

程　　序	释　　义
O2102	程序名
G21G97G99	初始化基本参数
T0101	换1号刀具、建立1号刀具长度补偿并定义坐标
S400M03	主轴以400r/min正转，用于粗加工
G00X54.0Z2.0	快速移动循环起点

（续表）

程　　序	释　　义
G90X48.0Z－37.0F0.18	粗加工圆柱外材料第一切削层
X45.6	第二切削层
G00X150.0Z200.0	快速退刀
M05	主轴停止转动
M00	进给暂停
G50S2200	设置主轴最高转速
S120M03	主轴以 120m/min 正转,用于精加工
T0101	刀具长度补偿修正
G00X54.0Z2.0	快速移动精加工循环起点
G94X－1.0Z0F0.10	用端面循环指令精加工端面
G01X41.0Z0F0.3	移动到倒边处
X44.988Z－2.0.F0.12	倒边
Z－37.0	精加工圆柱面
X54.0	切削并退刀
G00X150.0Z200.0	快速退刀
G97S300M03	设置切槽转速
T0202	换切槽刀
G00X47.0Z－16.1	快速移动到切槽处
G01X40.5F0.08	切槽
X46.0F0.2	退刀
Z－17.9	再定位
X40.5F0.08	切槽
X46.0F0.2	退刀
Z－18.0	再定位
X39.969F0.08	切槽
Z－16.0	切槽边
X46.0F0.2	退刀
Z－27.1	再定位

（续表）

程　　序	释　　义
G01X40.5F0.08	切槽
X46.0F0.2	退刀
Z－28.9	再定位
X40.5F0.08	切槽
X46.0F0.2	退刀
Z－29.0	再定位
X39.969F0.08	切槽
Z－27.0	切槽边
X48.0F0.2	退刀
G00X150.0Z200.0	快速退刀
M30	程序结束

零件 2 右端加工参考程序见表 2-10。

表 2-10　零件 2 右端加工程序

程　　序	释　　义
O2103	程序名
G21G97G99	初始化基本参数
T0101	换 1 号刀具、建立 1 号刀具长度补偿并定义坐标
S400M03	主轴以 400r/min 正转,用于粗加工
G00X52.0Z2.0	快速移动循环起点
G71U1.5R1.0	轴向粗加工复合循环指令。切削深度 1.2mm
G71P10Q20U0.6W0.15F0.18	X、Z 向精加工余量 0.6、0.15mm,粗车进给量 0.18mm/min
N10G00X16.0	循环程序段首行。单坐标轴快速移动到切削起点
G42G01Z0F0.12	切入段,建立刀具半径右补偿
X20.0Z－2.0	倒边
Z－10.0	ϕ20 圆柱面
X23.0	螺纹前端肩面
X26.8W－1.9	螺纹前倒边
Z－34.0	螺纹圆柱面

（续表）

程　　序	释　　义
X30.0	圆锥面前肩面
X34.68Z－57.398	圆锥面
G02X42.64Z－61.0R4.0	R4 圆弧
G01X45.0	肩面
N20X52.0G40	循环程序段末行，切出段，取消刀具半径补偿
G50S2200	限速主轴最高转速
G96S120M03	主轴恒线速设置
G70P10Q20	循环指令精加工
G00X150.0Z200.0	退刀到完全位置
T0202	换 2 号切槽刀具，建立 2 号刀具补偿
S400M03	设置切槽转速
G00X28.0Z－34.0	快速移动到切槽起点
G01X21.0F0.06	切槽
G04P1000	切到槽底暂停进给 1 秒
G00X40.0	沿 X 轴快速退出切槽
X150.0Z200.0	退刀到完全位置
T0303	换 3 号螺纹刀具，建立 3 号刀具补偿
S500M03	设置螺纹加工转速
G00X30.0Z－5.0	快速移动到螺纹循环起点
G92X26.2Z－32.0F1.5	螺纹加工
X25.75	
X25.45	
X25.25	
X25.12	
X25.04	
G00X150.0Z200.0	退刀到完全位置
T0101	换回 1 号外圆车刀
M30	程序结束

零件1外轮廓圆弧加工参考程序见表2-11。

表2-11 零件1外轮廓加工程序

程 序	释 义
O2104	程序名
G21G97G99	初始化基本参数
T0101	换1号刀具、建立1号刀具长度补偿并定义坐标
S400M03	主轴以400r/min正转,用于粗加工
G00X50.0Z6.0	快速移动循环起点
G73U6.0W0R5.0	仿形粗加工复合循环指令
G73P10Q20U0.6W0.1F0.18	
N10G00X35.0Z3.0	快速移动到切削起点
G42G01Z0G99F0.12	切入工件右端面,建立刀具半径补偿
G03X38.0Z-50.0R80.0	SR80.0逆时针圆弧
G01W-1.0	直线切削
N20X42.0G40	退刀,取消刀具半径补偿
G50S2200	设置主轴最高转速
G96S120M03	设置主轴恒线速度120m/min,用于精加工
G70P10Q20	精加工复合循环指令
G00X150.0Z200.0	退刀到安全位置
G97S600	设置后续常用转速
M30	程序结束

9)模拟仿真

使用模拟仿真软件,将所编写的程序进行软件模拟,并依据模拟情况完成程序调试,直到模拟加工完全符合要求。

2. 操作数控机床

完成准备工作后,按如下步骤操作数控车床加工零件。

1)数控车床开机

① 开机前检查;

② 先开机床总电源,再按系统面板上的"系统上电"键;

③ 向右旋转"急停"旋钮,再按"复位"键消除报警;

④ 回参考点操作;

⑤ 数控机床初始参数设置。

2)刀具安装

在 1 号刀位上安装 D 型刀片的外圆车刀,安装时需要控制主偏角大约在 $93°\sim95°$;在 2 号刀位上安装 $\phi16mm$ 的内孔镗刀,刀具与主轴回转轴线一致,也要控制主偏角大约在 $93°\sim95°$;在 3 号刀位上安装 4mm 宽内孔切槽刀具,刀具轴线与主轴回转轴线平行;在 4 号刀位上安装 $60°$ 内孔螺纹刀具,刀具轴线与主轴回转轴线平行,可借助于螺纹样板进行内孔螺纹刀具的精确安装,如图 2-5 所示。刀具安装后通过试切工件端面,观察端面中心材料是否能安全切除;或者在机床尾架上装入顶尖,观察刀尖与顶尖是否等高,来保证刀尖与工件回转轴线等高。

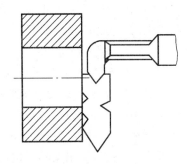

图 2-5　内螺纹刀具安装

3)零件 1 的工序 1(手动)加工

(1)用三爪卡盘装夹工件

选取 $\phi50\times52$ 的毛坯件,在三爪卡盘上夹紧毛坯件(外伸长度 20mm 左右)。毛坯夹装后在较低的转速下试转,如果毛坯晃动较大,则需要调整直到符合要求为止。

(2)切削端面

① 换 1 号刀具为当前刀具;

② 主轴以 400r/min 正转;

③ 用手轮方式切削工件端面,控制好切削进给速度、背吃刀具量,达到切削的端面光滑。

(3)切削夹装圆柱面

用手轮方式切削圆柱面。此圆柱面用于调头加工时夹装,切削长度 15mm,切削后圆柱面直径要大于 45mm,否则,后续加工时材料余量不够。控制好切削参数,要求切削后的表面光滑。

4)零件 1 的工序 2(手动)加工

(1)装夹工件

取下工件,调头夹装。用三爪卡盘装夹刚加工的圆柱表面,台肩面贴紧卡盘,即可保证夹装长度,也可确保夹装后工件的轴线与主轴轴线基本一致。

(2)切削端面并设置轴向长度补偿值

① 主轴以 400r/min 正转,用手轮方式切削工件端面,控制好切削进给速度、背吃刀具量,要求切削的端面光滑;

② 用游标卡尺测量工件总长度。测量时注意游标卡尺的正确使用,测准工件的总长度。测量值与工件总长度中间值之差值,就是材料在轴向多余部分,用手动切除多余材料,保证零件 1 总长度尺寸公差要求。

(3)钻中心孔

① 将 $\phi3.15$ 的中心钻夹装在钻夹头上,然后把钻夹头装入机床尾架上,再将尾架移到中心钻头离工件较近的地方,锁住尾架;

② 主轴以 800r/min 正转;

③ 用手动方式转动尾架手轮,钻中心孔,中心孔深度只要钻出圆锥面即可。

(4)钻 $\phi18$ 通孔

① 取下中心钻,重新装上 $\phi18$ 的麻花钻(钻头需要先进行刃磨),然后把钻夹头装入机床尾架上,再将尾架移到钻头离工件较近的地方,锁住尾架;

② 主轴以 200r/min 正转,打开切削液,喷口对准钻孔口;

③ 用手动方式转动尾架手轮,钻通孔。钻孔到一定深度后往回退钻头,带出铁屑,进刀快慢以及每次进刀深度以能够即时排出铁屑为准。

5)零件 1 的工序 3 加工内孔

(1)2 号镗孔刀具对刀及参数设置

① 取下钻夹头,将尾架移到机床尾部,换刀使 2 号镗孔刀具为当前刀具;

② 主轴以 600r/min 正转,手轮方式控制 2 号刀具刀尖碰工件右端面,完成 2 号刀具 Z 向对刀;

③ 在刀具"几何补偿"页面中,在 2 号刀位的 Z 处输入 Z0,按"测量",完成 2 号刀具 Z 向长度补偿;

④ 用手轮方式切削内孔圆柱面,完成 X 轴方向对刀,主轴停止转动,用内径千分尺测量内孔圆柱直径 D;

⑤ 在刀具"几何补偿"页面中,在 2 号刀位的 X 处输入 XD,按"测量",完成 2 号刀具 X 向长度补偿;

⑥ 在刀具"几何补偿"页面中,输入 2 号刀具的半径补偿值 0.2,输入刀尖方位代号 2。

(2)3 号内孔切槽刀具对刀及参数设置

① 换 3 号刀具成为当前刀具;

② 主轴以 600r/min 正转,手轮方式控制 3 号刀具刀尖碰工件右端面,完成 3 号刀具 Z 向对刀;

③ 在刀具"几何补偿"页面中,在 3 号刀位的 Z 处输入 Z0,按"测量",完成 3 号刀具 Z 向长度补偿;

④ 用手轮方式控制 3 号刀具前刃碰内孔圆杜面,完成 X 轴方向对刀;

⑤ 在刀具"几何补偿"页面中,在 3 号刀位的 X 处输入 XD,按"测量",完成 3 号刀具 X 向长度补偿。

(3)4 号内孔螺纹刀具对刀及参数设置

① 换刀,使 4 号刀具为当前刀具;

② 主轴以 600r/min 正转,手轮方式控制 4 号刀具刀尖对齐工件右端面,完成 4 号刀具 Z 向对刀;

③ 在刀具"几何补偿"页面中,在 4 号刀位的 Z 处输入 Z0,按"测量",完成 4 号刀具 Z 向长度补偿;

④ 用手轮方式控制 4 号刀具的刀尖碰内孔圆柱面,完成 X 轴方向对刀;

⑤ 在刀具"几何补偿"页面中,在 4 号刀位的 X 处输入 XD,按"测量",完成 4 号刀具 X 向长度补偿。

(4)输入程序

① 选择"程序编辑"或"自动运行"功能模式,在程序名列表中查看已有程序名称;

② 选择"程序编辑"功能模式,输入"O2101"程序号,建立新程序;

③ 每一行程序输入结尾时,按 EOB 键生成";"程序换行;

④ 逐行输入后面的程序内容。

(5)程序检验

① 对照程序单从前到后逐行校对新输入的程序;

② 使用编辑键,对输入程序进行编辑;

③ 在"坐标系"页面中,将工件坐标系向 Z 轴正方向偏移 60mm;

④ 在"空运行"模式下自动运行,观察机床运行的转速和使用的刀具是否与实际一致,根据是否有报警检验程序格式,利用"图形"显示路线,判断程序中输入的坐标数值是否正确,并完成程序的检验和调试;

⑤ 在"坐标系"页面中,将工件坐标系向 Z 轴正方向偏移恢复为 0,取消空运行状态,重新返回参考点操作。

(6)自动加工

① 选择"自动运行"功能模式,屏幕显示切换到"程序"页面,检查程序名和光标位置是否符合加工要求。

② 将"进给倍率"旋钮转到 0%。

③ 按"程序启动"键,一边旋转"进给倍率"旋钮,一边观察机床状况,判断刀具是否是应使用的刀具,主轴转速大小是否适合切削加工。在刀具移动到接近工件表面时,再将"进给倍率"旋钮转到 0%,判断刀具位置与屏幕显示的绝对坐标是否基本相符。通过上述检查判断没有错误后,关上数控机床门,打开切削液,喷口对准孔口,将"进给倍率"旋钮转到 100%,进行正常切削加工。

④ 在加工过程中观察数控机床的加工状况,根据切削状态调整"主轴转速"和"进给倍率"旋钮,依据铁屑形状调整切削液。如果发生紧急情况,立刻按下"紧急制动"或"复位"键,中止机床运行。如果发现有铁屑缠绕,可按下"暂停"键,用铁钩对铁屑进行处理。

(7)零件检测

① 在零件粗、精加工之间加入加工测量。在 G71 粗加工完成后,机床暂停且主轴停止转动,用内径螺旋千分尺测量内圆柱直径值。测量值与理论值之差值就是刀具长度补偿在 X 方向上的补偿修值;

② 在"刀具形状几何补偿"页面中,在 2 号刀具的 X 向长度补偿处"＋输入"补偿修正值,再执行 G70 精加工程序;

③ 内螺纹加工时需要先适当减小螺纹刀具的 X 长度补偿值,加工出螺纹后,分别用止通螺纹塞规进行测量,如图 2-6 所示,根据测量情况对刀具长度补偿参数进行适当调整,再重新运行螺纹加工程序,直到通螺纹塞规能够安全旋入而止螺纹塞规只能够旋入一小段,说明螺纹加工符合要求。

图 2-6　螺纹塞规

④ 零件加工质量检测。加工完成后用长度测量工具分别测量零件轴向和径向尺寸精度,孔的深度测量工具如图2-7所示,把加工零件表面与粗糙度样板进行比较,判断加工表面粗糙度是否符合零件图样要求。如果零件的加工质量不符合图样要求,需要找出其中的原因,并作相应调整。

图2-7 深度千分尺

6)零件2的左端加工

(1)重新装刀

① 取下架上2号、3号和4号刀位上的刀具;

② 在2号刀位上安装4mm外切槽刀具,刀具与轴线垂直;在3号刀位上安装60°外螺纹刀具,刀具与主轴轴线垂直。刀具安装后移动刀尖到工件右端面中心位置,观察工件端面中心是否与刀具刀尖等高;或者在机床尾架上装入顶尖,观察刀尖与顶尖是否等高,来保证刀尖与工件回转轴线等高。

(2)装夹工件2

取下零件1,选取$\phi 50 \times 98$的毛坯件,在三爪卡盘上夹紧毛坯件(外伸长度42mm左右)。毛坯夹装后在较低的转速下试转,如果毛坯晃动较大,则需要调整直到晃动较小到符合要求为止。

(3)1号外圆车刀对刀及参数设置

① 换1号刀具为当前刀具,主轴以400r/min正转;

② 用手轮方式切削工件端面,完成Z轴方向对刀;

③ 在刀具"几何补偿"页面中,在1号刀位的Z处输入Z0,按"测量",完成1号刀具Z向长度补偿;

④ 用手轮方式切削圆柱面,完成X轴方向对刀,主轴停止转动,用千分尺测量圆柱直径D;

⑤ 在刀具"几何补偿"页面中,在1号刀位的X处输入XD,按"测量",完成1号刀具X向长度补偿;

⑥ 在刀具"几何补偿"页面中,输入1号刀具的半径补偿值0.4,输入刀尖方位代号3。

(4)2号切槽刀具对刀及参数设置

① 换刀2号刀具成为当前刀具;

② 主轴以600r/min正转,用手轮方式调整2号刀具左刀刃碰工件右端面,完成2号刀具Z向对刀;

③ 在刀具"几何补偿"页面中,在2号刀位的Z处输入Z0,按"测量",完成2号刀具Z向长度补偿;

④ 用手轮方式调整2号刀具前刀碰圆柱面,完成X轴方向对刀;

⑤ 在刀具"几何补偿"页面中,在2号刀位的X处输入XD,按"测量",完成2号刀具X向长度补偿。

(5)3号螺纹刀具对刀及参数设置

① 换刀,使 3 号刀具为当前刀具;

② 主轴以 600r/min 正转,用手轮方式调整 3 号刀具的刀尖碰到圆柱面,完成 X 轴方向对刀;

③ 在刀具"几何补偿"页面中,在 3 号刀位的 X 处输入 XD,按"测量",完成 3 号刀具 X 向长度补偿。

(6)输入程序

建立新程序,程序号为"O2102",其他与零件 1 的工序 3 内容相同。

(7)程序检验

程序检验步骤与零件 1 的工序 3 内容相同。

(8)自动加工

自动加工的操作步骤,完成内容以及注意事项与零件 1 的工序 3 内容相同。

(9)零件检测

在粗加工完成后,机床暂停且主轴停止转动,用螺旋千分尺测量圆柱直径值。测量值与理论值之差值就是刀具长度补偿在 X 方向上的补偿值,其他内容与工序 3 内容相同。

7)零件 2 的右端加工

(1)装夹工件

取下工件,用铜皮包上 $\phi45$ 圆柱面,调头放入三爪卡盘上夹紧,用钢直尺测量控制工件外伸 66mm 左右。

(2)1 号刀具 Z 向对刀及参数设置

① 换 1 号刀具为当前刀具。

② 主轴以 400r/min 正转,用手轮方式切削工件右端面,完成 1 号刀具 Z 向对刀。

③ 用游标卡尺测量工件总长度。测量时注意游标卡尺的正确使用,测准工件的总长度。测量值与工件总长度公差中间值之差值,就是材料在轴向多余部分,用手动切除多余材料,保证零件 2 总长度尺寸公差要求。

④ 在刀具"几何补偿"页面中,在 1 号刀位的 Z 处输入 Z0,按"测量",完成 1 号刀具 Z 向长度补偿。

(3)钻中心孔

① 将 $\phi3.15$ 的中心钻夹装在钻夹头上,然后把钻夹头装入机床尾架上,再将尾架移到中心钻头离工件较近的地方,锁住尾架;

② 主轴以 800r/min 正转;

③ 用手动方式转动尾架手轮,钻中心孔。中心孔深度到能够钻出圆锥面即可。

(4)2 号刀具 Z 向对刀及参数设置

① 换 2 号刀具为当前刀具;

② 主轴以 400r/min 正转,用手轮方式控制 2 号刀具左刃碰工件右端面,完成 2 号刀具 Z 向对刀;

③ 在刀具"几何补偿"页面中,在 2 号刀位的 Z 处输入 Z0,按"测量",完成 2 号刀具 Z 向长度补偿。

(5)3 号刀具 Z 向对刀及参数设置

① 换 3 号刀具为当前刀具；

② 主轴以 400r/min 正转，用手轮方式调整 3 号刀具刀尖对齐工件右端面，完成 3 号刀具 Z 向对刀；

③ 在刀具"几何补偿"页面中，在 3 号刀位的 Z 处输入 Z0，按"测量"，完成 3 号刀具 Z 向长度补偿。

(6)输入程序

建立新程序，程序号为"O2103"，其他与零件 1 的工序 3 内容相同。

(7)程序检验

程序检验步骤与零件 1 的工序 3 内容相同。

(8)自动加工

自动加工的操作步骤，完成内容以及注意事项与零件 1 的工序 3 内容相同。

(9)零件检测

零件检测的方法和内容与零件 1 的工序 3 相同。刀具 X 方向长度补偿值已在上个工序中进行了补偿校正，在粗精加工之间不需要暂停进行测量。

在外螺纹加工时需要先适当加大螺纹刀具的 X 长度补偿值，加工出螺纹后，分别用止通螺纹环规进行测量，根据测量情况对刀具长度补偿参数进行适当调整，再重新运行螺纹加工程序，直到通螺纹环规能够安全旋入而止螺纹环规只能够旋入一小段，说明螺纹加工符合要求。

8)零件 1 外轮廓加工

(1)装工件

① 将 ϕ3.15 的中心钻夹装在钻夹头上，然后把钻夹头装入机床尾架上，再将尾架移到中心钻头离工件较近的地方，锁住尾架；

② 主轴以 800r/min 正转；

③ 用手动方式转动尾架手轮，钻中心孔，中心孔深度只要钻出圆锥面即可；

④ 将零件 1 通过螺纹与零件 2 进行配合，旋紧工件 1；

⑤ 将尾顶装入机床尾架上，移动尾架使尾顶与中心孔配合紧密，锁住尾架。

(2)1 号外圆车刀对刀及参数设置

① 换 1 号刀具为当前刀具；

② 主轴以 400r/min 正转，用手轮方式控制 1 号刀具刀尖碰工件 1 右端面，完成 1 号刀具 Z 向对刀；

③ 在刀具"几何补偿"页面中，在 1 号刀位的 Z 处输入 Z0，按"测量"，完成 1 号刀具 Z 向长度补偿；

④ 刀具 X 方向长补偿值以及刀尖半径补偿值与前面设置相同。

(3)输入程序

建立新程序，程序号为"O2104"，其他与零件 1 的工序 3 内容相同。

(3)程序检验

程序检验步骤与零件 1 的工序 3 内容相同。

(4)自动加工

自动加工的操作步骤,完成内容以及注意事项与工序3内容相同。

(5)零件检测

零件检测的方法和内容与工序3相同。刀具 X 方向长度补偿值已在上个工序中进行了补偿校正,在粗精加工之间不需要暂停进行测量。

9)场地整理

卸下工件、刀具,移动刀架到非主要加工区域后关机;整理工位(使用器具和零件图纸资料),收拾刀具、量具、用具并进行维护;清扫数控机床并进行维护保养,填写实训记录表,清扫车间卫生。

3. 项目总结

零件加工完成后,对零件加工质量以及各个环节进行总结,积累操作数控机床的经验。

(1)项目评价

首先学生自己评价加工出的零件,然后学生互相评价,最后指导教师评价并给定成绩。

(2)项目总结

学生总结该项目实施工作过程,列出项目实施中各个环节的要点,分析加工过程中出现的问题,讨论解决的方法。

【项目评价】

本项目实训成绩评定见表2-12。

表2-12 项目2.1成绩评价表

产品代号		项目2.1		学生姓名		综合得分	
类别	序号	考核内容	配分	评分标准		得分	备注
工艺制定及编程	1	加工路线制定合理	5	不合理每处扣2分			
	2	刀具及切削参数	5	不合理每项扣2分			
	3	程序格式正确,符合工艺要求	5	每行一处扣2分			
	4	程序完整,优化	5	每个程序扣2.5分			
操作过程	5	刀具的正确安装和调整	5	每次错误扣2分			
	6	工件定位及夹紧合理	3	每项错误扣2分			
	7	对刀及参数设置	5	每项错误扣1分			
	8	工具的正确使用	2	每次错误扣1分			
	9	量具的正确使用	5	每次错误扣1分			
	10	按时完成任务	5	超30分钟扣2分			
	11	设备维护、安全、文明生产	5	不遵守酌情扣1~5分			

（续表）

产品代号		项目2.1		学生姓名		综合得分	
零件质量	12	零件1	50±0.1	5	超差无分		
	13		内孔圆锥面	5	超差1项扣2分		
	14		圆弧面 $R_a1.6$	5	超差1项扣2分		
	15		内螺纹	5	超差1项扣2分		
	16	零件2	95±0.1	5	超差无分		
	17		$\phi45_{-0.025}^{0}$	5	超差0.01扣1分		
	18		$\phi40_{-0.062}^{0}$	5	超差0.01扣1分		
	19		圆锥面	5	超差1项扣2分		
	20	配合件	外螺纹	5	超差1项扣2分		
	21		锥面重合度	5	不正确无分		

注：(1)加工操作期间，报警3次，发生撞刀现象，将暂停操作数控机床的资格；

(2)发生影响安全的违规、违章操作，由指导教师按实训管理制度进行处理。

【项目作业】

(1)总结在数控车床上加工配合件的工艺以及保证单个零件和配合件加工质量的操作要领。

(2)预习并准备下次实训内容。

【项目拓展】

完成如图2-8所示支承轴和如图2-9所示支承套两个零件的加工方案和工艺规程的制定，编写零件加工程序并用软件仿真调试。两个零件配合后支承轴套如图2-10所示。

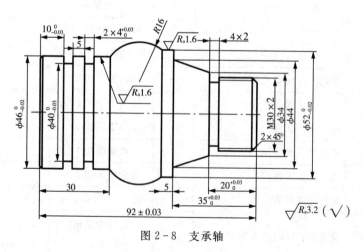

图2-8　支承轴

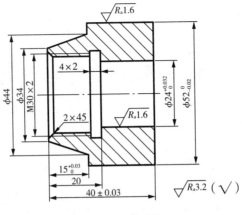

图 2 - 9　支承轴

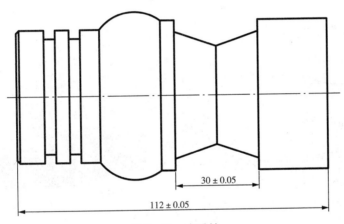

图 2 - 10　支承轴

项目 2.2　数控车床宏程序的应用技能

【项目案例】

本项目以如图 2-11 所示的椭圆轴零件加工为例,学会对零件进行工艺性分析。制订零件加工工艺方案,完成椭圆轴粗精加工、切断加工程序的编写,特别是数控车床宏程序的编写,并进行程序仿真调试,最后加工出合格的零件。

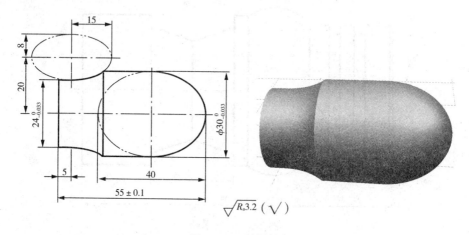

图 2-11　椭圆轴

(1)计划时间　4 学时。

(2)质量要求　零件加工质量符合图样要求。

(3)安全要求　严格按照安全操作规程进行,确保人身、设备安全。

(4)文明要求　自觉按照文明生产规则进行实训,做有职业修养的人。

(5)环保要求　在项目实训过程中充分考虑保护环境的有利因素。

【项目解析】

1. 图样分析

该零件的加工为回转体外表面加工,零件表面由圆柱、椭圆弧等组成。图样中两圆柱的直径尺寸精度 $\phi24_{-0.033}^{0}$ mm 和 $\phi30_{-0.039}^{0}$ mm,有较高公差等级要求,使用数控车床自动加工,加工时需要采用粗、精加工的加工顺序,首件切削时在粗、精加工之间加入直径测量并进行误差调整补偿。零件总长度 55 ± 0.1mm,公差要求较低,很容易满足加工要求。其他轴向尺寸没有设置加工尺寸精度,是因为零件上所有加工面都用一把刀具连续加工,轴向尺寸只取决于程序和数控机床的精度,轴向加工精度一定能满足尺寸精度要求,所以不需要设置轴向尺寸精度。所有表面的表面粗糙度要求为 $R_a 3.2 \mu m$,精加工的表面径向尺寸变化很大,且并非单调变化。用数控车床加工,精加工时采用恒定线速度切削,并且只有选择好使用刀具的几何参数并调整好切削参数,控制好加工过程中切屑状况才会达到此要求。

图样尺寸标注完整,轮廓描述清楚,零件材料为 45 钢,切削性能好。

2. 加工方案

方案一。用三爪卡盘夹持毛坯,工件外伸长约为 50mm 左右。先粗、精加工 $\phi 30mm$ 圆柱面,然后粗、精加工零件右端椭圆弧;调头夹装 $\phi 30mm$ 圆柱面,粗、精加工左端椭圆弧面。

方案二。用三爪卡盘夹持毛坯,工件外伸长约为 65mm 左右。先粗、精加工整个轮廓(包括圆柱面和两处椭圆弧面),然后用切槽刀具将零件切断。

以上两个方案中,方案一调头夹装加工,只需要使用一把刀具,夹装牢固,但不易控制同轴度。方案二在一次夹装中完成所有表面加工,定位精度高,但加工时会有较多空刀。经过比较分析,这里选用方案二。

3. 夹装

根据毛坯形状、零件形状和加工特点选择夹具。提供的毛坯为棒料,该零件为规则轴类,长度较短,夹持长度足够,所以装夹时使用三爪自定心卡盘装夹,毛坯外伸长约为 65mm,装夹方便、快捷,定位精度高。

4. 刀具及切削用量选择

毛坯材料为 45 号钢,它的综合加工性能较好。选用 YT15 型号的硬质合金车刀,此刀片材料类型适合于对钢材进行粗、精加工。

该零件加工轮廓中含下凹部分,选用 90° 外圆车刀,刀片选用 D 型(刀尖角为 55°),副偏角大致为 32°,符合加工下凹部分的要求;切断零件选用 4mm 宽度的外切槽刀。

本项目使用刀具见表 2-13。

表 2-13　数控车床刀具卡

产品名称或代号		项目 2.2		零件名称	椭圆轴	零件图号	图 2-11
序号	刀具号	刀具规格名称	数量		加工表面	刀尖半径	备注
1	T01	90°外圆车刀(YT15)	1		外轮廓粗、精加工	0.2	20×20
2	T02	4mm 宽外切槽刀	1		切槽		20×20
编制	×××	审核	×××	批准	×××××年×月×日	共 1 页	第 1 页

查使用工件材料、刀具材料及切削用量表,通过计算,结合实际加工经验确定刀具切削参数,并制定数控车床加工工艺卡见表 2-14。

表 2-14 数控车床加工工艺卡

单位	××职业技术学院	产品名称或代号	零件名称	零件图号
		项目 2.2	椭圆轴	图 2-11
工序号	程序编号	夹具名称	使用设备	车间
202	O2201	三爪卡盘	C_2-6136HK	先进制造基地

工步号	工步内容	刀具号	刀具规格	主轴转速	进给速度	背吃刀量	备注
1	粗加工整个轮廓	T01	20×20	600r/min	0.15	1.2	自动
2	精加工整个轮廓	T01	20×20	120m/min	0.08	0.6	自动
3	切槽	T02	20×20	400r/min	0.05		自动

编制	×××	审核	×××	批准	×××	××年×月×日	共页	第 1 页

5. 程序分析

在图纸上建立编程坐标原点,把它建立在工件右端椭球面顶点。

该零件图形中两个圆柱面的径向尺寸公差一致,不需要计算尺寸公差的中间值,直接用图样中基准尺寸作为基点坐标值。在粗精加工之间设置暂停、测量环节,通过调整精加工时的刀具长度补偿值来控制径向尺寸公差。

计算左端椭圆弧起点坐标值为 $X30.0Z-38.291$。

切断零件时,切削深度大,采用多端分别设置进给率加工。

1) 宏程序编程

宏程序类似于高级语言,它的最大特点是可以使用变量进行算术运算、逻辑运算和函数的混合运算,此外宏程序还提供了循环语句、分支语句和子程序调用语句,利于编制各种复杂的零件加工程序,减少乃至免除手工编程时进行繁琐的数值计算,以及精简程序量。

(1) 宏程序变量

① 变量

宏程序中数值可以直接指定(G00X20.0Y35.0)或使用变量号来指定(#1=#2+2;G01X#1F200.0)。

② 变量的表示

FANUC 系统的变量用变量符号"#"与其后面的变量序号来指定。表达式可以用来指定变量号,但是,这时表达式必须封闭在括号里,例如,#[#2+#3-5]。

③ 变量的类型

变量类型及功能见表 2-15。

表 2-15　宏程序变量类型及功能

变量号	变量	类型功能
♯0	"空变量"	这个变量总是空的,不能赋值
♯1～♯33	局部变量	只能在宏中使用,以保持操作的结果,关闭电源时局部变量被初始化为"空",宏调用时自变量分配给局部变量
♯100～♯199 ♯500～♯999	公共变量	可在不同的宏程序间共享。关闭电源时变量♯100～♯199被初始化为"空",而♯500～♯999保持数据
♯1000～	系统变量	用于读写各种 NC 数据项,如当前位置、刀具补偿值

④ 变量的引用

将跟随在一个地址后的数值用一个变量来代替。对于 F♯3,若♯3＝50.0 时,相当于 F50.0。当用表达式指定一个变量时必须用方括号括起来。例如,G01X[♯1＋♯2]F♯3。

当引用一个未定义的变量时,将忽略变量及引用变量的地址。例如,♯5＝0,♯6 为空,则"G00X♯5Y♯6;"的执行结果是 G00X0。

⑤ 变量的赋值

把常数或表达式的值送给一个宏变量称为赋值。

变量可以在操作面板上用 MDI 方式直接赋值,也可以在程序中以等式方式赋值,但等号左边不能用表达式。例如:♯2＝10.0;♯2＝175/SQRT[2＊COS[55＊PI/180]]。

(2)宏程序的算术与逻辑运算

① 宏程序数学计算的次序依次为:函数运算(SIN、COS、ATAN 等)、乘和除运算(＊、/、AND 等)、加和减运算(＋、－、OR、XOR 等)。

② 函数中的括号用于改变运算次序,函数中的括号允许嵌套使用,但最多只允许嵌套 5 级。

③ 宏程序中的上、下取整运算。CNC 处理数值运算时,若操作产生的整数大于原数时为上取整,反之则为下取整。

宏程序的算术与逻辑运算见表 2-16。

④ 运算符:运算符由两个字母组成,用于对两个值进行比较,从而来判断它们是相等、小于或者大于另外一个值。

宏程序的运算符见表 2-17。

(3)宏程序循环和转移语句

在宏程序中有 3 种转移和循环操作可供使用。

① GOTO 语句(无条件转移)

例如:GOTO 2

② IF 语句(条件语句)

功能:在 IF 后面指定一个条件表达式,如果条件满足,转向第 N 句,否则执行下一段。

格式:IF[条件表达式]GOTO n;

说明:一个条件表达式一定要有一个操作符,这个操作符插在两个变量或一个变量和一个常数之间,并且用方括号括起来。

表2-16 宏程序的算术与逻辑运算

功　能		格　式	注　解
赋　值		#i＝#j	
算术运算	加	#i＝#j＋#k	
	减	#i＝#j－#k	
	乘	#i＝#j*#k	
	除	#i＝#j/#k	
	正弦	#i＝SIN[#j]	
	余弦	#i＝COS[#j]	角度以°为单位,如50度30分表示为50.5°
	正切	#i＝TAN[#j]	
	反正切	#i＝ATAN[#j]	
	平方根	#i＝SQRT[#j]	
	绝对值	#i＝ABS[#j]	
	四舍五入取整	#i＝ROUND[#j]	
	小数点以下舍去取整	#i＝FIX[#j]	
	上进位取整	#i＝FUP[#j]	
逻辑运算	OR(或)	#i＝#jOR#k	
	XOR(异或)	#i＝#jXOR#k	用二进制数进行逻辑操作
	AND(与)	#i＝#jAND#k	
将BCD码转换为BIN码		#i＝BIN[#j]	用于与PMC间信号怕交换
将BIN码转换为BCD码		#i＝BCD[#j]	

表2-17 宏程序的运算符

运算符	注　释	运算符	注　释
EQ	等于(＝)	GE	大于或等于(≥)
NE	不等于(≠)	LT	小于(<)
GT	大于(>)	LE	小于或等于(≤)

　　例如:IF[#1GT10]GOTO2

　　IF[条件表达式]THEN 如果条件表达式满足,执行预先决定的宏程序语句,只执行一个宏程序语句。例如:IF[#1EQ#2]THEN#3＝0

　　③ WHILE语句(循环语句)

　　功能:在WHILE后指定一个条件表达式,条件满足时,执行DO到END之间的语句,否则执行END后的语句。

格式:WHILE[条件表达式]Do m(m=1,2,3)

……;

……;

END m;

DO 后面的号指程序执行的范围标号,只能在 1~3 中取值,但可以根据需要多次使用。

2)子程序

手工编程时在一个加工程序中,如果有一定量的程序段完全重复,即一个零件中有多处形状相同,或刀具运动轨迹相同,为了缩短程序,可以把重复的程序段单独抽出,按一定格式编成"子程序"并将其以子程序号存储在数控系统中,在主程序需要执行此程序内容时,只需一个调用指令即可。

调用子程序的程序叫做主程序。子程序的编程与一般程序基本相同,只是程序结束字为 M99,表示子程序结束并返回到调用子程序的主程序中。

调用子程序的编程格式:M98P_;

式中:P —表示子程序调用情况。P 后共有 8 位数字,前四位为调用次数,省略时为调用一次;后四位为所调用的子程序号。

【项目实施器具】

实施本项目需要提前准备以下器具:数控车床为 $C_2-6132HK/1$ 和 $C_2-6136HK$;毛坯材料为 45 钢,$\phi32\times100$;需要的刀具、量具和用具清单见表2-18。

表 2-18　刀具、量具和用具清单

类别	序号	名　称	型号/规格	精　度	数　量	备　注
刀具	1	外圆车刀	D 型(93°右偏刀)	刀尖半径≤0.2	1/组	刀片 5
	2	外切槽刀	刀宽 4		1/组	刀片 5
量具	3	游标卡尺	0~150	0.02	1/组	
	4	螺旋千分尺	0~25,25~50	0.01	各 1/组	
	5	钢直尺	150		1/组	
	6	粗糙度样板			1	套
用具	7	三爪卡盘扳手	与机床相适应		1/组	一套
	8	刀架扳手和钢管	与机床相适应		1/组	一套
	9	垫片			若干	
	10	防护镜			1/人	
	11	工作帽			1/人	
	12	铁钩			1/组	
	13	毛刷			1/组	

【项目预案】

问题1 在数控车床上检验宏程序时出错。

解决措施：宏程序在数控车床上出现的错误主要有两类：程序格式错误和刀具路径轨迹不正确。

宏程序类似于高级语言，通常应用在含有复杂轮廓曲线的零件，在一般零件的加工中很少使用，往往不熟悉它的使用方法和技巧。编写宏程序可以使用变量进行算术运算、逻辑运算和函数的混合运算，此外宏程序还提供了循环语句、分支语句和子程序调用语句，它的格式较复杂，功能较特殊。在数控车床上空运行检验程序时，若出现错误可检查以下各项：数控车床的 FANUC 控制系统所支持的宏程序格式与功能；在数控车床上输入的宏程序字符是否正确；宏程序的赋值与循环语句逻辑关系是否正确。

FANUC 数控系统的复合循环指令不支持宏程序命令，本项目采用轮廓偏移方式进行粗精加工，各偏移的轮廓具有相同的形状，因此在本例中采用了子程序来简化编程。

问题2 切断工件时切槽刀具损坏。

解决措施：切断工件时需要切削的深度较大，切槽刀具损坏的原因可能有：机夹式切槽刀具的刀片未夹紧夹正，在切削力作用下出现刀片松动，最好使用焓接式或整体式切断刀具；切槽刀刃的安装高度与工件回转轴线不等高，刀刃距离工件中心越近，刀具切削几何角度变化越明显，越容易造成刀具损坏；切槽刀具安装不正，主切削刃与回转轴线不平行，造成左右侧刃受力不均等；切断参数设置不正确，切断时转速不能设置得太高，进给率不能太大也不能太小，当切削深度较大时，最好采用多段分别设置进给率；切削过程中，刀具产生较大的切削热量造成刀具过快磨损，必需开启切削液并充分冷却。

在零件切断过程中，采用多段分别设置进给率加工，刀刃距离工件中心越近进给率越小。在工件中心留下 1mm 余量，是为了避免损坏刀具，工件中心的凸起部分用其他工序来处理。

【项目实施】

1. 工艺方案与编程

在操作数控机床前熟悉项目任务，认真阅读"项目解析"内容，按下列步骤分析确定加工工艺，制订零件加工过程指示单并编写零件加工程序。

1）项目任务

明白项目要求，弄清项目任务。

2）图样分析

看懂零件图样，对零件图进行工艺性分析，了解图样的加工要求，弄清要加工的表面及特征，分析基本尺寸、尺寸公差、表面质量等方面具体需要达到的要求。

3）加工方案

根据对零件图样的分析，制订可行性加工方案。

4）定位基准与装夹

依据定位基准，选择合适的夹具，制订具体的装夹方案。

5）刀具与切削用量

根据加工特点选择使用的刀具。

依据给定的零件材料及热处理方式，加工精度、表面质量的要求，使用刀具材料，参考刀具切削参数表，并结合实际加工经验，确定各刀具的切削用量。

6）加工过程

零件加工过程见表2-19。

表2-19　零件加工过程指示单

工步号	刀具	装夹	工序内容及简图	说　明
1	90°外圆车刀 刀具号 T0101	三爪卡盘装夹 工件外伸65	粗、精加工	粗精之间测量调整刀补
2	4mm 外切槽刀 刀具号 T0202		切段	分3段设置进给率

7）数控程序编写

根据已确定的加工方案，各工步的加工内容，把一次连续加工完成的内容定为一个程序名。在图样上设定编程坐标原点，依次确定各刀具的走刀路线，按使用机床的程序格式编制加工程序，把所有自动加工部分的程序写在程序单上。

8）参考加工程序

程序可以按自己习惯方式编写，本项目使用宏程序编程，粗精加工路线按仿形偏置进行，多个仿形偏置刀具路线利用子程序编写，参考主程序见表2-20。

表2-20　加工主程序

程　序	释　义
O2201	程序名
G21G97G99	初始化基本参数
T0101	换1号刀具、建立1号刀具长度补偿并定义坐标
S600M03	主轴以 600r/min 正转，用于粗加工
G99F0.15	设置粗加工进给率
G00X33.0Z2.0	快速移动定位
♯110＝14.5	设置最大切削余量

（续表）

程　　　序	释　　　义
N10IF［＃110LT0］GOTO20	毛坯余量小于 0,则跳转到 N20 程序行
G00X［2＊＃110］	移动到切入端
G01Z0	切入段
M98P2202	调用右端椭圆子程序 O2202,进行粗加工
G01Z−39.291	φ30.0 圆柱面
M98P2203	调用左端椭圆子程序 O2203,进行粗加工
G01Z−60.0	φ24 圆柱面
W8.0	退出段
G00Z2.0	返回
＃110＝＃110−1.2	每层切削背吃刀量为 1.2mm
GOTO10	跳转到 N10 程序行
N20G00X100.0Z150.0	快速退刀定位
M05	主轴停止转动
M00	程序暂停
G00X33.0Z2.0	快速移动靠近工件
G50S2200	限速主轴最高转速
G96S120M03	主轴恒线速设置,设置精加工转速 120m/min
G99F0.08	设置精加工进给率 0.08mm/r
＃110＝0	设置毛坯余量为 0
G00X［2＊＃110］	移动到切入端
G01Z0G42	切入段,建立半径补偿
M98P2202	调用右端椭圆子程序 O2202,进行精加工
G01Z−39.291	φ30.0 圆柱面
M98P2203	调用左端椭圆子程序 O2203,进行精加工
G01Z−60.0	φ24 圆柱面
W8.0G40	退出段,取消半径补偿
G00X100.0Z100.0	快速退刀到换刀位置
S400M03	设置切断转速
T0202	换切断刀具
G00X26.0Z−59.0	快速定位到切断处

（续表）

程　　序	释　　义
G01X15.0G99F0.06	切槽 1 段
X7.0F0.05	切槽 2 段
X1.0F0.04	切断
X26.0F0.5	退刀
G00X150.0	X 轴快速退刀
Z200.0	Z 轴快速退刀
M30	程序结束

右端椭圆参考子程序见表 2-21。

表 2-21　右端椭圆加工子程序

程　　序	释　　义
O2202	子程序名
♯101＝20.0	设定椭圆长半轴
♯102＝15.0	设定椭圆短半轴
♯103＝20.0	椭圆弧起点 Z 坐标值
N30IF［♯103LT0］GOTO40	判断是否圆弧加工完成,若是跳到 N40 程序行
♯104＝SQRT［♯101＊♯101－♯103＊♯103］	计算暂时值
♯105＝15.0＊♯104/20.0	椭圆 X 坐标值
G01X［2.0＊♯105＋2.0＊♯110］Z［♯103－20.0］	椭圆弧加工
♯103＝♯103－0.5	Z 轴步距为每次进刀 0.5mm
GOTO30	跳转到 N30 程序行
N40M99	返回主程序

左端椭圆参考子程序见表 2-22。

表 2-22　左端椭圆加工子程序

程　　序	释　　义
O2203	子程序名
♯111＝15.0	设定椭圆长半轴
♯112＝8.0	设定椭圆短半轴
♯113＝11.709	椭圆弧起点 Z 坐标值
N50IF［♯113LT0］GOTO60	判断是否圆弧加工完成,若是跳到 N40 程序行
♯114＝SQRT［♯111＊♯111－♯113＊♯113］	计算暂时值

（续表）

程　　序	释　　义
＃115＝8.0＊＃114/15.0	椭圆 X 坐标值
＃116＝20.0－＃115	X 方向值转换
G01X[2.0＊＃116＋2.0＊＃110]Z[＃113－50.0]	椭圆弧加工
＃113＝＃113－0.5	Z 轴步距为每次进刀 0.5mm
GOTO50	跳转到 N30 程序行
N60M99	返回主程序

9）模拟仿真

使用模拟仿真软件,将所编写的程序进行软件模拟,并依据模拟情况完成程序调试,直到模拟加工完全符合要求。

2. 操作数控机床

完成准备工作后,按如下步骤操作数控车床加工零件。

1）数控车床开机

① 开机前检查;

② 先开机床总电源,再按系统面板上的"系统上电"键;

③ 向右旋转"急停"旋钮,再按"复位"键消除报警;

④ 回参考点操作;

⑤ 数控机床初始参数设置。

2）用三爪卡盘装夹工件

选取 ϕ32 的毛坯件,在三爪卡盘上夹紧毛坯件(外伸长度 65mm 左右)。毛坯夹装后在较低的转速下试转,如果毛坯晃动较大,则需要调整直到符合要求为止。

3）刀具安装

在 1 号刀位上安装 D 型刀片的外圆车刀,安装的车刀需要控制主偏角为 93°～95°;在 2 号刀位上安装 4mm 宽外圆切断刀,刀具与主轴回转轴线垂直,刀具安装后要保证刀尖与工件回转轴线等高。

4）对刀及参数设置

(1)1 号外圆车刀对刀及参数设置

① 换 1 号刀具为当前刀具,切削工件右端面,完成 Z 轴方向对刀;

② 在刀具"几何补偿"页面中,输入"Z0",按"测量"软键,完成 1 号刀具 Z 向长度补偿;

③ 切削工件圆柱面,完成 X 轴方向对刀,停止主轴转动,用千分尺测量圆柱直径 D;

④ 在刀具"几何补偿"页面中,输入"XD",按"测量"软键,完成 1 号刀具 X 向长度补偿;

⑤ 在刀具"几何补偿"页面中,输入 1 号刀具的半径补偿值 0.2,输入刀尖方位代号 3。

(2)2 号切槽刀具对刀及参数设置

① 换 2 号刀具为当前刀具,主轴正转,刀具左刃碰工件右端面,完成 Z 轴方向对刀;

② 在刀具"几何补偿"页面中,完成 2 号刀具 Z 向长度补偿;

③ 切槽刀具前刃碰已切削的圆柱面,完成 X 轴方向对刀;

④ 在刀具"几何补偿"页面中,完成 2 号刀具 X 向长度补偿。

5)输入程序

① 选择"程序编辑"或"自动运行"功能模式,在程序名列表中查看已有程序名称;

② 选择"程序编辑"功能模式,输入"O2201"程序号,建立新程序;

③ 每一行程序输入结尾时,按 EOB 键生成";"程序换行;

④ 逐行输入后面的程序内容;

⑤ 用相同方法,建立"O2202"和""O2203"两个子程序。

6)程序检验

① 对照程序单从前到后逐行校对新输入的程序;

② 使用编辑键,对输入错误程序进行编辑;

③ 在"坐标系"页面中,将工件坐标系向 Z 轴正方向偏移 100mm;

④ 在"空运行"模式下进行自动运行,观察机床运行的转速和使用的刀具是否与实际一致,根据是否有报警信息检验程序格式,利用"图形"显示路线,判断程序中输入的坐标数值是否正确,并完成程序的检验和调试;

⑤ 在"坐标系"页面中,将工件坐标系向 Z 轴正方向偏移恢复为 0,取消空运行状态,重新返回参考点操作。

7)自动加工

① 选择"自动运行"功能模式,屏幕显示切换到"程序"页面,检查程序名和光标位置是否符合加工要求;

② 将"进给倍率"旋钮转到 0%;

③ 按"程序启动"键,一边旋转"进给倍率"旋钮,一边观察机床状况,判断刀具是否是应使用的刀具,主轴转速大小是否适合切削加工。在刀具移动到接近工件表面时,将"进给倍率"旋钮转到 0%,判断刀具位置与屏幕显示的绝对坐标是否基本相符。通过上述检查判断没有错误后,关上数控机床防护门,将"进给倍率"旋钮转到 100%,进行正常切削加工;

④ 在加工过程中观察数控机床的加工状况,根据切削状态调整"主轴转速"和"进给倍率"旋钮,依据铁屑形状调整切削液。如果发生紧急情况,立刻按下"紧急制动"或"复位"键,中止机床运行。如果发现有铁屑缠绕,可按下"暂停"键,用铁钩对铁屑进行处理。

8)零件检测

① 在首件试切加工中,完成粗加工后停止程序运行,用螺旋千分尺测量圆柱直径值。测量值与理论值之差值就是刀具长度补偿在 X 方向上的补偿修正值;

② 在"刀具形状几何补偿"页面中,在相应刀具的 X 向长度补偿处"+输入"补偿修正值;

③ 零件加工质量检测。加工完成后用长度测量工具分别测量零件轴向和径向尺寸精度,把加工零件表面与粗糙度样板进行比较,判断加工表面粗糙度是否符合零件图样要求。如果零件的加工质量不符合图样要求,需要找出其中产生的原因,并作相应调整。

9)场地整理

卸下工件、刀具,移动刀架到非主要加工区域后关机;整理工位(使用器具和零件图纸资料),收拾刀具、量具、用具并进行维护;清扫数控机床并进行维护保养,填写实训记录表,清扫车间卫生。

3. 项目总结

零件加工完成后,对零件加工质量以及各个环节进行总结,积累操作数控机床的经验。

(1)项目评价

首先学生自己评价加工出的零件,然后学生互相评价,最后指导教师评价并给定成绩。

(2)项目总结

学生总结该项目实施工作过程,列出项目实施中各个环节的要点,分析加工过程中出现的问题,讨论解决的方法。

【项目评价】

本项目实训成绩评定见表 2-23。

表 2-23 项目 2.2 成绩评价表

产品代号		项目 2.2		学生姓名		综合得分	
类别	序号	考核内容		配分	评分标准	得分	备注
工艺制定及编程	1	加工路线制定合理		5	不合理每处扣 2 分		
	2	刀具及切削参数		5	不合理每项扣 2 分		
	3	程序格式正确,符合工艺要求		10	每行一处扣 2 分		
	4	程序完整,优化		10	每部分扣 2 分		
操作过程	5	刀具的正确安装和调整		5	每次错误扣 2 分		
	6	工件定位和夹紧合理		5	每项错误扣 2 分		
	7	对刀及参数设置		5	每项错误扣 1 分		
	8	工具的正确使用		2	每次错误扣 1 分		
	9	量具的正确使用		5	每次错误扣 1 分		
	10	按时完成任务		5	超 30 分钟扣 2 分		
	11	设备维护、安全、文明生产		3	不遵守酌情扣 1~5 分		
零件质量	12	径向尺寸	$\phi 24^{0}_{-0.033}$	5	超差 0.01 扣 2 分		
	13		$\phi 30^{0}_{-0.039}$	5	超差 0.01 扣 2 分		
	14	轴向尺寸	总长度	5	超差无分		
	15	椭圆弧面	尺寸,形状	10	不完整扣 5 分		
	16	粗糙度	$R_a 3.2$	10	每处每降一级扣 1 分		
	17	尺寸检测	检测尺寸正确	5	不正确无分		

注:(1)加工操作期间,报警 3 次,发生撞刀现象,将暂停操作数控机床的资格;

(2)发生影响安全的违规、违章操作,由指导教师按实训管理制度进行处理。

【项目作业】

(1)总结数控车床用户宏程序编写技能要点。

(2)预习并准备下次实训内容。

【项目拓展】

完成图2-12所示抛物线轴的加工方案和工艺规程的制订,编写零件加工程序并用软件仿真调试。

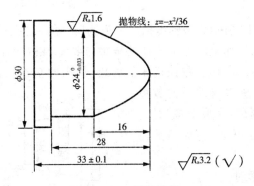

图2-12 抛物线轴

项目 2.3　数控车床的仿真虚拟加工

【项目案例】

本项目以如图 2-13 所示典型轴虚拟加工为例(该零件已在项目 1.7 中进行了工艺分析、程序编写与调试、操作机床加工零件的步骤与要领,相关的内容见项目 1.7),学习数控加工仿真系统的使用。熟悉数控机床的面板、机床的基本操作方法、加工零件的步骤,在电脑软件仿真系统中对编写的数控加工程序进行校验与调试,完成虚拟加工。为实际操作数控机床作好演练,提高数控机床的使用效率。

(1)计划时间　4 学时。

(2)质量要求　对程序进行调试,虚拟加工零件符合零件图样要求。

(3)文明要求　虽然是虚拟机床及加工,仍要养成按规定步骤进行演练操作的习惯。

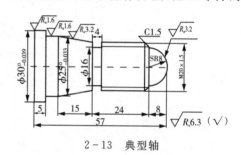

2-13　典型轴

【项目解析】

见"项目 1.7 典型轴的数控车床加工"中的相应内容。

【项目实施器具】

实施本项目需要在机房进行,电脑上预先安装有"数控加工仿真系统"。

【项目预案】

问题 1　虚拟加工的刀具路线不正确。

解决措施:软件仿真系统中定义的指令代码没有实际数控系统中的全面,有些没有定义的指令代码将会误读,如暂停程序执行 2 秒,指令代码为 G04X2.0,软件仿真系统误把时间 2 秒($X2.0$)作为是 X 轴坐标值为 2.0mm。软件仿真系统中建立或取消刀具补偿功能,与实际数控系统的功能有所不同,可以对程序进行相应调整。

问题 2　虚拟仿真时经常出现停止运行并有提示信息。

虚拟操作时出现停止机床运行并有提示信息,其目的之一提示"实际中是不能这样操作数控机床的",有利于明白实际操作数控机床的注意事项。

当出现提示信息时,只需按提示内容进行即可完成后续操作。有些操作是仿真系统设计的内容,实际操作数控机床时不一定与此相同,这就需要根据操作机床的实际情况加工解决。

【项目实施】

1. 开启软件仿真系统

在开始菜单下单击"数控加工仿真系统",依次点击"加密锁管理程序"和"数控加工仿真系统",如图 2-14 所示。然后在出现的用户登录页面中点击"快速登录",开启软件仿真系统。

图 2-14　开启软件项

2. 选择机床

点击菜单"机床/选择机床…",弹出"选择机床"对话框,如图 2-15 所示。在对话框中选择机床的系统、类型及生产厂家,按"确定",出现仿真页面,如图 2-16 所示。

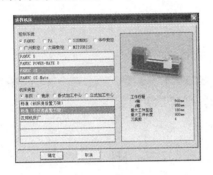

图 2-15　选择机床

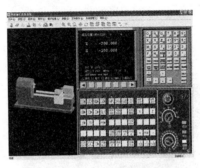

图 2-16　仿真页面

3. 启动系统

单击操作面板"启动"按钮,单击"急停"按钮,将其松开。

4. 回参考点操作

开启数控系统后首先将机床 X、Z 轴返回参考点。单击选择"回参考点"功能模式,点击 X ,再点击 + ,X 返回参考点,直到亮,代表 X 轴已经完成返回参考点操作;点击 Z ,再点击 + ,Z 返回参考点,直到亮,代表 Z 轴已经完成返回参考点操作。

5. 初始参数设置

单击选择"手动数据输入"功能模式,点击"程序"显示功能,再点击软键。在页面中输入"T0101S500M03;",用光标移动键将光标移到程序头,在操作面板上单击"循环启动"键,换 1 号刀位为当前刀位,机床主轴正转,在系统面板上单击"复位"键,主轴停止转动。

6. 定义毛坯

本项目以项目 1.7 的零件加工作为虚拟加工内容,详细内容参见项目 1.7 典型轴的数控车床加工。

点击菜单"零件/定义毛坯…",弹出定义毛坯对话框,按照项目 1.7 的零件加工要求,设置毛坯 $\phi 32 \times 100$,如图 2-17 所示。

7. 安装毛坯

点击⊡，将机床显示视图变为俯视图。

点击菜单"零件/放置零件…"，弹出选择零件对话框，在此对话框中选择刚建立的毛坯，点击"安装零件"，出现移动工件页面。该零件的加工长度为57mm，外伸长度应大于加工长度并多5mm左右，据此确定工件夹装后的大致外伸长度。

点击菜单"测量/剖面图测量…"，显示如图2-18所示页面，选中"显示卡盘"，测量出零件外伸长度为70mm，可以满足加工需要。

8. 选择并安装刀具

点击菜单"机床/选择刀具…"，弹出刀具选择对话框，在该对话框中完成刀具的选择与安装。

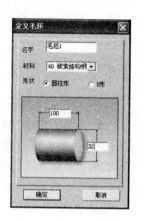

图2-17 定义毛坯

按照项目1.7的零件加工工艺要求，加工过程中使用3把刀具。分别为外圆车刀、切槽刀和螺纹车刀。

在1号刀位上安装95°外圆车刀，具体参数如图2-19所示。

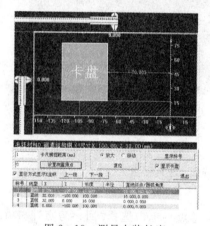

图2-18 测量夹装长度

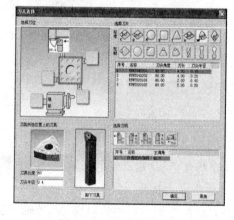

图2-19 1号刀具参数

在2号刀位上安装4mm外圆切槽刀具，具体参数如图2-20所示。

在3号刀位上安装外螺纹车刀，具体参数如图2-21所示。

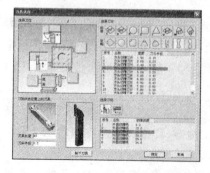

图2-20 2号刀具参数

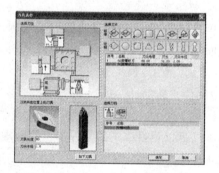

图2-21 3号刀具参数

9. 对刀及参数设置

对刀的目的是确定编程原点在机床坐标系中的位置。由于刀具的大小和形状各不相同,刀架不变时每把刀具的刀尖不在同一点上,这可以通过刀具补偿,使刀具的刀位点都重合在同一位置上。编程时只需按工件的轮廓编制加工程序即可,而不用考虑不同刀具长度和刀尖半径的影响。对刀时需要定义坐标原点、刀具长度补偿并输入半径补偿值。

1)1 号刀具 Z 向对刀

观察换刀过程中刀具不会与机床发生干涉。单击选择"手动数据输入"功能模式,单击"程序"显示页面,再单击"MDI"软键,输入"T0101;",再单击"循环启动",换 1 号刀具为当前刀具。

单击选择"手动" 功能模式,点击"主轴正转" 键。如果主轴没有转动,则需要设置初始转速。

用手动或手轮(如图 2 - 22 所示,按鼠标左键,旋钮逆时针旋转;按鼠标右键,旋钮顺时针旋转)方式快速移动刀具靠近工件,调低进给速度切削工件右端面(少量),沿 X 轴方向退刀,如图 2 - 23 所示。

图 2 - 22　手轮

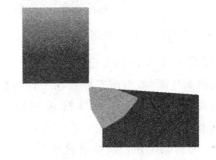

图 2 - 23　试切端面

按"复位"键,主轴停止转动。

2)1 号刀具 Z 向参数设置

完成刀具参数设置,需要知道刀具刀位点在工件坐标系中的坐标值。通常工件坐标原点设置在工件右端面中心处,试切端面时 Z 坐标值为 0。

点击"设置" 显示功能,再点击"形状"软键,在页面中将光标移到 01 行 Z 列处。输入"Z0",再按"测量"软键,完成 1 号刀具 Z 向长度补偿设置,如图 2 - 24 所示。

```
工具补正/形状            O1002   N 1002
番号     X          Z          R     T
01    211.300    121.957    0.400   3
02    211.360    119.941    0.000   0
03    208.300    107.264    0.000   0
04      0.000      0.000    0.000   0
05      0.000      0.000    0.000   0
06      0.000      0.000    0.000   0
07      0.000      0.000    0.000   0
08      0.000      0.000    0.000   0
现在位置(相对座标)
 U     288.736    W      190.547
                         S        0    T
EDIT**** *** ***
[ 摩耗 ][ 形状 ][SETTING[坐标系] ( 操作)]
```

图 2 - 24　刀具补偿设置页面

3）1 号刀具 X 向对刀

单击选择"手动"功能模式，点击"主轴正转"键，使主轴转动。

用手动或手轮方式切削工件圆柱面（少量），沿 Z 轴方向退刀，按"复位"键主轴停止转动，如图 2-25 所示。

点击菜单"测量/剖面图测量…"，点击页面中圆柱面的轮廓线中刚才刀具切削位置，下方将显示所选择轮廓线的参数，如图 2-26 所示，可测量出圆柱面直径为 $\phi 30.436$mm。

图 2-25　试切削圆柱面

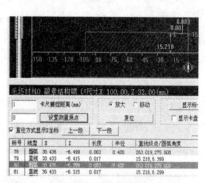

图 2-26　测量尺寸

4）1 号刀具 X 向参数设置

试切圆柱面时，当前刀位点在工件坐标系中的 X 向坐标值为 30.436。在同上的刀具补偿页面中，将光标移到 01 行 X 列处。输入"X30.436"，再按"测量"软键，完成 1 号刀具 X 向长度补偿设置。

5）1 号刀具半径补偿参数设置

将光标移到 01 行 R 列处输入刀尖半径 0.4，在 T 列处输入补偿方向代号 3。

6）2 号刀具 Z 向对刀及参数设置

单击选择"手动"功能模式，Z 轴快速退刀到安全位置。

单击选择"手动数据输入"功能模式，单击"程序"显示页面，再单击"MDI"软键，输入"T0202;"，再单击"循环启动"键，换 2 号刀具为当前刀具。

单击选择"手动"功能模式，点击"主轴正转"键。

用手动或手轮方式移动切槽刀具左刃刚好碰上工件右端面，如图 2-27 所示。

在刀具补偿页面中，将光标移到 02 行 Z 列处，输入"Z0"，再按"测量"软键，完成 2 号刀具 Z 向长度补偿设置。

7）2 号刀具 X 向对刀及参数设置

单击选择"手动"功能模式，点击"主轴正转"键。

用手动或手轮方式移动切槽刀具前刃刚好碰上工件圆柱面，如图 2-28 所示。

在刀具补偿页面中，将光标移到 02 行 X 列处，输入"X30.436"，再按"测量"软键，完成 2 号刀具 X 向长度补偿设置。

8）3 号刀具 Z 向对刀及参数设置

单击选择"手动"功能模式，Z 轴快速退刀到安全位置。

图 2-27 碰工件端面　　　　　　　图 2-28 碰工件圆柱面

单击选择"手动数据输入"功能模式,单击"程序"显示页面,再单击"MDI"软键,输入"T0303;",再单击"循环启动",换 3 号刀具为当前刀具。

单击选择"手动"功能模式,点击"主轴正转"键。

用手动或手轮方式移动螺纹刀尖对齐圆柱端面,如图 2-29 所示。

在刀具补偿页面中,将光标移到 03 行 Z 列处,输入"Z0",再按"测量"软键,完成 3 号刀具 Z 向长度补偿设置。

9)3 号刀具 X 向对刀及参数设置

单击选择"手动"功能模式,点击"主轴正转"键。

用手动或手轮方式移动螺纹刀尖刚好碰上工件圆柱面,如图 2-29 所示。

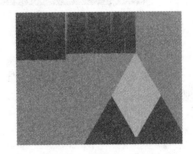

图 2-29 螺纹刀具对刀

在刀具补偿页面中,将光标移到 03 行 X 列处,输入"X30.436",再按"测量"软键,完成 3 号刀具 X 向长度补偿设置。

10. 输入/导入程序

单击选择"编辑"▨功能模式,按"程序"显示功能,显示程序页面。

(1)输入程序方法

输入程序名"O1001",按"插入"键 INSERT,建立了程序名并且光标移到下行,逐行输入项目 1.7 中的零件加工程序;对输入程序进行检查,并对程序进行编辑(软件仿真系统中的程序代码含义、程序逐行执行等功能与实际有所不同,输入程序时注意修改)。

(2)导入程序步骤

① 如果数控程序代码较多,可以在电脑上通过记事本输入程序代码并保存为纯文本格式(*.txt)。

② 在显示"程序"页面下,单击软键[操作],在出现的下级子菜单中按软键▶,然后按软键[READ];按键盘上的数字/字母键,输入程序名"O1002",再按软键[EXEC]。

③ 点击菜单"机床/DNC传送",在弹出的对话框中选择已建立的程序代码文件,按"打开"确认,则程序被导入并显示在页面上,如图2-30所示。

11. 自动仿真加工

单击选择"自动"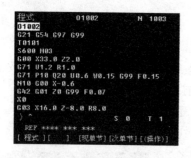功能模式,按"程序"显示功能,检查当前程序名称和当前光标位置是否在程序头。

调节进给倍率旋钮到适当的倍率,按下"循环启动"键,进行自动加工。如图2-31所示为零件仿真加工结束图形。

图2-30 仿真程序

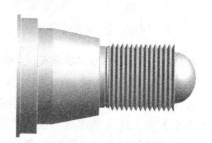

图2-31 零件仿真图形

12. 项目总结

学生总结该项目实施工作过程,列出项目实施中各个环节的要点。分析操作过程中出现的问题,讨论解决的方法。

【项目评价】

本项目实训成绩评定见表2-24。

表2-24 项目2.3成绩评价表

产品代号		项目2.3		学生姓名		综合得分		
类别	序号	考核内容	配分	评分标准		得分		备注
基本操作	1	开启仿真软件	5	没有完成不得分				
	2	设备的选择	5	不合理不得分				
	3	回零操作	5	每处不合理扣2分				
	4	确定毛坯	5	不合理扣3分				
	5	装夹工件	5	不正确不得分				
	6	安装刀具	10	每处不合理扣2分				
	7	对刀操盘	15	每处不正确扣3分				
	8	程序导入	5	没有完成不得分				
	9	程序编辑	15	每处不合理扣3分				
软件仿真	10	加工轨迹仿真	10	没有完成扣5分				
	11	自动加工	20	不理想每处扣5分				

【项目作业】

(1)总结数控车床软件虚拟加工的操作步骤及要领。

(2)预习并准备下次实训内容。

【项目拓展】

在电脑上用仿真软件进行数控车床虚拟加工零件,如图 2-32 所示为零件图。

要求完成:①粗、精车各表面;②切槽;③车螺纹。

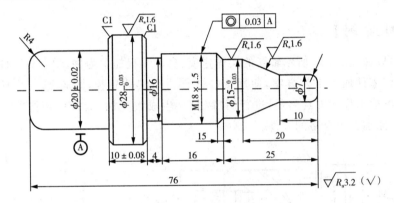

图 2-32　虚拟加工练习图

项目 2.4   UG 数控车床编程技术

【项目案例】

本项目以如图 2-33 所示轴套的实体建模、自动编程加工为例,学会对零件进行工艺性分析,制订零件加工工艺方案,使用 UG 软件进行实体建模,零件加工的刀具路径设置,通过切削模拟优化刀具路径,进行后置处理,生成数控加工程序,并将数控加工程序转至数控车床加工出合格的零件。

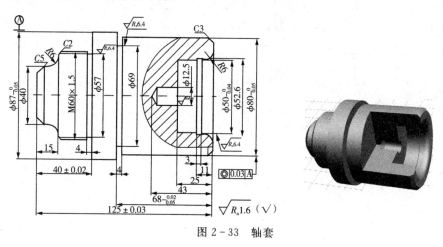

图 2-33   轴套

(1)计划时间   12 学时。

(2)质量要求   利用 UG 软件完成零件实体造型,编制加工刀具路径,生成数控程序,并将程序传到数控车床,加工出符合图样要求的零件。

(3)安全要求   严格按照安全操作规程进行,确保人身、设备安全。

(4)文明要求   自觉按照文明生产规则进行实训,做有职业修养的人。

(5)环保要求   在项目实训过程中充分考虑保护环境的有利因素。

【项目解析】

1. 图样分析

该零件的加工为回转体内外表面加工,两端都需要加工。零件表面由圆柱、圆锥、圆弧、槽及螺纹等组成。图样中两外圆柱的直径尺寸 $\phi 80^{0}_{-0.05}$ mm 和 $\phi 87^{0}_{-0.05}$ mm,有相同的尺寸公差要求,在加工过程中使用一把刀具连续完成加工;内孔直径 $\phi 50^{0}_{-0.04}$ mm,首件切削时在粗、精加工之间加入直径测量并进行误差调整补偿,加工过程中控制此尺寸公差,较容易达到此公差要求;内孔直径 $\phi 50^{0}_{-0.04}$ mm,也用同样方法控制尺寸公差。零件轴向尺寸 $68^{-0.02}_{-0.05}$ 精度要求较高,轴向尺寸还有 40 ± 0.02 mm 和 125 ± 0.03 mm,都需要在加工过程中调整刀具补偿来控制尺寸公差。

零件图样中有同轴度要求,可以将两个圆柱面在同一工步中进行加工,就能满足同轴度要求。

图样尺寸标注完整,轮廓描述清楚,零件材料为 45 钢,切削性能好。

2. 加工方案

用三爪卡盘夹持毛坯,工件外伸长约为 92mm 左右。手动平端面,手动钻中心孔,钻 ϕ 12.5 的孔,扩孔到 ϕ 20;再粗、精加工右端内轮廓和切槽;粗、精加工零件右端外轮廓和切槽。

在 ϕ 80 的圆柱面上包铜皮,调头后夹装,手动平端面并进行设置,控制零件总长尺寸精度;粗、精加工零件左端外轮廓,切槽和外螺纹加工。

3. 夹装

根据毛坯形状、零件形状和加工特点选择夹具。提供的毛坯为棒料,零件直径较大,夹持长度足够,依据零件位置公差要求,使用三爪自定心卡盘装夹。装夹方便、快捷,定位精度高。

该零件左右两端都要加工,要满足调头夹装后同轴度和控制零件左右端面尺寸精度。首先用三爪卡盘装夹,毛坯外伸长约为 92mm,完成零件右端的全部加工内容;其次用已经加工的 ϕ 80 圆柱面为精基准定位夹装,加工零件左端。

4. 刀具及切削用量选择

毛坯材料为 45 号钢,它的综合加工性能较好。机夹式可转位刀具选用 YT15 型号的硬质合金车刀,此刀片材料类型适合于对钢材进行粗、精加工。中心钻和麻花钻选用一般的高速钢整体刀具。

该零件加工左右外轮廓时含有端面、圆弧面和圆柱面,选用 90°外圆车刀,刀片选用 W 型(刀尖角为 80°),安装时控制主偏角为 93°~95°,副偏角也符合加工要求。

钻孔前先用高速钢 ϕ 3.15mm 中心钻钻孔,图样中 ϕ 12.5mm 的内孔没有精度要求,选择 ϕ 12.5mm 的麻花钻直接钻孔,再选择 ϕ 20mm 麻花钻(或立铣刀)扩孔;选用直径 ϕ 20mm,长度大于 25mm 的内孔镗刀粗精加工右端内轮廓;图样中内槽宽度为 3mm,选择 3mm 的内孔切槽刀具。

图样中外圆槽宽为 4mm,选择 4mm 的外圆切槽刀具;选用 60°外螺纹车刀加工 M60×1.5 的螺纹。

本项目使用刀具见表 2-25。

数控机床操作与项目实训

表2-25　数控车床刀具卡

产品名称或代号		项目2.4	零件名称	轴套	零件图号	图2-33
序号	刀具号	刀具规格名称	数量	加工表面	刀尖半径	备注
1	T01	90°外圆车刀(YT15)	1	外轮廓粗、精加工	0.4	20×20
2	T03	90°内孔镗刀(YT15)	1	内孔粗、精加工	0.2	φ20
3	T04	3mm内圆切槽刀(YT15)	1	内槽	0.2	20×20
4		φ3.15mm中心钻(高速钢)	1	钻中心孔		
5		φ12.5mm麻花钻(高速钢)	1	钻孔		
6		φ20mm麻花钻(高速钢)	1	扩孔		
7	T02	4mm外圆切槽刀(YT15)	1	外槽	0.2	20×20
8	T03	60°外螺纹车刀(YT15)	1	外螺纹	0.2	20×20
编制	×××	审核　×××	批准　×××	××年×月×日	共1页	第1页

查使用工件材料、刀具材料及切削用量表,通过计算,结合实际加工经验确定刀具切削参数,并制定数控车床加工工艺卡见表2-26。

表2-26　数控车床加工工艺卡

单位	××职业技术学院	产品名称或代号		零件名称	零件图号
		项目2.4		轴套	2-33
工序号	程序编号	夹具名称	使用设备		车间
203	O2401~O2403	三爪卡盘	C₂-6136HK		先进制造基地
工步号	工步内容	刀具号	刀具规格	主轴转速	进给速度	背吃刀量	备注
---	---	---	---	---	---	---	---
1	手动平右端面	T01	20×20	400r/min			手动
2	钻中心孔		φ3.15	800r/min			
3	钻φ12.5通孔		φ12.5	300r/min			
4	扩φ20孔		φ20	300r/mi			
5	镗右端面内轮廓粗、精加工	T03	φ20	600r/min / 130m/min	0.15 / 0.08	1.0	O2401
6	右端内槽	T04	20×20	400r/min	0.06		

（续表）

7	车右端面外轮廓粗、精加工	T01	20×20	400r/min 120m/min	0.2 0.1	1.5	O2402
8	右端外槽	T02	20×20	300r/min	0.08		
9	手动平左端面,控制零件长度	T01	20×20	400r/min			手动
10	车左端面外轮廓粗、精加工	T01	20×20	600r/min 130m/min	0.2 0.1	1.5	O2403
11	左端外槽	T02	20×20	300r/min	0.08		
12	左端外螺纹	T03	20×20	400 r/min		1.5	

编制	×××	审核	×××	批准	×××	××年×月×日		共页	第1页

【自动编程】

数控编程经历了手工编程、APT 语言编程和交互式图形编程 3 个阶段。交互式图形编程就是通常所说的自动编程(计算机辅助编程 CAM)。即程序编制工作的大部分或全部由计算机完成,如完成坐标值计算、编写零件加工程序单等,有时甚至能帮助进行工艺处理。对材料去除和刀具路径进行集成仿真,帮助优化刀具路径,同时检查是否存在冲突和干涉。

1. 自动编程的主要工作内容

1)制定零件的加工工艺路线

自动编程前先分析零件组成的几何要素与技术要求,明确加工内容和对象,确定加工方法,选择使用的机床、夹具、刀具和切削工艺参数等,制订切削加工工艺路线,确定各种基准点、参考点和走刀路线。

2)建模

利用 CAD/CAM 软件的 CAD 模块,完成实体零件和实体毛坯造型。获得三维实体模型有 3 种方式:

① 利用 UG 建模,创建三维实体模型。

② 利用 UG 的标准图形转换功能,将用其他软件创建的三维实体模型转换成 UG 软件 CAM 模块能够识别的模型。

③ 根据实物模型,用三坐标测量仪测得数据文件(实物模型上离散点的数据文件),转换成相应软件格式的三维实体模型。

3)前处理

利用 CAD/CAM 软件的 CAM 模块对加工进行前处理,完成刀具路径轨迹,主要包括以下内容:

① 根据零件要求与加工工艺,选择合适的加工方式,选定加工区域;

② 合理选择刀具类型、刀具参数与切削用量;

③ 定义加工时的切削路径与各类加工参数；

④ 生成刀具轨迹,并通过仿真演示检查正误。

4)后处理

利用软件 CAM 模块的后处理功能,得到加工代码,主要包括以下内容:

① 定义所使用数控系统的加工代码;

② 将前处理的刀具轨迹转换成数控加工设备能够识别的数控加工程序。

2. 零件实体建模

1)新建轴套 zhoutao 文件

在工具栏点击"新建" 图标→输入文件名"zhoutao"→选择"毫米"单位→ OK 。

点击 起始 图标,点击 建模(M) ,进入建模模块。

2)创建零件主体外形

(1)点击"草图" 图标,选择 *ZC－XC* 为草图平面,绘制并标注草图,如图 2－34 所示,单击 完成草图。

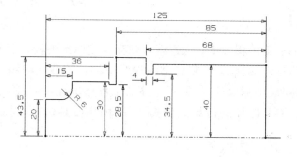

图 2－34　草图

(2)点击"回转" 图标,选择刚建立的草图,再选中心线为旋转轴,操作如图2－35所示。

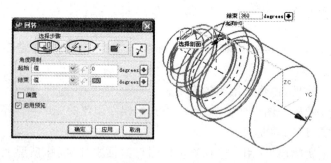

图 2－35　回转操作

3)建零件右端孔

(1)点击 图标,选择 *ZC－XC* 为草图平面,绘制并标注草图,如图 2－36 所示,单击 完成草图。

(2)点击 图标,选择刚建立的草图,再选中心线为旋转轴,并选择"求差" ,建立右端孔如图 2－37 所示。

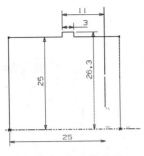

图 2-36　右孔草图　　　　　　图 2-37　右孔外形

4)创建内孔

点击图标,在对话框中输入数值,在图中右端选择孔的放置位置,点击"确定"。在定位对话框中选择"点对点",再点击圆弧中心,选择右上角圆弧,操作步骤及设置如图 2-38 所示。

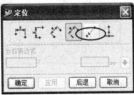

图 2-38　内孔操作

5)倒内孔圆边

点击图标,在对话框中输入半径数值 6,选择内孔边缘线,点击"确定",如图 2-39 所示。

6)倒边

(1)点击图标,在对话框中输入偏置值 3,选择右端边缘线,点击"确定",如图 2-39 所示;

(2)在对话框中输入偏置值 2,选择台阶边缘线,点击"确定",如图 2-40 所示;

(3)在对话框中输入偏置值 5,选择左端边缘线,点击"确定"如图 2-40 所示。

图 2-39　右端倒圆和倒边　　　　图 2-40　左端倒边

3. 自动编程

1)进入加工模块

点击 起始 图标,选择 加工,进入"加工"模块,如图 2-41 所示进行加工环境设置。

2)坐标原点设置

(1)工作坐标原点移动。单击格式→WCS→原点,选择工件右端面圆弧中心。

(2)工件坐标原点设置。在操作导航器中双击"MCS_SPINDLE",在对话框中点击"原点",在弹出的"点构造器"对话框中点击"重置",再点击"确定",工件坐标原点与工作坐标原点重合,如图 2-42 所示。

图 2-41 加工环境

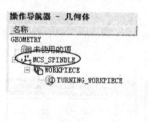

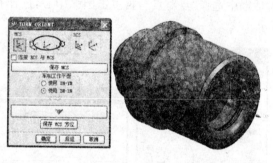

图 2-42 坐标原点设置

3)工件几何体设置

在操作导航器中双击"WORKPIECE",在对话框中点击 后,单击 选择 ,如图 2-43 所示,在弹出对话框后选择实体零件。

4)创建边界几何体

(1)在操作导航器中双击"TURNING_WORKPIECE",在对话框中点击 ,再点击 显示 ,如图 2-44 所示。

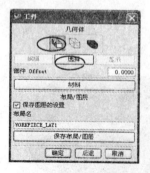

图 2-43 选择零件线

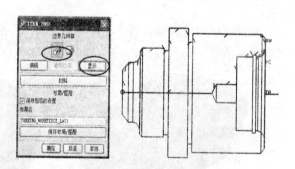

图 2-44 显示零件轮廓线

(2)在对话框中点击 ,点击 选择 ,在新对话框中指定零件左端面外 2.5mm 处为安装位置,并设置参数,如图 2-45 所示。

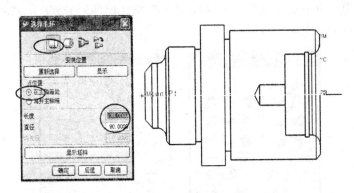

图 2-45　毛坯设置

5)创建刀具

(1)创建 OD_80_L-1 外圆车刀

点击 图标,在对话框中选择"OD_80_L",修改名称"OD_80_L-1",再点击"确定",在弹出的对话框中输入数值,如图 2-46 所示。

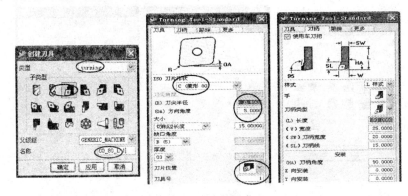

图 2-46　建外圆车刀

(2)创建 OD_GROOVE_L-2 外圆切槽刀

在对话框中选择"OD_GROOVE_L",修改名称"OD_GROOVE_L-2",再点击"确定",在弹出的对话框中输入数值,如图 2-47 所示。

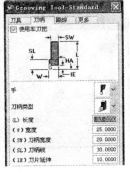

图 2-47　建外圆切槽刀

（3）创建 DRILLING_TOOL－12.5 钻头

在对话框中类型中点击钻头图标，修改名称"DRILLING_TOOL－12.5"，再点击"确定"，在弹出的对话框中输入数值，如图 2－48 所示。

图 2－48　建 φ12.5 钻头

（4）创建 ID_55_L－3 内孔镗刀

在对话框中选择"ID_55_L"，修改名称"ID_55_L－3"，再点击"确定"，在弹出的对话框中输入数值，如图 2－49 所示。

图 2－49　建内孔镗刀

（5）创建 ID_GROOVE_L－4 内孔切槽刀

在对话框中选择"ID_GROOVE_L"，修改名称"ID_GROOVE_L－4"，再点击"确定"，在弹出的对话框中输入数值，如图 2－50 所示。

图 2－50　建内孔切槽刀

（6）创建 OD_THREAD_L－5 外螺纹车刀

在对话框中选择"OD_THREAD_L"，修改名称"OD_THREAD_L－5"，再点击"确定"，在弹出的对话框中输入数值，如图 2－51 所示。

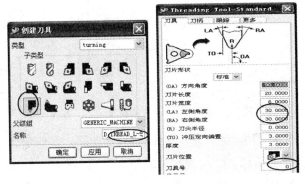

图 2－51　建外螺纹车刀

6）加工零件右端

（1）外轮廓粗加工

点击 图标，在对话框中如图 2－52 所示进入选择，再点击"确定"，进入下级对话框，如图 2－53 所示设置切削深度，如图 2－54 所示设置切削区域。

对话框中，"进刀/退刀"、"切削"、"轮廓加工"、"角"、"机床"和"局部返回"都用系统默认值，不需要改变。

图 2－52　外轮廓粗加工　　图 2－53　基本页面　　图 2－54　切削区域

单击 毛坯 ，按如图 2－55 所示设置。

单击 避让 ，按如图 2－56 所示设置。

单击 进给率 ，按如图 2－57 所示设置。

图 2-55 余量设置   图 2-56 非切削设置   图 2-57 切削参数设置

在对话框中,点击 图标,生成刀具路线轨迹,如图 2-58 所示。

在对话框中,点击 图标,在"可视化刀轨轨迹"对话框中点击 3D 标签。再点击 图标进行切削模拟,如图 2-59 所示。

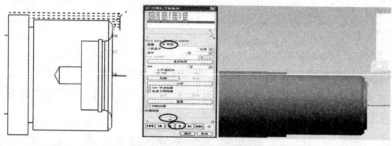

图 2-58 粗车轨迹   图 2-59 切削模拟

(2)外轮廓精加工

点击 图标,在对话框中如图 2-60 所示进行选择,再点击"确定"进入下级对话框,如图 2-61 所示设置切削深度。切削区域如图 2-62 所示设置。

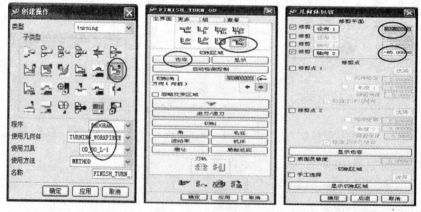

图 2-60 轮廓精加工   图 2-61 精加工页面   图 2-62 切削区域

对话框中,"进刀/退刀"、"切削"、"角"、"机床"和"局部返回"都用系统默认值,不需要改变。

单击 毛坯 ,设置精加工余量为 0。

单击 [避让]，设置刀具返回换刀点。

单击 [进给率]，如图 2-63 所示设置。

在对话框中，点击 图标，生成刀具路线轨迹。

在对话框中，点击 图标，在"可视化刀轨轨迹"对话框中点击 3D 标签。再点击 图标进行切削模拟，如图 2-64 所示。

图 2-63　切削参数设置　　　　　图 2-64　精加工模拟

（3）外圆切槽

点击 图标，在对话框中如图 2-65 所示进行选择，再点击"确定"进入下级对话框，如图 2-66 所示设置切削深度。

切削区域如图 2-67 所示设置。

图 2-65　切外圆槽　　　图 2-66　切槽页面　　　图 2-67　切削区域

对话框中，"进刀/退刀"、"切削"、"轮廓加工"、"角"、"机床"和"局部返回"都用系统默认值，不需要改变。

单击 [毛坯]，不设置加工余量。

单击 [进给率]，对转速和进给率进行设置。

单击 [避让]，设置加工结束点，刀具起始和结束点。

在对话框中，点击 图标，生成刀具路线轨迹。

在对话框中，点击 图标，在"可视化刀轨轨迹"对话框中点击 3D 标签。再点击 图标进行切削模拟。

(4)钻内孔

点击图标,在对话框中如图 2－68 所示进行选择,再点击“确定”进入下级对话框,如图 2－69 所示。单击出现循环参数对话框,如图 2－70 所示设置。

单击 总的深度 ,选择“终点”,再单击“选择”,在图中指定孔的终点。单击 进给率 ,对转速和进给率进行设置。单击 避让 ,设置刀具从换刀点开始移动,加工完成后回到换刀点。

在对话框中,点击图标,生成刀具路线轨迹。

在对话框中,点击图标,在“可视化刀轨轨迹”对话框中点击 3D 标签。再点击图标。

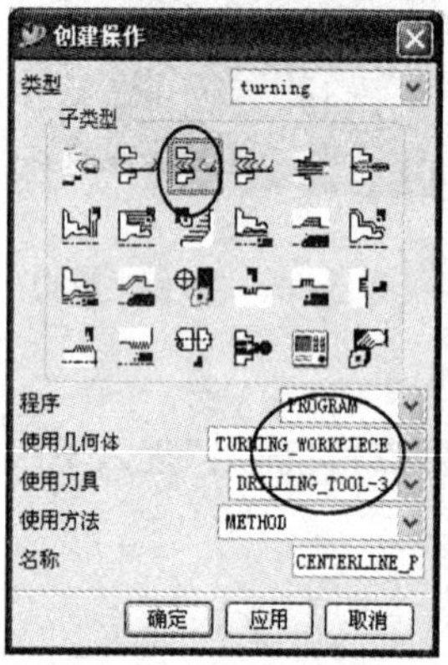

图 2－68 钻孔

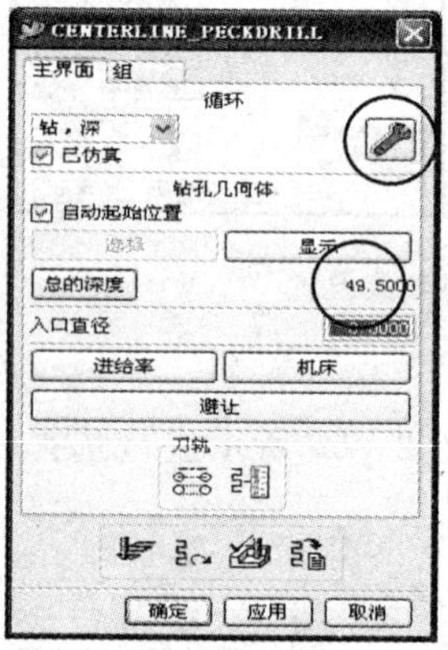

图 2－69 钻孔页面

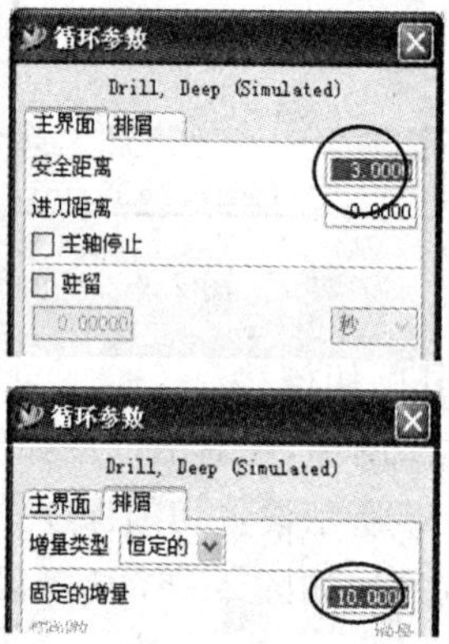

图 2－70 循环参数

(5)粗镗内孔

点击图标,在对话框中如图 2－71 所示进行选择,再点击 确定 进入下级对话框,按如 2－72 图所示设置切削深度。

切削区域单击“显示”进行查看。对话框中,“进刀/退刀”、“切削”、“轮廓加工”、“角”、“机床”和“局部返回”都用系统默认值,不需要改变。

单击 毛坯 ,如图 2－73 所示设置。

图 2－71 粗镗孔

图 2－72 粗镗孔页面

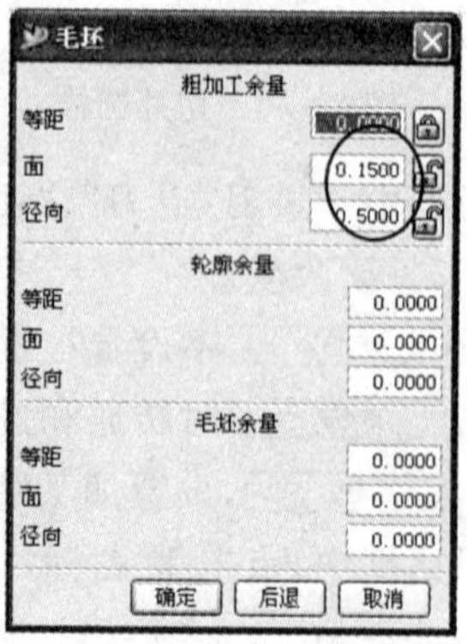

图 2－73 余量设置

单击 进给率 ，如图 2-74 所示,对转速和进给率进行设置。

单击 避让 ,设置刀具起点,加工起点和终点。

在对话框中,点击 图标,生成刀具路线轨迹,如图 2-75 所示。

在对话框中,点击 图标,在"可视化刀轨轨迹"对话框中点击 3D 标签。再点击 图标进行切削模拟,如图 2-76 所示。

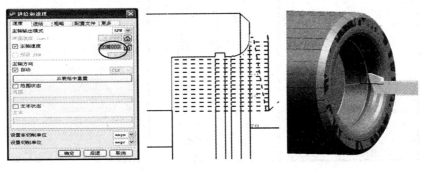

图 2-74　进给率　　　图 2-75　刀具轨迹　　　图 2-76　切削模拟

(6)精镗孔

点击 图标,在对话框中如图 2-77 所示进行选择,再点击"确定"进入下级对话框,如图 2-78 所示设置切削深度。

切削区域单击"显示"进行查看。

对话框中,"进刀/退刀"、"切削"、"角"、"机床"和"局部返回"都用系统默认值,不需要改变。

单击 毛坯 ,精加工没有余量;单击 进给率 ,对转速和进给率进行设置。

单击 避让 ,设置加工起点和终点,加工完成刀具移到换刀点。

在对话框中,点击 图标,生成刀具路线轨迹。

在对话框中,点击 图标,在"可视化刀轨轨迹"对话框中点击 3D 标签。再点击 图标。

图 2-77　精镗孔　　　　图 2-78　精镗孔页面

（7）切内孔槽

点击 图标，在对话框中如图2-79所示进行选择，再点击"确定"进入下级对话框，如图2-80所示设置切削深度。

切削区域如图2-81所示设置。

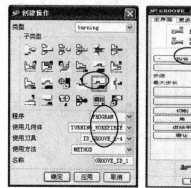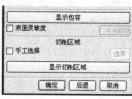

图2-79　内孔槽　　　　图2-80　内孔槽页面　　　　图2-81　切削区域

对话框中，"进刀/退刀"、"切削"、"轮廓加工"、"角"、"机床"和"局部返回"都用系统默认值，不需要改变。

单击 毛坯 ，设置加工余量为0；单击 进给率 ，对转速和进给率进行设置。

单击 避让 ，设置加工起点和终点，刀具起点和终点。

在对话框中，点击 图标，生成刀具路线轨迹。

在对话框中，点击 图标，在"可视化刀轨轨迹"对话框中点击3D标签。再点击 图标。

7）加工零件右端

最好采用零件左右两端加工时分别建立文件的方式。

（1）零件调头

在标准工具栏点击 图标，选择零件，单击 绕直线旋转 ，零件绕Z轴旋转180°。

（2）坐标原点设置

工作坐标原点移动。格式→WCS→原点，选择工件右端面圆弧中心。

工件坐标原点设置。在操作导航器中双击"MCS_SPINDLE"，在对话框中点击"原点"，在弹出的"点构造器"对话框中点击"重置"，再点击"确定"。

（3）工件几何体设置

在操作导航器中双击"WORKPIECE"，在对话框中点击 后，单击 选择 ，在弹出对话框后选择实体零件。

（4）创建边界几何体

在操作导航器中双击"TURNING_WORKPIECE"，在对话框图2-82中点击 ，再点击 显示 。

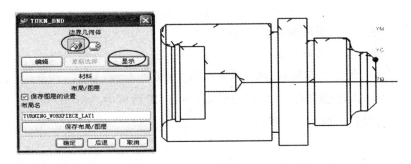

图 2-82　零件轮廓线

在对话框中点击 ，点击 选择 ，在新对话框图 2-83 所示中指定零件 Z2.0mm 处为安装位置，并设置参数。

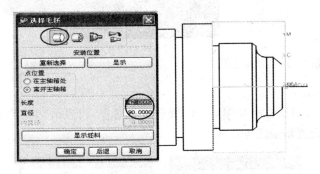

图 2-83　选择毛坯

（5）外轮廓粗加工

点击 图标，在对话框中如图 2-84 所示进行选择，再点击"确定"，进入下级对话框，如图 2-85 所示设置切削深度。

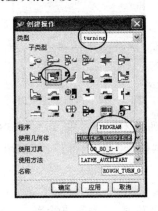

图 2-84　粗加工　　　图 2-85　粗加工主页面

切削区域可单击"显示"进行检查，如果不符合要求，用"包容"进行区域限制。

对话框中，"进刀/退刀"、"切削"、"轮廓加工"、"角"、"机床"和"局部返回"都用系统默认值，不需要改变。

单击 毛坯 ，设置 X 向和 Z 向的粗加工余量。

单击 进给率 ，设置粗加工转速和进给率。

单击 避让 ，设置起刀点，加工开始和结束点。

在对话框中，点击 图标，生成刀具路线轨迹，如图 2-86 所示。

在对话框中，点击 图标，在"可视化刀轨轨迹"对话框中点击 3D 标签。再点击 图标进行切削模拟，如图 2-87 所示。

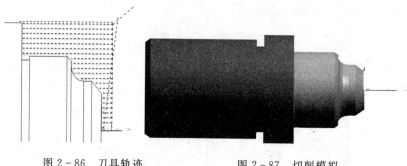

图 2-86 刀具轨迹　　　　　图 2-87 切削模拟

（6）外轮廓精加工

点击 图标，在对话框中如图 2-88 所示进行选择，再点击"确定"进入下级对话框，如图 2-89 所示设置切削深度。

图 2-88 轮廓精加工　　　　图 2-89 精加工主页面

切削区域可单击"显示"进行检查，如果不符合要求，用"包容"进行区域限制。

对话框中，"进刀/退刀"、"切削"、"角"、"机床"和"局部返回"都用系统默认值，不需要改变。

单击 毛坯 ，设置精加工余量为 0。

单击 进给率 ，设置精加工线速度、最高转速，并高置进给率。

单击 避让 ，设置加工结束的换刀点。

在对话框中，点击 图标，生成刀具路线轨迹。

在对话框中，点击 图标，在"可视化刀轨轨迹"对话框中点击 3D 标签。再点击 图标。

（7）外圆柱切槽

点击 图标，在对话框中如图 2-90 所示进行选择，再点击"确定"进入下级对话框，如图 2-91 所示设置切削深度。

切削区域可单击"显示"进行检查，如果不符合要求，用"包容"进行区域限制，如图 2-92 所示。

图 2-90　切外圆槽　　　图 2-91　切槽主页面　　　图 2-92　设置区域

对话框中，"进刀/退刀"、"切削"、"轮廓加工"、"角"、"机床"和"局部返回"都用系统默认值，不需要改变。

单击 毛坯 ，设置加工余量为 0。

单击 进给率 ，设置切槽转速与进给率。

单击 避让 ，设置加工起点和终点，刀具换刀点。

在对话框中，点击 图标，生成刀具路线轨迹。

在对话框中，点击 图标，在"可视化刀轨轨迹"对话框中点击 3D 标签。再点击 图标。

（8）外螺纹加工

点击 图标，在对话框中如图 2-93 所示进行选择，再点击"确定"进入下级对话框，如图 2-94 所示设置切削深度。

设置螺纹几何体。选择切削边线，单击"偏置/终止线"设置螺纹的加工起点和终点，如图 2-95 所示，单击"显示"检查设置。

图 2-93　外螺纹　　　图 2-94　外螺纹主页面　　　图 2-95　螺纹几何体

单击 设置 ，进行螺纹加工深度设置，如图2-96所示，在此对话框中再单击"设置"在新的对话框，如图2-97所示，每刀增量设置。

单击 进给率 ，设置加工转速与进给率。

单击 退让 ，设置刀具起点和终点。

在对话框中，点击 ✎ 图标，生成刀具路线轨迹，如图2-98所示。

在对话框中，点击 ✎ 图标，在"可视化刀轨轨迹"对话框中点击3D标签。再点击 ▶ 图标。

8）后置处理

刀具轨迹生成后，通过切削模拟，如果在模拟过程中出现了"干涉信息"报警，将根据此信息对图形和参数进行相应调整，直到不会出现干涉为止。

选取需要生成程序代码的操作路线名，单击工具图标 ✎ ，如图2-99所示选择数控车床型号（Z—Axis），输出代码文件名称，即可自动生成代码程序，如图2-100所示。

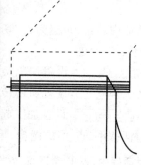

图2-96　螺纹深度　　图2-97　每刀深度　　图2-98　每刀深度

UG软件默认后处理生成的代码程序与我们使用的数控系统不同，因此，在生成代码文件前，应先对后处理编译文件进行设置，生成的代码文件才能用在数控车床上。

图2-99　后处理　　　图2-100　生成的代码程序

【项目实施器具】

实施本项目需要提前准备以下器具:软件为计算机中预先安装 UG 软件;数控车床为 C_2 - 6132HK/1 和 C_2 - 6136HK;毛坯材料为 45 钢,$\phi 90 \times 130$;

需要的刀具、量具和用具清单见表 2 - 27。

表 2 - 27　刀具、量具和用具清单

类别	序号	名　称	型号/规格	精　度	数　量	备　注
刀具	1	外圆车刀	W 型(93°右偏刀)	刀尖半径≤0.4	1/组	刀片 5
	2	外切槽刀	刀宽 4mm		1/组	刀片 5
	3	外螺纹车刀	T 型(刀尖角 60°)	刀尖半径≤0.2	1/组	刀片 5
	4	内孔镗刀	刀杆直径 $\phi 16$	刀尖半径≤0.2	1/组	刀片 5
	5	内切槽刀	刀宽 3mm		1/组	刀片 5
	6	中心钻	$\phi 3.15$		1/组	
	7	麻花钻	$\phi 12.5$		1/组	
	8	麻花钻	$\phi 20.0$		1/组	
量具	9	游标卡尺	0～150	0.02	1/组	
	10	螺旋千分尺	0～25,25～50	0.01	各 1/组	
	11	钢直尺	150		1/组	
	12	R 规			1	套
	13	内径螺旋千分尺	15～25,25～50		2	套
	14	粗糙度样板			1	套
用具	15	三爪卡盘扳手	与机床相适应		1/组	一套
	16	刀架扳手和钢管	与机床相适应		1/组	一套
	17	钻夹头	莫氏 4 号		1/组	
	18	垫片			若干	
	19	防护镜			1/人	
	20	工作帽			1/人	
	21	铁钩			1/组	
	22	毛刷			1/组	

【项目预案】

问题 1 　UG 后处理程序不正确。

解决措施:如果使用 UG 软件自带的后置处理程序来生成数控代码,会发现它与 FANUC 数控系统要求的程序格式在首尾都有些不同。有两种解决方式:可以根据使用数控车床的特点重新定义 UG 后处理格式,也可以对数控程序首尾进行修改。

问题 2　数控机床 CF 卡的使用。

解决措施:FANUC 数控车床可以通过多种方式与外界传输信息,现在常用的是通过 R232 端口与计算机连接和通过插槽与 CF 存储卡接通。

在数控系统的设置界面中将 CNC 系统参数 20 号(或 I/O 频道)参数设置为 4,表示使用 PCMCIA 卡接口有效;把在软件里编辑好的加工程序通过计算机传到 PCMCIA 卡里;将卡插在面板旁边的卡槽内(CF 卡要插在 CF 转 PCMCIA 适配器里),然后即可调用;可以将程序读入数控机床保存。操作步骤如下:在编辑状态下,按"Progrm"键→"操作"→"选择设备"→"选择卡"→"读入文件"→输入文件名→"F 检索"→最后按"执行";也可以直接使用卡上程序进行自动加工。操作步骤为:系统参数 138♯7 设定为 1 在"EDIT"方式下,选择要使用的程序号,再把方式选择放在"DNC 运行"方式,最后按"循环启动",执行已选择程序的加工。

问题 3　钻孔时出现异常。

解决措施:钻孔加工时发出唧唧的响声,应检查钻头切削刃是否已钝或磨损,检查主轴转速是否过高。分析产生声响的原因后,重新修磨钻头或降低主轴转速;所钻孔径偏大,应检查钻头切削刃是否对称或切削过程中排屑是否通畅;孔的位置度不合格,可能是因为中心孔深度过浅,必须将中心孔钻出斜面倒角来。

【项目实施】

1. 工艺方案与编程

在操作数控机床前熟悉项目任务,认真阅读"项目解析"内容,按下列步骤分析确定加工工艺,制订零件加工过程指示单并用 UG 软件完成零件加工程序。

1)项目任务

明白项目要求,弄清项目任务。

2)图样分析

看懂零件图样,对零件图进行工艺性分析,了解图样的加工要求,弄清要加工的表面及特征,分析基本尺寸、尺寸公差、表面质量等方面具体需要达到的要求。

3)加工方案

根据对零件图样的分析,制定可行性加工方案。

4)定位基准与装夹

依据定位基准,选择合适的夹具,制定出具体的装夹方案。

5)刀具与切削用量

根据加工特点选择使用的刀具。

依据给定的零件材料及热处理方式,加工精度、表面质量的要求,使用刀具材料。参考刀具切削参数表,并结合实际加工经验,确定各刀具的切削用量。

6)加工过程

零件加工过程见表 2-28。

表 2-28 零件加工过程指示单

工序号	刀 具	装 夹	工序内容及简图	说 明
1	外圆车刀 中心钻 ϕ12.5 麻花钻 ϕ20 麻花钻		(1)平右端面 （要求光滑）; (2)钻中心孔; (3)钻 ϕ12.5 孔; (4)扩孔至 ϕ20	手动 加工
2	内孔镗刀 刀具号 T0303 内孔切槽刀 刀具号 T0404	三爪卡盘装夹 工件外伸 92 左右	(1)粗、精加工 内孔轮廓; (2)切内槽	程序 O2401
3	外圆车刀 刀具号 T0101 外切槽刀 刀具号 T0202		(1)粗、精加工 右端外轮廓; (2)切外圆槽	程序 O2402
4	外圆车刀 外切槽刀 外螺纹刀 刀具号 T0303	调头后夹装 ϕ80 的圆柱面 （包上铜皮）	(1)粗、精加工 右端外轮廓; (2)切外圆槽	程序 O2403

7)构造零件实体

使用 UG 软件的建模功能构建实体零件。用 UG 进行数控车床自动编程时,需要注意调整坐标系的方向,UG 中二维切削平面是 XY 平面,向右为 X 轴正方向。即数控车床上的 Z、X 坐标轴与 UG 软件中的 X、Y 相对应。

把工作坐标原点移到零件右端面中心上,在加工模块中将编程坐标原点及坐标轴与工件坐标系重合,建立编程坐标原点在零件右端面中心处。

8）前置处理

分别进行坐标原点设置，对零件、轮廓、毛坯进行设置，所用刀具的参数设置。选择适合零件的粗、精加工方法，进行必须的参数设置，生成刀具路径，并对刀具路径进行优化处理。

9）切削模拟

利用 UG 软件的验证功能，对所生成的刀具路径进行实体切削模拟检验。如果有错误提示，根据提示内容进行分析、查找原因，并作相应的调试，直到验证切削过程符合零件加工需要并且没有错误提示信息为止。

10）后置处理

对生成的刀具路径按工序进行后处理，得到数控车床能识别的代码程序。把零件右端内轮廓粗精加工和内孔切槽生成程序 O2401；将零件右端外轮廓粗精加工和切外圆柱槽生成程序 O2402；零件左端外轮廓粗精加工、切外圆柱槽和外螺纹部分生成程序 O2403。

2. 操作数控机床

完成准备工作后，按如下步骤操作数控车床加工零件。

1）数控车床开机

① 开机前检查；

② 先开机床总电源，再按系统面板上的"系统上电"键；

③ 向右旋转"急停"旋钮，再按"复位"键消除报警；

④ 回参考点操作；

⑤ 数控机床初始参数设置。

2）工序 1——手动加工零件右端

（1）装夹工件

选取 $\phi 90 \times 130$ 的毛坯件，在三爪卡盘上夹紧毛坯件（外伸长度 92mm 左右）。毛坯夹装后在较低的转速下试转，如果毛坯晃动较大，则需要调整直到符合要求为止。

（2）刀具安装

在 1 号刀位上安装 W 型刀片的外圆车刀，安装的车刀需要控制主偏角为 93°～95°；在 3 号刀位上安装 $\phi 20$ 的内孔镗刀，刀具与主轴回转轴线平行；在 4 号刀位上安装内孔切槽刀具，刀具与主轴回转轴线平行，刀具安装后都要保证刀尖与工件回转轴线等高。

（3）手动平端面

① 换 1 号外圆车刀为当前刀具；

② 主轴以 300r/min 正转；

③ 使用手动或手轮方式，沿 X 轴方向切削工件右端面，要求端面光滑。

（4）钻中心孔

① 将 $\phi 3.15$ 的中心钻夹装在钻夹头上，然后把钻夹头装入机床尾架上，再将尾架移到中心钻头离工件较近的地方，锁住尾架；

② 主轴以 800r/min 正转；

③ 用手动方式转动尾架手轮，钻中心孔，中心孔深度只要钻出圆锥面即可。

(5)钻 ϕ12.5 孔

① 将 ϕ3.15 的中心钻取下,重新装上 ϕ12.5 的麻花钻(钻头需要先进行刃磨),然后把钻夹头装入机床尾架上,再将尾架移到钻头离工件较近的地方,锁住尾架;

② 主轴以 250r/min 正转,打开切削液,喷口对准钻孔口;

③ 用手动方式转动尾架手轮,从尾架上的刻度或多次测量,大致控制所钻孔的深度。钻孔到一定深度后往回退钻头,带出铁屑,进刀快慢以及每次进刀深度以能够即时排出铁屑为准。

(6)扩 ϕ20 孔

① 将 ϕ12.5 的麻花钻取下,重新装上 ϕ20 的麻花钻,把钻夹头装入机床尾架上,再将尾架移到钻头离工件较近的地方,锁住尾架;

② 主轴以 250r/min 正转,打开切削液,喷口对准钻孔口;

③ 用手动方式转动尾架手轮,从尾架上的刻度或多次测量,控制所钻孔的深度。钻孔到一定深度后往回退钻头,带出铁屑,进刀快慢以及每次进刀深度以能够即时排出铁屑为准。

3)工序 2——加工零件右端内孔

(1)3 号内孔镗刀对刀及参数设置

① 换 3 号刀具为当前刀具,主轴以 400r/min 正转,使用手动或手轮方式移动刀具的刀尖碰工件右端面,完成 Z 轴方向对刀;

② 在刀具"几何补偿"页面中,输入"Z0",然后按"测量"软键,完成 3 号刀具 Z 向长度补偿;

③ 移动刀具切削工件内圆柱面,沿 Z 向退刀,完成 X 轴方向对刀,主轴停止转动,用内径千分尺测量圆柱直径 D;

④ 在刀具"几何补偿"页面中,输入"XD",然后按"测量"软键,完成 3 号刀具 X 向长度补偿;

⑤ 在刀具"几何补偿"页面中,输入 3 号刀具的半径补偿值 0.2,输入刀尖方位代号 2。

(2)4 号内切槽刀具对刀及参数设置

① 换 4 号刀具为当前刀具,主轴以 400r/min 正转,刀具左刃碰工件右端面,完成 Z 轴方向对刀;

② 在刀具"几何补偿"页面中,输入"Z0",然后按"测量"软键,完成 4 号刀具 Z 向长度补偿;

③ 移动切槽刀具前刃碰工件内圆柱面,完成 X 轴方向对刀;

④ 在刀具"几何补偿"页面中,输入"XD",然后按"测量"软键,完成 4 号刀具 X 向长度补偿。

(3)输入程序

① 在电脑上将编写的数控程序复制到 CF 卡中;

② 切换屏幕显示到"刀偏/设置"功能,按[设置]软健,翻页到设置传输通道页面,把传输参数设置为 4;

③ 选择"程序编辑"或"自动运行"功能模式,然后按"PROG"键,再按[DIR]软键,从显示程序名列表中查看已有程序名称,不要有与主程序和子程序重名的程序;

④ 选择"程序编辑"功能模式,按"程序"键,然后按[操作]软键,再按[卡]软键,指定需要读出的程序名,按[EXEC]软键,即可把卡内程序读入数控机床内保存。

(4)程序检验

① 在"坐标系"页面中,将工件坐标系向 Z 轴正方向偏移 100mm。

② 在"空运行"模式下进行自动运行,观察机床运行的转速和使用的刀具是否与实际一致,根据是否有报警检验程序格式,利用"图形"显示路线,判断程序中坐标数值是否正确,并完成程序的检验和调试。

③ 在"坐标系"页面中,将工件坐标系向 Z 轴正方向偏移恢复为 0,取消空运行状态,重新返回参考点操作。

(5)自动加工

① 选择"自动运行"功能模式,屏幕显示切换到"程序"页面,检查程序名和光标位置是否符合加工要求。

② 将"进给倍率"旋钮转到 0%。

③ 按"程序启动"键,一边旋转"进给倍率"旋钮,一边观察机床状况,判断刀具是否是应使用的刀具,主轴转速大小是否适合切削加工。在刀具移动到接近工件表面时,再将"进给倍率"旋钮转到 0%,判断刀具位置与屏幕显示的绝对坐标是否基本相符。通过上述检查判断没有错误后,关上数控机床防护门,将"进给倍率"旋钮转到 100%,进行正常切削加工。

④ 在加工过程中观察数控机床的加工状况,根据切削状态调整"主轴转速"和"进给倍率"旋钮,依据铁屑形状调整切削液。如果发生紧急情况,立刻按下"紧急制动"或"复位"键,中止数控机床运行。如果发现有铁屑缠绕,可按下"暂停"键,用铁钩对铁屑进行处理。

(6)零件检测

① 在首件试切加工中,将用于精加工刀具的 X 向长度补偿值增加一定余量后进行加工,加工完成后用内径千分尺测量圆柱直径值。测量值与理论值之差值就是刀具长度补偿在 X 方向上的补偿修正值。

② 在"刀具形状几何补偿"页面中,在相应刀具的 X 向长度补偿处"+输入"补偿修正值。

③ 重新对零件进行精加工。

④ 零件加工质量检测。加工完成后用长度测量工具分别测量零件轴向和径向尺寸精度,把加工零件表面与粗糙度样板进行比较,判断加工表面粗糙度是否符合零件图样要求。如果零件的加工质量不符合图样要求,需要找出其中产生的原因,并作相应调整。

4)工序 3——加工零件右端外部

(1)刀具安装

取下 3 和 4 号刀位上的刀具,在 2 号刀位上安装 4mm 宽外圆切槽刀,刀具与主轴回转轴线垂直;在 3 号刀位上安装外螺纹刀具,刀具与主轴回转轴线垂直,刀具安装后都要保证刀尖与工件回转轴线等高。

(2)1 号外圆车刀对刀及参数设置

① 换 1 号刀具为当前刀具，主轴以 400r/min 正转，使用手动或手轮方式移动刀具的刀尖碰工件右端面，完成 Z 轴方向对刀；

② 在刀具"几何补偿"页面中，输入"Z0"，然后按"测量"软键，完成 1 号刀具 Z 向长度补偿；

③ 切削工件圆柱面，完成 X 轴方向对刀，用千分尺测量圆柱直径 D；

④ 在刀具"几何补偿"页面中，输入"XD"，然后按"测量"软键，完成 1 号刀具 X 向长度补偿；

⑤ 在刀具"几何补偿"页面中，输入 1 号刀具的半径补偿值 0.4，输入刀尖方位代号 3。

(3)2 号切槽刀具对刀及参数设置

① 换 2 号刀具为当前刀具，主轴以 400r/min 正转，刀具左刃碰工件右端面，完成 Z 轴方向对刀；

② 在刀具"几何补偿"页面中，输入"Z0"，然后按"测量"软键，完成 2 号刀具 Z 向长度补偿；

③ 切槽刀具前刃碰工件圆柱面，完成 X 轴方向对刀；

④ 在刀具"几何补偿"页面中，输入"XD"，然后按"测量"软键，完成 2 号刀具 X 向长度补偿。

(4)输入程序

建立新程序，程序号为"O2402"，其他与工序 2 内容相同。

(5)程序检验

程序检验步骤与工序 2 内容相同。

(6)自动加工

自动加工的操作步骤，完成内容以及注意事项与工序 2 内容相同。

(7)零件检测

零件检测的方法与内容与工序 2 相同。

5)工序 4——加工零件左端加工

(1)工件夹装

从三爪卡盘上取下工件，将工件调头，用铜皮包上 $\phi 80$ 的圆柱面，将工件放入三爪卡盘，预留工件外伸长度 45mm 左右，夹紧工件。工件夹装后在较低的转速下试转，如果毛坯晃动较大，则需要校正直到符合要求为止。

(2)1 号外圆车刀 Z 向对刀及参数设置

① 换 1 号刀具为当前刀具，主轴以 400r/min 正转，使用手动或手轮方式切削工件右端面，沿 X 轴方向退刀，完成 Z 轴方向对刀。主轴停止转动，用游标卡尺测量工件总长度，计算工件总长度的多余量，再用手动方式切削工件多余的长度，保证零件总长度尺寸公差；

② 在刀具"几何补偿"页面中，输入"Z0"，然后按"测量"软键，完成 1 号刀具 Z 向长

度补偿；

③ 1 号刀具参数的其他项不需要重新设置。

（3）2 号切槽刀具 Z 向对刀及参数设置

① 换 2 号刀具为当前刀具，主轴以 400r/min 正转，刀具左刃碰工件右端面，完成 Z 轴方向对刀；

② 在刀具"几何补偿"页面中，输入"Z0"，然后按"测量"软键，完成 2 号刀具 Z 向长度补偿；

（4）3 号螺纹刀具对刀及参数设置

① 换 3 号刀具为当前刀具，主轴以 400r/min 正转，刀尖大致对齐工件右端面，完成 Z 轴方向对刀；

② 在刀具"几何补偿"页面中，输入"Z0"，然后按"测量"软键，完成 3 号刀具 Z 向长度补偿；

③ 移动螺纹刀具刀尖碰工件圆柱面，完成 X 轴方向对刀；

④ 在刀具"几何补偿"页面中，完成 3 号刀具 X 向长度补偿。

（5）输入程序

建立新程序，程序号为"O2403"，其他与工序 2 内容相同。

（6）程序检验

程序检验步骤与工序 2 内容相同。

（7）自动加工

自动加工的操作步骤，完成内容以及注意事项与工序 2 内容相同。

（8）零件检测

螺纹加工时，分别用止通螺纹环规进行测量，根据测量情况对刀具长度补偿参数进行适当调整，再重新运行螺纹加工程序，直到通螺纹环规能够安全旋入而止螺纹环规只能够旋入一小段，说明螺纹加工符合要求；

零件检测的其他内容与工序 2 相同。

9）场地整理

卸下工件、刀具，移动刀架到非主要加工区域后关机；整理工位（使用器具和零件图纸资料），收拾刀具、量具、用具并进行维护；清扫数控机床并进行维护保养，填写实训记录表，清扫车间卫生。

3. 项目总结

零件加工完成后，对零件加工质量以及各个环节进行总结，积累操作数控机床的经验。

1）项目评价

首先学生自己评价加工出的零件，然后学生互相评价，最后指导教师评价并给定成绩。

2）项目总结

学生总结该项目实施工作过程，列出项目实施中各个环节的要点。分析加工过程中出现的问题，讨论解决的方法。

【项目评价】

本项目实训成绩评定见表 2-29。

表 2-29   项目 2.4 成绩评价表

产品代号		项目 2.4		学生姓名		综合得分		
类别	序号	考核内容		配分	评分标准	得分		备注
工艺制定及编程	1	加工路线制定合理		5	不合理每处扣 2 分			
	2	刀具及切削参数		5	不合理每项扣 2 分			
	3	零件建模		5	每行一处扣 2 分			
	4	自动编程基本设置		5	每项不符合扣 2 分			
	5	刀具路径		15	每项不符合扣 3 分			
	6	后处理		5	每部分扣 2 分			
操作过程	7	刀具的正确安装和调整		5	每次错误扣 2 分			
	8	工件定位和夹紧合理		3	每项错误扣 2 分			
	9	对刀及参数设置		3	每项错误扣 1 分			
	10	工具的正确使用		2	每次错误扣 1 分			
	11	量具的正确使用		2	每次错误扣 1 分			
	12	按时完成任务		3	超 30 分钟扣 2 分			
	13	设备维护、安全、文明生产		2	不遵守酌情扣 1~5 分			
零件质量	14	径向尺寸	$\phi 80_{-0.05}^{0}$	3	超差 0.01 扣 2 分			
	15		$\phi 87_{-0.05}^{0}$	3	超差 0.01 扣 2 分			
	16		$\phi 50_{-0.04}^{0}$	5	超差 0.01 扣 2 分			
	17	轴向尺寸	总长度	3	超差无分			
	18		$68_{-0.05}^{-0.02}$	5	超差扣 2 分			
	19		40 ± 0.02	3	超差 0.01 扣 2 分			
	20	圆弧面	$R6.0$	3	超差 0.01 扣 2 分			
	21	螺纹加工	环规止通测量	5	一项超差扣 2 分			
	22	粗糙度	$Ra1.6$	5	每降一级扣 1 分			
	23	尺寸检测	检测尺寸正确	5	不正确无分			

注:(1)加工操作期间,报警 3 次,发生撞刀现象,将暂停操作数控机床的资格;

(2)发生影响安全的违规、违章操作,由指导教师按实训管理制度进行处理。

【项目作业】

(1)分析自动编程的工作流程,总结 UG 编程过程中各环节要点。

(2)预习并准备下次实训内容。

【项目拓展】

完成如图 2-101 所示零件的加工方案和工艺规程的制定,用 UG 软件进行实体建模与自动编程。

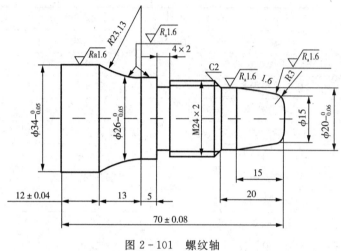

图 2-101　螺纹轴

模块 3
加工中心基本操作技能

项目 3.1　加工中心认知

【项目要求】

通过讲述认知加工中心的构成、加工零件的工作过程,适合加工零件的特点。通过示范讲解熟悉安全文明操作与劳动保护,能进行机床的定期及不定期维护保养。操作训练后能完成加工中心的基本操作,正解并准确判断坐标轴方向。

(1)计划时间　2 学时。

(2)质量要求　熟悉加工中心的工艺特点,机床的坐标系。

(3)安全要求　严格按照安全操作规程进行,确保人身、设备安全。

(4)文明要求　自觉按照文明生产规则进行实训,做有职业修养的人。

(5)环保要求　在项目实训过程中充分考虑保护环境的有利因素。

【项目指导】

1. 文明生产

数控机床自动化程度高,为了充分发挥其优越性,提高生产率,管好、用好、修好数控机床显得尤为重要。操作者除了掌握数控机床的性能和精心操作外,还必须养成良好的文明生产习惯和严谨的工作作风,具有较好的职业素质、责任心和良好的合作精神。

(1)严格遵守数控机床的安全操作规程,熟悉数控机床的操作顺序,严禁超负荷、超行程、违规操作机床。

(2)操作数控机床前,必须紧束工作服,女生必须戴好工作帽,严禁戴手套操作加工中心。

(3)把工具、刀具、量具和资料摆放整齐,有条不紊,方便使用。

(4)当操作机床或在机床附近时要保持站立,不要靠在某处。

(5)要时刻保持精神集中,明确操作的目的,做到细心、准确地操作加工中心。

(6)对操作有疑问时要先向指导老师请教后方可进行操作。

(7)保持数控机床及周围的环境整洁,加工完毕后,做好机床的清洁和保养工作。

2. 加工中心安全操作规程

(1)操作人员必须经过数控加工知识培训和操作安全教育,且需要在指导老师指导下进行操作;数控机床操作人员必须熟悉所使用机床的操作、编程方法,同时应具备相应金属切削加工知识和机械加工工艺知识。

(2)开机前,检查各润滑点状况,待稳压器电压稳定后,打开主电源开关。

(3)检查电压、气压、油压是否正常。

(4)机床通电后,检查各开关、按键是否正常、灵活,机床有无异常现象。

(5)在确认主轴处于安全区域后,执行回零操作。各坐标轴手动回零时,如果回零前某轴已在零点或接近零点,必须先将该轴移动离零点一段距离后,再进行手动回零操作。

(6)手动进给和手动连续进给操作时,必须检查各种开关所选择的位置是否正确,认准操作正负方向,然后再进行操作。

(7)程序输入后,应认真核对,保证无误,其中包括对代码、指令、地址、数值、正负号、小数点及语法的检查。

(8)正确测量和计算工作坐标系,将工件坐标值输入到偏置页面,并对坐标轴、坐标值、正负号和小数点进行认真核对。

(9)刀具补偿值(刀长和刀具半径)输入偏置页面后要对刀补号、补偿值、正负号、小数点进行认真核对。

(10)手工编写程序应进行模拟调试,计算机编程应进行切削仿真,并掌握编程设置。在必要情况下,应进行空运行校验,密切关注刀具切入和切出过程,及时做出判断和调整。

(11)在不装工件的情况下,空运行一次程序,看程序能否顺利执行,刀具长度选取和夹具安装是否合理,有无超程现象。

(12)检查各刀杆前后部位的形状和尺寸是否符合加工工艺要求,是否碰撞工件和夹具。

(13)不管是首件试切,还是多工件重复加工,第一件都必须对照图纸、工艺和刀具参数,进行逐把刀具、逐段程序的试切。

(14)逐段试切时,快速倍率开关必须调到最低档,并密切注意移动量的坐标值是否与程序相符。

(15)试切进刀,在刀具靠近工件时,把进给暂停,验证 Z 轴剩余坐标值及 X、Y 轴坐标值与编程要求是否一致。

(16)机床运行过程中操作者必须密切注意系统状况,不得擅自离开控制台。

(17)关机前,移动机床各轴到安全区域,按下急停按钮,关主电源开关,关稳压电源、气源等。

(18)在下课前应清理现场,擦净机床,关闭电源,并填好日志。

(19)严禁带电插拔通讯接口,严禁擅自修改机床设置参数。

(20)发生不能自行处理的设备故障应及时报告指导教师,故障处理应在确保设备安全的前提下进行。

(21)不得在实习现场嬉戏、打闹以及进行任何与实习无关的活动。

3.立式加工中心

1)加工中心的工艺特点

加工中心是在数控铣床的基础上发展起来的,它是具有刀库和换刀装置,在加工过程中能够由程序自动选择刀具和换刀的镗铣类数控机床。加工中心编程除刀具的选择与更换之外与数控铣床编程基本一致。

加工中心是一种加工范围较广、综合加工能力较强的数控机床,在工件一次装夹后能完成较多的加工工序,进行铣削(平面、轮廓、三维复杂型面)、镗削、钻削和螺纹加工,工序高度集中。加工精度和加工效率高,近年来在品种、性能、功能方面有很大的发展,已逐渐成为制造业中的主要设备。

加工中心特别适合单件、中小批量的生产,其加工对象主要是形状复杂、工序较多、精度要求高,一般机床难以加工或需要使用多种类型的通用机床、刀具和夹具,经多次装夹和调整才能完成加工的零件。

不同厂家生产的加工中心在编程和操作方法上大同小异,实际应用时应参考所使用机床的编程手册和操作手册。

2)KVC650 型加工中心的主要参数

KVC650 型加工中心是三轴控制机床,机床外观如图 3-1a 所示。可控制 X、Y、Z 三轴联动进行直线插补、圆弧插补。该机床配备有自动换刀装置,刀库容量为 10 把刀具。可自动连续地进行钻、铣、镗、攻丝加工和轮廓的粗、精加工。

该机床选配 FANUC 0iMate-Mc 数控系统。

主要规格参数:

(1)工作台面积 405×1370mm^2;

(2)工作台纵向行程 650mm;

(3)工作台横向行程 450mm;

(4)主轴箱垂直行程 500mm;

(5)转速范围 60~6000r/min;

(6)主轴锥孔 BT40;

(7)进给速度(X,Y,Z)5~8000mm/min;

(8)快速移动速度(X,Y,Z)10000mm/min;

(9)主电机功率 5.5/7.5kW;

(10)斗笠式刀库容量 10 把;

(11)刀具最大重量 6kg;

(12)相邻刀位的最大刀具直径(满刀)100mm;

(13)刀具最大长度 250mm;

(14)机床需气源 0.5~0.6MPa;

(15)加工工件最大重量 700kg。

3)加工中心的组成

同类型的加工中心与数控铣床的布局相似,主要在刀库的结构和位置上有区别,在数控立式铣床的基础上增加刀库和换刀机构即构成立式加工中心。

如图 3-1a 所示为加工中心外观,图 3-1b 所示为加工中心主轴、刀库和工作台部分。加工中心一般由数控系统、进给伺服系统、冷却润滑系统等几大部分组成。包括床身、主轴箱、工作台、操作面板、主轴、电气箱、切削液箱、斗笠式刀库等。

(a)

(b)

图 3-1　加工中心结构

KVC650 加工中心为移动刀库,刀库与主轴配合换刀。刀库中刀具的存放方向与主轴装刀方向一致,换刀时,主轴和刀库移动到换刀位置,由主轴直接放回和取走刀具。

4. 加工中心日常维护与保养

加工中心是技术密集度及自动化程度都很高的、结构复杂且价格昂贵的典型的机电一体化产品。数控机床能否达到加工精度高、产品质量稳定、提高生产效率的目标,不仅取决于机床本身的精度和性能,很大程度上也与操作者能否正确地对数控机床进行维护保养和使用密切相关。为了延长数控机床各元器件的寿命和正常机械磨损周期,防止意外恶性事故的发生,争取机床能在较长时间内稳定地工作,充分发挥数控机床的加工优势,必须做好日常维护与保养工作。

加工中心维护与保养的基本要求。

(1)在思想上要高度重视数控机床的维护与保养工作,尤其是数控机床的操作者更应如此,不能只管操作,而忽视对数控机床的日常维护与保养。

(2)制定完善的管理措施。数控机床的正确使用与精心维护是贯彻设备管理以防为主的重要环节,在数控机床的使用与管理方面,应制定一系列切合实际、行之有效的措施。

(3)要为数控机床创造一个良好的使用环境。数控机床的使用环境应保持清洁、干燥、恒温和无振动,特别要避免有腐蚀气体;对于电源应保持稳压,一般只允许±10%的波动。

(4)严格遵循正确的操作规程。它既是保证操作人员人身安全的重要措施之一,也是保证设备安全使用和产品质量的重要措施。

(5)提高数控机床的开动率。数控机床长时间不使用时,要定期通电,每次空运行一小时左右,利用机床运行时的发热量来去除或降低机内的湿度。

(6)尽量少打开 CNC 装置和电气柜,防止灰尘、油雾、金属粉末和铁屑进入 CNC 装置和电气柜。

(7)要定期更换存储器所使用的电池。对于备用模块、备用的印刷电路板要定期安装到 CNC 装置内通电,以防损坏。

(8)每天操作加工后对机床及时做好清洁保养工作,清除切屑和脏物,检查导轨面有无刮伤损坏。

(9)依据数控机床定期维护表的内容,按顺序逐项检查保养。

加工中心的日常保养见表 3-1

表 3-1　加工中心的日常保养

序号	检查周期	检查部位	检查内容
1	每天	润滑油箱	检查油标、测量,及时添加润滑油,润滑泵能定时启动打油及停止
2	每天	各轴向导轨面	清除切屑及脏物,检查润滑是否充分,导轨面有无划伤及锈斑
3	每天	压缩空气压力	检查气动控制系统压力,应在正常范围
4	每天	气源自动分水滤气器	及时清理分水器中滤出的水分
5	每天	机床液压系统	油箱、液压泵无异常噪声,压力指示正常,管路及各接头无泄漏,工作油面高度正常
6	每天	各种电器柜散热通风装置	各电器柜冷却风扇工作正常,风道过滤网无堵塞
7	每天	各种防护装置	导轨、机床防护罩等应无松动、漏水
8	每半年	滚珠丝杠螺母副	清洗丝杠上旧的润滑脂,涂上新油脂
9	每半年	液压油路	清洗溢流阀、减压阀、过滤器,清洗油箱底,更换或过滤液压油
10	每半年	主轴润滑恒温箱	清洗过滤器,更换润滑脂
11	每年	直流伺服电机电刷	用酒精清除碳刷内和整流子上碳粉,去除毛刺,更换长度过短的电刷,并应磨合后才能使用
12	每年	润滑油泵,过滤器	清理润滑油池底,更换过滤器
13	不定期	导轨镶条、压紧滚轮	按机床说明书调整
14	不定期	冷却水箱	检查液面高度,切削液太脏时需要更换并清理水箱底部,经常清洗过滤器
15	不定期	废油池	及时清除滤油池中废油,以免外溢
16	不定期	主轴皮带	按机床说明书要求,调整皮带的松紧程序

【项目实施器具】

实施本项目需要提前准备以下器具:加工中心为 KVC650;用具为防护镜,工作帽,毛刷,铁钩。

【项目预案】

问题 1　加工中心开机时出现异样。

解决措施:加工中心采用了自动润滑系统,如果润滑油液面太低,红灯亮,操作面板指示灯闪烁,在报警信息中可以查看提示,只需加入符合要求的润滑油即可正常。加工中心需要 0.6Mpa 左右的气源,如果没有打开气源或气压不够,即使回参考点操作后,仍然是黄灯亮。打开气源开关或找指导老师调整气源压强即可排除此问题；在数控系统通电后，CNC 单元尚未出现坐标显示或报警画面之前，不要碰 MDI 面板上的任何键。MDI 面板上的有些键专门用于维护和特殊操作，按其中的任何键，可能使 CNC 装置处于非正常状态，在这种状态下启动机床，有可能引起机床的误动作。开启数控系统电源时，不按任何键，只需等待，直到屏幕显示坐标或者显示报警信息。

问题 2 回参考点时出现超程报警。

解决措施：回参考点时出现超程报警的原因可能是：回参考点时轴向移动太快，通常把快速进给倍率调整到 50% 左右；当前位置距离回参后的极限位置太近，此距离通常要大于 50mm。

出现超程报警后，机床各坐标轴不能移动，此时选择"手动"或"手轮"功能模式，按一下"超程释放"键，选择相应坐标轴向着与超程相反的方向移动一段距离，即可解除超程，按"复位"键消除报警，超程后需要重新完成回参考点操作。

问题 3 "正转"键指示灯亮但机床主轴不旋转。

解决措施：如果"正转"或"反转"键指示灯亮，但机床主轴不转动，说明转速 S 的当前状态值为 0，需要给转速赋值。选择"手动数据输入"功能模式，切换屏幕显示程序 MDI 页面，输入转速赋值程序（如 S600M03;），按"程序启动"键，主轴即可转动。

【项目实施】

1. 学习理解内容

1）安全文明生产

实训的时间、内容、要求与具体安排；自觉按照文明生产规则进行实训，做有职业修养的人；严格按照安全操作规程进行，确保人身、财产完全。

特别强调：操作加工中心时要严格按安全操作规程进行，主轴转动时不要靠近观察；机床只能一人操作；加工程序必须正确无误，对程序不熟悉时不能开机运行。

2）加工中心结构、工作方式

加工中心型号 KVC650 的含义；FANUC 0iMate-Mc 系统的特点；伺服系统的组成及工作原理；主轴、工作台移动及大致行程范围；各坐标轴定义与正方向；加工中心自动换刀过程与刀库。

加工中心的加工工艺特点，适合的加工对象。

2. 操作训练内容

1）加工中心开机和关机

加工中心开机按如下步骤进行。

（1）开机前检查。先打开气源开关，检查气压和润滑油量，再检查加工中心外观有无异常。

（2）开机。向"开"的方向扳动电源总开关，再按系统面板上的"ON"键给系统上电，等待，直到显示屏上显示坐标或报警信息。

（3）解除报警。旋转"急停"键，指示灯不再闪烁，再按"复位"键消除报警。

（4）回参考点。观察并判断回参考点过程中各轴的移动不会发生干涉，各坐标轴所处的当前位置距离回参后极限位置 50mm 以上,否则,用"手动"或"手轮"功能模式,将各轴移动到满足上述要求的距离。选择"回参考点"功能模式,调整进给倍率旋钮到 50% 左右,按坐标轴"Z",指示灯亮,然后按"+"方向键,主轴开始以较快的速度移动然后减速,直到主轴向上完全停止移动且 Z 指示灯闪烁,代表 Z 轴回参考点操作结束。用同样的方式完成 X 轴和 Y 轴的回参考点操作。

(5)机床初始参数设置。选择"手动数据输入"功能模式,切换屏幕显示程序 MDI 页面,输入初始设置,如 G54G90S600F150. T01M06,按"启动"键。

(6)观察此时工作台、主轴的停留位置,它们处于各坐标轴的行程正向极限位置。

关机按如下步骤进行。

(1)移动工作台到不常用的行程区域。

(2)按下"急停"键。

(3)按系统面板上的"OFF"键,向"关"的方向扳动电源总开关。

2)加工中心的坐标系

用"手动"或"手轮"功能模式,切换屏幕显示坐标页面。向上移动主轴可以观察到 Z 坐标值在不断增大,说明向上为加工中心 Z 轴的正方向;向左移动工作台,主轴(刀具)相对于工作台向右移动,可以观察到 X 坐标值在不断增大,说明主轴(刀具)相对于工作台向右为 X 轴的正方向;向前移动工作台,主轴(刀具)相对于工作台向后移动,可以观察到 Y 坐标值在不断增大,说明主轴(刀具)相对于工作台向后为 Y 轴的正方向。

3)超程释放

加工中心用行程挡块来限制最大行程范围,当工件台、主轴移到此处时会出现超程,机床将会停止运行,从而避免发生干涉,同时出现报警信息。若要加工中心正常工作,首先必须超程释放。

(1)选择"手动"或"手轮"功能模式。

(2)按"超程释放"键,将主轴或工作台向超程的反方向移动,就会从超程位置移开解除超程。

(3)按"复位"键消除报警。

(4)超程报警解除后需要重新进行回参考点操作。

行程挡块是为保护机床而设置的,当按"超程释放"键后,它失去了保护功能,在按坐标轴方向键时一定要慎重,不能把方向搞反。超程后数控机床需要重新回参考点操作,通常要求熟记加工中心行程范围的极限位置,尽量避免发生超程情况。

4)停机

当需要机床停止当前运动状态时,视不同情况选择下列操作方法之一来实现。

(1)按"急停"按钮

按下"急停"按钮后,加工中心的动作及各种功能立即停止执行,同时闪烁报警信号。旋转"急停"按钮解除后,所有的输出都需重新启动,包括重新回参考点操作。

(2)按"复位"键

在自动和手动数据输入运行方式下按"RESET"键,则机床全部运动均停止。

（3）按"程序暂停"键

在自动和手动数据输入运行方式下，按"程序暂停"键，可暂停正在执行的程序或程序段，加工中心停止进给运动，但加工中心的其他功能仍有效。当需要恢复加工中心运行时，按"程序启动"按钮，该键灯亮，此时程序暂停被解除，加工中心从当前位置开始继续执行之后的程序。

5）加工中心维护、保养方法

按照"加工中心的日常保养表"，逐项进行维护保养。

【项目评价】

本项目实训成绩评定见表 3-2。

表 3-2　项目 3.1 成绩评价表

产品代号			项目 3.1		学生姓名		综合得分		
类　别	序　号		考核内容	配分		评分标准	得　分	备　注	
操作过程	1		开启加工中心	15		少一个环节扣 5 分			
	2		关机	5		不关机不得分			
	3		手动、手轮操作	10		不规范酌情扣 1~5 分			
	4		超程释放	10		少一个环节扣 3 分			
	5		停机	5		不完成无分			
	3		完成时间	10		不按时完成无分			
	7		行为规范、纪律表现	10		酌情扣 1~5 分			
职业素养	8		工件场地整理	10		未打扫机床扣 10 分			
	9		机床维护保养正确	5		不完成无分			
	10		安全操作	10		不遵守数控机床安全操作规则每次扣 5 分			
	11		文明操作	5		不符合文明规范操作每次扣 3 分			
	12		注意环保	5		不注意每次扣 3 分			

注：（1）加工操作期间，发生撞刀现象，将暂停操作数控机床的资格；

（2）发生影响安全的违规、违章操作，由指导教师按实训管理制度进行处理。

【项目作业】

（1）抄写"加工中心安全操作规程"一遍。

（2）预习并准备下次实训的内容。

项目 3.2　加工中心面板及基本操作

【项目要求】

学习加工中心各控制面板键的功能,熟悉各功能模式的正确选择,各显示页面的准确切换;边训练边理解加工中心的基本操作,刀具、平口虎钳、工件的夹装方法;强化训练达到掌握手动加工平面的技能。

(1)计划时间　4 学时。

(2)质量要求　掌握各控制面板键的功能,熟悉基本操作时各功能模式的正确选择、各显示页面的准确切换。手动切削平面达到相应的尺寸公差、表面粗糙度要求,满足各平面之间垂直度和平行度要求。

(3)安全要求　严格按照安全操作规程进行,确保人身、设备安全。

(4)文明要求　自觉按照文明生产规则进行实训,做有职业修养的人。

(5)环保要求　在项目实训过程中充分考虑保护环境的有利因素。

【项目指导】

1. 加工中心控制面板

KVC650 型立式加工中心控制面板由两部分组成,如图 3 - 2 所示,上半区域为控制系统操作区,下半区域为机床操作区。

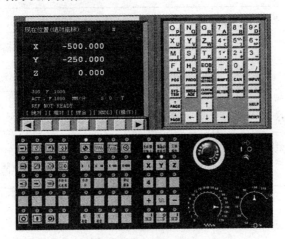

图 3 - 2　上部为系统操作区,下部为机床操作区

1）FANUC 数控系统操作面板

FANUC 系统由 LCD 显示屏和 MDI 键盘两部分组成。

（1）LCD 显示屏

显示屏为人机交互页面，用来显示相关坐标位置、程序、图形、参数、诊断、报警等信息。

（2）数据输入（MDI）键盘

数据输入（MDI）键盘，如图 3-3 所示。在 MDI 键盘中，字母键和数字键主要用于手动数据输入，进行程序、参数以及机床指令的输入；功能键用于机床功能操作的选择。

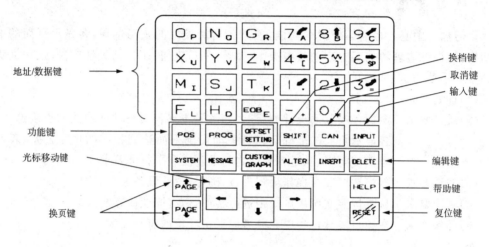

图 3-3　FANUC 系统数控输入键盘

①按键功能说明

数据输入键功能见表 3-3。

表 3-3　数据输入键功能说明

编　号	名　称	功能说明
1	复位键	按这个键可以使 CNC 复位或者取消报警等
2	帮助键	当对 MDI 键的操作不明白时，按这个键可以获得帮助
3	软键	根据不同的画面，软键有不同的功能。软键功能显示在屏幕的底端
4	地址和数字键 O_P EOB 键	按这些键可以输入字母，数字或者其他字符；EOB 为程序段结束符，结束一行程序的输入并换行
5	换挡键	在有些键上有两个字符。按"SHIFT"键输入键面右下角的字符
6	输入键	将输入缓冲区的数据输入参数页面或者输入一个外部的数控程序。这个键与软键中的[INPUT]键是等效的

（续表）

编　号	名　称	功能说明
7	取消键 CAN	取消键,用于删除最后一个进入输入缓存区的字符或符号
8	程序编辑键 ALTER、INSERT、DELETE （当编辑程序时按这些键）	ALTER:替换键,用输入的数据替代光标所在的数据; INSERT:插入键,把缓冲区的数据插入到光标之后; DELETE:删除键,删除光标所在的数据,或者删除一个程序或者删除全部数控程序
9	功能键 POS、PROG、OFFSET SETTING、SYSTEM、MESSAGE、CUSTOM GRAPH	按这些键用于切换各种功能显示画面
10	光标移动键	→将光标向右移动; ←将光标向左移动; ↓将光标向下移动; ↑将光标向上移动
11	翻页键	PAGE↓将屏幕显示的页面往后翻页; PAGE↑将屏幕显示的页面往前翻页

②功能键和软键

功能键用来选择将要显示的屏幕画面,按功能键之后再按与屏幕文字相对的软键,就可以选择与所选功能相关的屏幕画面。

功能键用来选择将要显示屏幕的种类。

POS:按此键以显示位置页面。

PROG:按此键以显示程序页面。

OFFSET SETTING:按此键以显示补正/设置页面。包括坐标系、刀具补偿和参数设置页面。

SYSTEM:按此键以显示系统页面。可进行 CNC 系统参数和诊断参数设定,通常禁止修改。

MESSAGE:按此键以显示信息页面。

CUSTOM GRAPH:按此键以显示用户宏页面或显示图形页面。

显示器的下方有 7 个软键,也称章节选择键,如图 3-4 所示。按功能键后出现的第一级菜单为章,各下级子菜单为节。软键的功能含义显示在当前屏幕中最下一行对应软键的位置,软键随功能键状态不同而且具有若干个不同的子功能。

图 3-4　章节软键

最左侧◀软键为菜单返回键,最右侧▶软键为菜单继续键。用于显示当前(同级)章节操作功能画面未显示完的内容。

软键中[操作]软键可进入下一级子菜单操作,显示该章节功能被处理的数据。

(3)输入缓冲区

当按地址或数字键时,与该键相应的字符输入缓冲区。缓冲区的内容显示在 LCD 屏幕的底部。

为了标明这是键盘输入的数据,在该字符前面会显示一个符号">"。在输入数据的末尾显示一个符号"_"标明下一个输入字符的位置。

为了输入同一个键上右下方的小字符,首先按 SHIFT 键,然后按需要输入的键就可以了。

缓冲区中一次最多可以输入 32 个字符。

按 CAN 键可取消缓冲区最后输入的字符或者符号。

2)机床操作面板

加工中心操作面板主要进行机床调整、机床运动控制、机床动作控制等。一般有急停、操作方式选择、轴向选择、切削进给速度调整、快速移动速度调整、主轴的启停、程序调试功能及其他 M、S、T 功能等。

① 操作面板功能

KVC650 立式加工中心采用的是标准操作面板,面板上各按键的功能见表 3-4。

表 3-4 操作面板各键功能说明

按 键	功 能	按 键	功 能
	自动运行方式		编辑方式
	MDI 方式 (手动数据输入)		DNC 运行方式
	手动返回参考点方式		JOG 方式 (手动)
	手动增量方式		手轮方式
	单段执行		程序段跳过
	M01 选择停止		手轮示教方式
	程序再启动		机床锁住
	机床空运行		循环启动键
	进给保持键		M00 程序停止
	当 X 轴返回参考点 时,X 原点灯亮		当 Y 轴返回参考点 时,Y 原点灯亮
	当 Z 轴返回参考点 时,Z 原点灯亮		X 轴选择键

（续表）

按　键	功　能	按　键	功　能
Y	Y 键轴选择	Z	Z 键轴选择
+	手动进给正方向	∿	快速键
-	手动进给负方向		
☐	手动主轴正转键	☐	手动主轴停键
☐	手动主轴反转键	X1 X10 X100 X1000	单步倍率
手动绝对输入	刀具的移动距离是否加到原有坐标上	辅助功能锁住	校验程序时使用
Z 轴锁住	校验程序时使用	手持单元选择	手轮与面板键切换
冷却液开	开启冷却液	限位解除	解除超程
攻丝回退	用于主轴需要准停	灯检查	同时按两个
☐	急停键。换刀时要慎重，一般不要用于中断换刀，会使刀库处于非正常位置	☐	进给速度（F）调节旋钮。为 0 时没有进给运动
☐	调节主轴速度旋钮		

②手轮功能

手轮操作功能说明见表 3-5。

表 3-5　手轮功能说明

按　键	功　能
☐ ☐	坐标轴：OFF、X、Y、Z、4 本机床 4 没用； 单步进给量：×1、×10、×100，单位为 μm
☐	手轮顺时针转，机床相应坐标轴往正方向移动；手轮逆时针转，机床往负方向移动； 当单步进给量选择较大时，手轮转动不要太快

2. FANUC 0i Mate-MC 系统常用功能页面

FANUC 系统的屏幕显示页面按章节进行管理。在数据输入键盘上按功能键就显示相应主页面,并在显示器下方有七个对应的软键,按对应的软键可显示需要的屏幕页面,如果按"操作"软键可进入下节子页面。

FANUC 系统的屏幕显示页面非常多,但操作机床时经常使用的页面并不多,下面介绍主要的屏幕页面。

1)"POS"(位置)功能页面

在数据输入键盘上按"POS"功能键,然后按[综合]软键就显示坐标位置页面,如图 3 - 5 所示,共有"绝对"、"相对"和"综合"三种显示刀具当前位置的坐标页面。

(1)绝对坐标显示

显示刀具当前在工件坐标系中的位置。

(2)相对坐标显示

显示刀具当前在操作者设定(或执行了上个程序段)的相对坐标系内的位置。

在显示相对坐标的页面中,可"归零"或"预设"相对坐标值,其操作方法是。

① 按功能键"POS(位置)",在屏幕下方按软键[相对]或[综合];

② 全部相对坐标归零操作。按软键[操作],然后按软键[起源],再按软键[全轴]则所有轴的相对坐标值复位为 0。按软键[EXEC]确认此项并返回上一级菜单;

③ 单个相对坐标归零或预设相对坐标值。按键盘上一个轴地址键(如 X、Y 或 Z),此时画面中指定轴的地址闪烁,如图 3 - 6 所示,按软键[起源],闪烁轴的相对坐标值复位为 0。若要将相对坐标值设置为指定值,则输入地址和指定值(如 Y20.0)并按软键[预定],闪烁轴的相对坐标被设定为指定值。

图 3 - 5　坐标位置

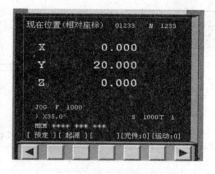

图 3 - 6　相对坐标

(3)综合位置显示

在图 3 - 5 中,共显示了 4 组坐标值。

相对坐标:在此屏幕页面中也可以根据需要归零或设置相对坐标值。

绝对坐标:即工件坐标,加工零件时刀位点在工件坐标系中的坐标值,它是由定义的坐标原点和刀具补偿共同决定,是可以设置改变的。

机械坐标:把机床上的某一固定位置设定为固定机械坐标值,不能随意改变,用于数控机床调试或以此为基点来定义绝对坐标。

剩余进给:正在执行的程序段,到执行完毕刀具还需移动的距离。

2)"PROG"(程序)功能页面

数控机床按程序运行称为自动运行,自动运行有以下的几种类型。

自动运行(MEM):执行存储在 CNC 存储器中程序的运行方式。

手动数据输入(MDI):从 MDI 面板临时输入程序的运行方式。

程序远程输入(DNC):从外部设备上输入程序的运行方式。

(1)"自动运行"下显示画面

在数据输入键盘上按"PROG"功能键,然后按[检视]软键就显示自动运行时常用的加工观察页面,如图 3-7 所示。

在程序自动运行期间可以在面板上输入新程序。在页面中按软键[BG-EDT]进入后台编辑方式,左上角有"程序(BG-EDIT)"的标记,按软键[BG-END]则返回前台。

在图 3-7 所示页面中,未进行自动加工时可进行的操作:输入程序号按软键[O 检索]可打开选定的程序,其作用与面板上的光标键相同;输入行号(N 序号)按软键[N 检索]光标移到选定的行号处;按软键[REWIND]将光标返回到程序头位置;按软键[F 检索],从外部设备向 CNC 系统输入程序。

(2)手动数据输入(MDI)方式下显示页面

选择"手动数据输入"功能模式,在数据输入键盘上按"PROG"功能键,然后按[MDI]出现页面如图 3-8 所示,利用 MDI 面板输入临时需要执行的程序,也常用于显示查看模态数据。

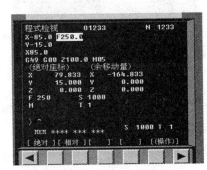

图 3-7　自动运行页面　　　　图 3-8　MDI 页面

MDI 方式输入程序最多 10 行。

3)"OFS/SET"(刀偏/设置)功能页面

显示和设定刀具补偿值、工件坐标系偏置量和公共变量值等。

(1)刀具补偿的页面

在数据输入键盘上按"OFS/SET"功能键,然后按[补正]软键进入如图 3-9 所示刀具补偿页面,番号列数值对应行是刀具补偿号,形状(H)列数值为刀具长度补偿值,磨耗(H)列数值为刀具长度补偿修正值,形状(D)列数值为刀具半径补偿值,磨耗(D)列数值为刀具半径补偿修正值。

刀具偏置量的清除。在补偿值画面下,按继续菜单 ▶ 键,然后按软键[CLEAR],再按[全部]将清除全部刀具偏置数据。

用软键[输入]或[＋输入]修改刀具偏置值的操作步骤。

① 按功能键"OFS/SET"键,再按软键[补正];

② 用翻页键和光标键移动光标至所需设定或修改的补偿值处,或输入所需设定或修改补偿值的补偿号并按下软键[NO检索];

③ 输入一个设定的补偿值按软键[输入]则输入值替换原有值。当刀具磨损需要改变补偿值,可输入一个值并按软键[＋输入],于是输入值与原有值相加(也可设负值)。

(2)工件坐标系设定画面

按功能键"OFS/SET"键,再按[坐标系]软键,显示工件坐标系设定页面。如图3-10所示,用于设置01(G54)的工件原点偏置量和附加工件原点偏置量(番号00(EXT))。

3)"CUTM/GR"(用户宏/图形)页面

"CUTM/GR"功能键,用于用户宏画面或图形的显示。

加工中心手工编写的程序,需要经过机床模拟运行,观察"加工图"页面中的刀具轨迹来校验程序。

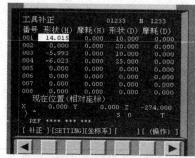

图3-9 刀具补偿页面

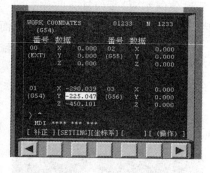

图3-10 工件坐标页面

按"CUTM/GR"功能键,按[加工图]软键显示作图页面,如图3-11所示,按"参数"软键进入更改显示图形中心位置和大小的页面。

3. 加工中心的操作

1)加工中心的开机和关机

加工中心要求配备气源,首先开启供气设备电源,然后按如下步骤开机。

① 开机前检查。先检查外围设施,再检查加工中心状况。

② 上电。把机床后面的电源总开关扳到"开"处,再按系统面板上的"ON"键给系统上电,等待,直到屏幕上显示坐标或报警信息,表明开机成功。

图3-11 模拟作图页面

③ 解除报警。顺时针方向旋转"急停"键并弹起,指示灯不再闪烁,按"复位"键消除报警。

在数控系统通电后,CNC 单元尚未出现坐标显示或报警画面之前,不要碰 MDI 面板上的任何键。MDI 面板上的有些键专门用于维护和特殊操作,按其中的任何键,可能使 CNC 装置处于非正常状态,如果在这种状态下启动机床,有可能引起机床的误动作。

加工中心关机步骤。

① 取下主轴上夹装的刀具;

② 将各坐标轴移到不常用的区域;

③ 按下"急停"按钮,再按操作面板上的"OFF"键;

④ 关闭电源总开关。

2)立铣刀的安装

加工中心的刀具由刀柄和刃具两部分组成。加工中心的刀柄种类很多,常用类型如图 3-12 所示,其中图 a 为立铣刀柄,图 b 为面铣刀柄,图 c 为钻夹头刀柄,图 d 为镗刀柄。刀柄通过拉钉固定在主轴上,为了保证刀柄与主轴的配合与连接,刀具锥柄与拉钉的结构和尺寸均已标准化和系列化,不同系列刀柄形状相似,结构稍有差别,但锥柄与拉钉结构相同。

(a)   (b)   (c)   (d)

图 3-12 常用加工中心刀柄

(1)立铣刀夹头的种类

常用的立铣刀夹头有两种:弹簧夹头和强力铣夹头,如图 3-13 所示,其中图 a 为弹簧夹头刀柄及弹性夹套(卡簧),图 b 强力铣夹头刀柄及弹性夹套。

(2)立铣刀在刀柄中的安装

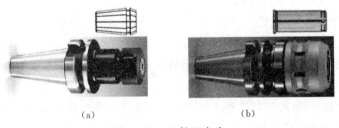

(a)   (b)

图 3-13 立铣刀夹头

立铣刀柄的结构如图 3-14 所示,由拉钉,夹套夹头,弹性夹套,夹紧螺帽和立铣刀具组成。弹簧夹头的安装顺序如图 3-15 所示。

刀具在刀柄中的安装过程。

① 选择与刀柄同类型、与刀具夹装尺寸一致的弹性夹套;

② 在安装之前,清理干净刀具柄夹持部分的防锈油,将弹性夹套、夹紧螺帽部分及定位面、夹套锥面清理干净;

③ 先将弹性夹套装入夹紧螺帽中,再将立铣刀插入弹性夹套;

图 3-14 立铣刀的组成 　　　　图 3-15 弹簧夹头的安装顺序

④把刀柄装入如图 3-16 所示的锁刀器,刀柄卡槽对准锁刀器的凸起部分;

⑤ 将装有刀具的弹簧夹头旋入刀柄,预夹紧刀具;

⑥ 依据实际加工需要确定刀具伸出长度;

⑦ 用月牙扳手旋转夹紧螺帽,完成刀具在刀柄中的安装。

图 3-16 锁刀器

3)加工中心的手动操作

(1)手动返回参考点操作

由于加工中心采用增量式位置检测器,故一旦机床断电后,其上的数控系统失去了参考点坐标的记忆。

在下列几种情况发生后必须进行回参考点操作:每次开机、超程解出、按下急停按钮、机械锁定解除。

回参考点前观察并判断回参过程中坐标轴的移动不会发生干涉,各坐标轴的当前位置离回参后极限位置在 50mm 以上,如果回参考点距离不够,可用"手动"或"手轮移动"方式移动相应的轴到有足够的距离。为了安全,一般先完成 Z 轴回参考点操作,再进行 X 轴或 Y 轴的操作。

机床手动返回参考点操作步骤。

① 按"回参考点"功能键;

② 选择较小的快速进给倍率(50%);

③ 按"Z"键,再按"+"键,主轴先快速移动接着缓慢移动最后停止,当 Z 轴指示灯闪烁,表明 Z 轴已返回到了参考点;

④ 按上述方法,依次按"X"键、"+"键;"Y"键、"+"键,操作 X 和 Y 轴返回参考点。

(2)手动连续进给(JOG)操作

刀具沿着选定轴的所选方向连续移动。操作前检查各种旋钮所选择的位置是否正确,确定正确的坐标方向,然后再进行操作。

① 按"手动进给"键;

② 调整"进给速度倍率"旋钮;

③ 选定进给轴后按住"方向"键,主轴或工作台以"进给倍率"旋钮设定的速度连续移动,松开"方向"键移动停止。如:按"X"键(指示灯亮),再按住"+"键或"-"键,X 轴产生正向或负向连续移动;松开"+"键或"-"键,X 轴停止移动;

④ 按"方向"键的同时,按"快速移动"键,主轴或工作台会以"快移速度"移动。

（3）增量进给操作

刀具或工作台移动的最小距离是指定量,它可以是最小脉冲单位的 1,10,100 或 1000 倍,每按一次"方向"键,刀具或工作台向指定方向移动的距离为一个指定量,增量进给的操作方法。

① 按"增量进给"键,系统处于增量移动方式;

② 按"单步倍率"键,选择每一步将要移动的距离;

③ 先选进给轴再按方向键,每按一次方向键,刀具移动一步。

（4）手轮进给操作

刀具或工作台可以通过旋转手摇脉冲发生器微量移动。当按操作面板上的"手轮控制"后,指示灯亮,利用手轮选择移动轴和手轮旋转一个刻度刀具移动的距离大小。

手轮的操作方法。

① 按"手轮"键,系统处于手轮移动方式;

② 按"手持单元选择"键后,指示灯亮,用手轮选择轴和单步倍率;

③ 选择需要移动的坐标轴;

④ 选择移动距离的放大倍数,手轮旋转一个刻度时坐标轴移动的距离等于最小输入增量乘以放大倍数（选择手轮旋转一个刻度时刀具移动的距离大小）;

⑤ 根据所选定坐标轴的正负移动确定手轮的旋转方向。手轮顺时针旋转,刀具或工作台向坐标值增大方向移动;手轮逆时针转,往坐标值减少的方向移动。

（5）手动装/卸刀具

手动安装刀具时,选择"手动"模式,左手握紧刀柄底部,将刀柄上的键槽对准主轴端面上的键,右手按主轴侧面的刀具松开按钮,如图 3－17 所示,压缩空气从主轴吹出以清洁主轴和刀柄,按住此按钮,将刀柄插入主轴锥孔中,同时向上推刀柄,直到刀柄锥面与主轴锥孔完全贴合,松开气动按钮,刀具被自动拉紧,然后松开握刀柄的手,检查刀柄在加工中心上的安装情况。

图 3－17　刀柄在机床上安装

卸刀时,选择"手动"模式,应先用左手握住刀柄,再按刀具松开按钮（否则刀具会从主轴上掉下损坏刀具、工件和夹具等）,取下刀柄。

手动装/卸刀具的注意事项。

① 安装过程中,注意不要磕、碰伤手。

② 刀柄与锥孔一定要保持干净。

③ 安装过程中一定要防止刀具跌落。

④ 刀具安装后,要习惯性的检查并确保刀具安装到位。

⑤ 卸下刀柄时,防止由于重力的作用,手臂下移使刀具撞伤工件和刀具。

4)手动数据输入(MDI)方式

(1)修改模态数据和执行简单程序

按"手动数据输入"键,然后按"PROG"功能键,再按软键[MDI],出现有预置 O0000 号的 MDI 页面,在此页面中显示了模态状态或数据。

当需要修改模态数据和自动运行 10 行以内程序时,可在此输入程序,按"启动"键执行。

手动数据输入(MDI)操作方法。

① 按"MDI"键,系统进入 MDI 运行方式;

② 按面板上的"程序"键,再按[MDI]软键,屏幕显示 MDI 页面,系统会自动显示程序号 O0000;

③ 编制一个要执行的程序,如 G54G90X0Y0Z10.0。(若在程序段的结尾加上 M99,程序将循环执行);

④ 利用光标键,将光标移动到程序头;

⑤ 按"循环启动"键,指示灯亮,程序开始运行。当执行程序结束语句(M02 或 M30)或者%后,程序自动清除并且运行结束。

(2)暂停/中断 MDI 运行

① 停止 MDI 运行

如果要中途暂停进给,按进给暂停键,这时机床进给停止,并且循环启动键的指示灯灭、进给暂停指示灯亮。再按循环启动键,就能恢复进给运行。

② 中断 MDI 运行

按面板上的复位键,可以中断 MDI 运行。

4)加工中心的急停操作

如遇到不正常情况需要加工中心紧急停止时,可通过下列操作方法之一来实现。

(1)按"急停"按钮

按下"急停"按钮后,加工中心的动作及各种功能立即停止执行,同时闪烁报警信号。

(2)按"RESET(复位)"键

在自动和手动数据输入运行方式下按"RESET"键,则加工中心全部运动均停止。

(3)按"程序暂停"键

在自动和手动数据输入运行方式下,按"程序暂停"键,可暂停正在执行的程序或程序段,各轴停止移动,但加工中心的其他功能有效,如主轴仍在转动。当需要恢复加工中心运行时,按"程序启动"按钮,该键灯亮,此时程序暂停被解除,加工中心从当前位置开始继续执行后续的程序。

【项目实施器具】

实施本项目需要提前准备以下器具:加工中心 O KVC650;毛坯材料为铝块,尺寸为 $60 \times 60 \times 20$;需要的刀具、量具和用具清单见表 3-6。

表 3-6　刀具、量具和用具清单

类别	序号	名　称	型号/规格	精　度	数　量	备　注
刀具	1	刀柄、拉钉	BT40		2/组	配套
	2	弹簧夹头	$\phi4\sim\phi20$		各 1/组	套
	3	立铣刀	$\phi16\phi12\phi10\phi8\phi6\phi4$		各 2/组	
	4	$\phi80$ 面铣刀	6 齿		1/组	含刀柄
量具	5	游标卡尺	0～150	0.02	1/组	
	6	螺旋千分尺	0～25	0.01	1/组	
	7	钢直尺	150		1/组	
	8	杠杆百分表		0.01	1/组	套
	9	粗糙度样板			1/组	套
用具	10	月牙扳手			1	
	11	活动扳手	250		1	
	12	等高垫铁			若干	
	13	薄皮			若干	
	14	铜棒			1	
	15	防护镜			1/人	
	16	工作帽			1/人	
	17	毛刷			1/组	

【项目预案】

问题 1　刀柄装到主轴上后,发现刀具松动。

解决措施:立铣刀的侧刃呈螺旋分布在圆柱面上,在切削过程中会受到向刀柄外的拉力,可能将刀具拉出,这是非常危险的,需要确保弹簧夹头把刀具夹紧。

另外常见的两种情况是:刀柄上的键槽与主轴上的键没有对齐或刀柄顶部的拉钉没有旋到位,找到松动原因后作相应调整即可。

刀具在主轴上如果没有装到位,当主轴旋转时将会出现晃动并伴随着异样的声音,主轴刚旋转时需要注意观察,如果出现相似情况要紧急停机并加以解决。

问题 2　单步进给量选择键和坐标轴选择键无效。

解决措施:在 KVC650 型加工中心操作面板上,一组进给量键包括×1、×10、×100和×1000,一组坐标轴键包括 X、Y 和 Z。在手轮上,一组进给量键包括×1、×10、和×100,一组坐标轴键包括 X、Y、Z 和 4。操作面板与手轮上的这些键通过"进给保持"键进行切换,在"进给保持"键灯亮时手轮上的这些键有效而面板上的无效,反之,面板上的这些键有效而手轮上的无效。

问题 3 手动切削的长方体,测量对边面的间距时发现一端大一端小。

解决措施:用面铣刀手动切削平面时,先在平口虎钳上放垫铁,用工件已加工平面与垫铁配合定位,再夹紧。上述各部件及其配合状况都会影响切削平面与已加工平面之间的平行度,如有疏忽就会出现测量对边平面间距时发生一端大一端小的情况。首先检查各部件状况,平口虎钳的支承面是否已经校平,垫铁是否符合精度要求,再检查装夹过程,各配合表面是否清扫干净。装夹时轻轻敲击工件上表面,确保各配合表面配合紧密。

问题 4 手动切削零件的尺寸精度和表面粗糙度不满足要求。

解决措施:用已加工平面定位,用面铣刀手动切削平面。工件留在平口虎钳上很难测准两平面之间的尺寸,往往取下工件进行测量。用高度测量仪比较容易测准工件尺寸,如果用游标卡尺则需要仔细认真才会测量得比较准确。测量后重新装夹工件,由于配合间隙也会影响最后的尺寸精度。充分考虑这些因素并确保各个环节规范操作,才能保证工件的尺寸精度。

影响手动切削平面粗糙度的主要因素有切削状态、工件材料、刀具材质与刀具几何参数、切削参数等。比较方便且容易调整的是切削参数,如果切削参数(特别是精加工的切削参数)设置不当,将造成加工表面粗糙度不满足要求。本项目实训毛坯材料为铝块,粗加工时用手轮方式加工,设转速为 600r/min,背吃刀量、进给率适量即可;精加工时用手动方式加工,设转速为 1000r/min,背吃刀量 0.3mm、进给率 180mm/min,加工平面的粗糙度可满足零件图样中的要求。

【项目实施】

1. 学习理解内容

1)FANUC 0i Mate-MC 系统操作面板

在数控系统键盘上先熟悉键的位置,再学习它们的功能。地址和数字键可以输入字母、数字或者其他字符,EOB 用于程序段结束符";"的输入,可使输入程序分行,在有些键上有两个字符,先按"SHIFT"换挡键后,可输入键面右下角的小字符。

输入键将输入缓冲区的数据输入参数页面,取消键用于删除最后一个进入输入缓存区的字符或符号,程序编辑键用于程序的编辑功能,功能键用于选择各种功能显示画面。

按复位键使 CNC 复位,解除报警,当加工中心自动运行时,按此键则加工中心的所有运动都停止。

2)机床操作面板

在加工中心操作面板上找到这些键的位置,再练习理解它们的功能。学习理解各功能模式键的功能,与程序有关的功能键包括自动运行、程序编辑、手动数据输入和在线加工。与手动操作有关的功能键包括回参考点、手动、单步和手轮。

"进给倍率"旋钮和"主轴转速"旋钮的功能,各"操作选择"功能键的作用,安全功能键的使用。

3)LCD 显示页面

按主功能键后出现第一级菜单,显示器的下方有 7 个软键,软键的功能含义显示在当前屏幕中最下一行对应软键的位置。软键随功能键状态不同而具有若干个不同的子功能,左端的◀软键,为菜单返回键,右端的▶软键,为菜单继续键,用于显示当前(同级)章节操作功能页面未显示完的内容。按[操作]软键可进入下一级子菜单,显示该章节功能被处理的数据。

常用显示页面间的切换。经常使用的页面包括:"位置"下的相对坐标和综合坐标,"程序"下的检视和 MDI,"设置"下的补正和坐标系,"图形"下的作图。

2. 操作训练内容

1)加工中心开机

加工中心开机按如下步骤进行。

(1)开启供气设备电源;

(2)开机前检查。先检查外围设施,再检查加工中心状况;

(3)上电。把加工中心后面的电源总开关扳到"开"处,再按系统面板上的"ON"键给系统上电,等待,直到屏幕显示坐标或报警信息,开机成功;

(4)解除报警。顺时针方向旋转"急停"键并弹起,指示灯不再闪烁,再按"复位"键消除报警;

(5)回参考点。回参考点前观察并判断回参过程中坐标轴的移动不会发生干涉,各坐标轴的当前位置离回参后极限位置在 50mm 以上,如果回参考点距离不够,可用"手动"或"手轮移动"方式移动相应的轴到有足够的距离;

选择"回参考点"功能模式,调整进给倍率旋钮到 50% 左右,按"Z"键,再按"+"键,主轴先快速移动再缓慢移动最后停止,当 Z 轴指示灯不闪烁,表明 Z 轴已返回到参考点;使用同样的方法,依次按"X"键、"+"键;"Y"键、"+"键,操作 X 和 Y 轴返回参考点;

(6)各轴移动到工件区域。选择"手动"功能模式,按"Z"键,再按"－"键,主轴离开极限位置移动到大致工件区域;同样的方法,依次按"X"键、"－"键;"Y"键、"－"键,操作 X 和 Y 轴离开极限位置;

(7)机床初始参数设置。选择"手动数据输入"功能模式,按"PROG"键,再按[MDI]软键,屏幕显示 MDI 程序页面,输入初始设置,如 G54G90F150.0S600T01M06,按"启动"键。

2)安装平口虎钳

平口虎钳为加工中心常用的通用夹具,如图 3-18 所示,在加工小型外形较规则零件时经常使用它,重装后都需要进行找正,以保证平口虎钳的钳口方向与主轴刀具的进给方向平行或垂直。对平口虎钳的找正过程大致如下。

(1)清扫工作台面和虎钳底部配合面;

(2)把虎钳放到工作台中间位置,用螺栓预夹紧虎钳;

(3)用百分表磁性表座吸紧加工中心主轴,调整百分表触头到平口虎钳的钳口位置,并使表针朝向便于观察的方位,最后旋紧并固定表头,如图 3-19 所示;

图 3-18　平口虎钳　　　　　图 3-19　虎钳口的找正

（4）用手轮方式移动各轴，直到表针压紧钳口并使指针旋转 1 圈左右。坐标轴沿 X 方向来回移动，观察指针的摆动情况，用塑料块轻轻敲击虎钳作细微调整，直到指针摆动幅度在 1 个刻度左右。在找正过程中，一定要耐心、细致地进行；

如果是由于虎钳口不平整造成指针不断地来回摆动，可以在钳口和表触头之间放入精密垫铁来进行调整。

（5）旋紧螺栓，用上述方法对钳口的找正作检查；

（6）调整百分表触头到平口虎钳的支承面，并使表针朝向便于观察的方位，旋紧并固定表头。用手轮方式来回移动 X 轴，观察指针的摆动情况。如果指针摆动较小，可以采用旋紧或旋松相应螺栓使指针摆动满足要求；如果指针摆动较大，则需要使用垫片来调整；

（7）来回移动 Y 轴，观察指针的摆动情况。如果指针摆动不符合要求，通常使用垫片来调整；

（8）找正虎钳后，用手拿住百分表头后再取下百分表。使用百分表时一定要小心，避免磕、碰、摔。

3）刀具夹装

（1）在刀柄上装 ϕ12 立铣刀

需要的配件如图 3-20（a）所示。

清扫干净各配件的配合面，依据加工深度确定刀具的装夹长度，再依次装配夹紧各配件，如图 3-20（b）所示。

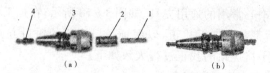

图 3-20　夹装立铣刀

1—ϕ12 立铣刀；2—ϕ12 弹簧夹头；3—BT40 弹簧夹头刀柄；4—拉钉

（2）在刀柄上装面铣刀

需要的配件如图 3-21（a）所示。

清扫干净各配件的配合面，旋紧面铣刀头与刀柄的连接螺栓，安装刀片时要注意刀片的定位，再旋上拉钉，如图 3-21（b）所示。

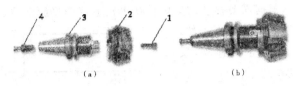

图 3-21　夹装面铣刀

1—卡盘固定螺栓；2—面铣刀盘；3—BT40 面铣刀柄；4—拉钉,配套类型的刀片

4）装刀/卸刀

1 号刀位装 ϕ12 立铣刀,2 号刀位装面铣刀的操作步骤。

① 按"MDI"功能模式键,系统进入 MDI 运行方式；

② 按面板上的"程序"键,再按[MDI]软键,屏幕显示 MDI 页面。输入 T01M06,按"循环启动"键,刀库调整到 1 号刀具位置；

③ 按"手动"功能模式,左手握紧 ϕ12 立铣刀柄,将刀柄的键槽缺口对准主轴的端面键,右手按主轴侧面的松刀按钮,压缩空气从主轴吹出以清洁主轴和刀柄,按住此按钮,直到刀柄锥面与主轴锥孔完全贴合,松开按钮,刀具被自动拉紧,此时 1 号刀具装入主轴；

④ 按"MDI"功能模式键,在 MDI 页面中输入 T02M06,按"循环启动"键。1 号刀具装入刀库,刀库调整到 2 号刀具位置；

⑤ 选择"手轮"功能模式,按"手动"功能模式,用同样的方法将 2 号刀具装入主轴。

手动卸刀时,选择"手动"功能模式,应先用左手握住刀柄,再按松刀按钮（否则刀具会从主轴内掉下损坏刀具、工件和夹具等）,取下刀柄。

5）手动连续进给切削

在虎钳上夹装塑料毛坯,操作训练（判断坐标轴、正负方向、感知切削进给率）手动切削技能。操作机床切削前应明确向哪个方向切削以及切削的快慢,然后按相应键或旋转对应旋钮,观察工件与刀具的相对位置,确认无误后进行切削操作。

① 选择"手动"功能模式,按"正转",主轴以给定转速旋转；

② 调整进给速度的倍率旋钮；

③ 选择坐标轴,按着相应方向键,刀具沿所选的轴以选定的速度连续移动。当放开对应键,刀具停止移动；

当刀具靠近工件时,减小进给速度的倍率,否则会撞坏刀具,切削时可将进给速度的倍率调到 300mm/min 以下；

④ 切削完成后,刀具退出工件,按"复位"键或"主轴停止"键,主轴停止转动。

6）手轮进给操作

在虎钳上夹装塑料毛坯,操作训练手轮切削技能。观察工件与刀具的相对位置,选择坐标轴调整手轮转动的快慢。

① 选择"手动"功能模式,按"正转",主轴以给定转速旋转；

② 选择"手轮"功能模式,按"手持单元选择"键,指示灯亮；

③ 转动"手脉倍率"到 ×100,表示手轮每摇一格,刀具移动 100 个脉冲单位,即 0.1mm；

④ 选择移动轴。根据需要移动的坐标轴在手轮上选择相应的 X、Y 或 Z 轴；

⑤ 转动手轮使刀具快速靠近工件，手轮顺时针转动，坐标轴正向移动，反之坐标轴则负向移动；

⑥ 当刀具靠近工件时，减小手轮旋转速度，转动"手脉倍率"到 ×10，手轮以一般的旋转速度可进行正常切削；

⑦ 切削完成后，刀具退出工件，按"复位"键或"主轴停止"键，主轴停止转动。

7）手动切削加工

手动切削工件，如图 3 - 22 所示。

材料：铝块；

毛坯大小：$60 \times 60 \times 20$；

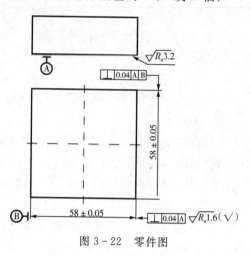

图 3 - 22　零件图

要求：① 用面铣刀手动切削长方体的四周侧面和底面；

② 工件切削符合图中尺寸精度和表面粗糙度的要求；

③ 各加工平面符合图中垂直度要求。

手动切削工件参考步骤如下。

（1）零件的安装

零件安装时注意以下问题。

① 依据所要夹持工件尺寸，调整钳口夹紧范围。

② 在零件装夹后，被加工表面必须稍高出钳口，以免刀具碰触钳口。若零件高度不够，要根据零件的切削高度在平口虎钳内垫上合适的高精度平行垫铁，如图 3 - 23 所示。工件不宜高出钳口过多，以免零件在铣削加工过程中产生变形，影响加工精度。有时需要垫铁的不同组合方式才能达到满意的高度尺寸，遵循垫铁的数量越少越好。

③ 在平口虎钳上安装零件时为了安装牢固，防止铣削时零件松动，应把比较平整的平面贴紧在垫铁和钳口上，并用塑料块轻轻敲击零件，使零件贴实垫铁。

④ 为了避免钳口损坏已加工表面，安装零件时可在钳口处垫上铜皮。

⑤ 夹紧力大小要适当，既要保证工件在加工过程中不发生位移，又不要夹伤工件。

图 3 - 23　工件的安装

⑥ 工件侧面要留出便于找正、测量的位置。

（2）切削底平面

① 在已经校正的虎钳上放两块等高垫铁，垫铁的高度要满足工件装夹后加工表面在虎钳口之上。放上工件后预夹紧，用塑料块敲击工件上表面，确认工件与垫铁贴紧，再夹紧工件；

② 换或装面铣刀；

③ 设置粗加工转速为 600r/min；

④ 用手轮方式快速移动刀具靠近工件，然后缓慢转动手轮使刀具从 Z 轴向下刚好切削到工件上表面，再向下进给 0.5mm，用手轮进行粗加工；

⑤ 设置精加工转速为 1000r/min；

⑥ 精加工切削深度 0.3mm，旋转"进给倍率"旋钮调整进给率为 180mm/min。按"手动"功能模式，选择坐标轴，再按着坐标轴方向键切削整个上表面；

⑦ 检测工件表面粗糙度是否符合要求，否则，调整切削参数重新进行精加工。

（2）切削第一个侧平面

① 在长方体四个侧面中选择较规则的侧面作为粗基准，在虎钳上放入垫铁，垫铁的高度要满足工件装夹后加工表面在虎钳口之上。放上工件后预夹紧，用塑料块敲击工件上表面，再夹紧工件；

② 设置粗加工转速为 600r/min；

③ 用手轮方式快速移动刀具靠近工件，然后缓慢转动手轮使刀具从 Z 轴向下刚好切削到加工表面，再向下进给 0.5mm，用手轮进行粗加工；

④ 设置精加工转速为 1000r/min；

⑤ 精加工切削深度 0.3mm，旋转"进给倍率"旋钮调整进给率为 180mm/min。按"手动"功能模式，选择坐标轴，再按着坐标轴方向键切削整个平面；

⑥ 检测工件表面粗糙度是否符合要求，否则，调整切削参数重新进行精加工。

（3）切削第二个侧平面

工件加工完第一侧面后，可以把第一侧面放在垫铁上，再加工对边面，以保证平行度，但是此时找正第一侧面非常困难。如果第一侧面与垫铁接触不实，则两面的平行度就保证不了。也可在第一侧面加工完之后，将其竖直放置，用百分表找正该侧面后，加工第二侧面，然后依次加工第三侧面、第四侧面，比较容易保证四边的垂直度。这里选择前一种方法，在夹装时要特别仔细，严格按规范要求进行操作。

① 用已加工的第一个侧平面作为精基准，清理切屑后在虎钳上放较小的垫铁，垫铁的高度要满足工件装夹后加工表面在虎钳口之上。放上工件后预夹紧，用塑料块敲击工件上表面，确保垫铁与定位基准面贴紧，再夹紧工件；

② 设置粗加工转速为 600r/min；

③ 用手轮方式快速移动刀具靠近工件，然后缓慢转动手轮使刀具从 Z 轴向下刚好切削到加工表面，再向下进给适当深度，尽量均匀转动手轮进行粗加工；

④ 相对坐标归零，移开刀具取下工件；

⑤ 仔细准确测量工件尺寸。测量的尺寸与零件要求的尺寸 58.0mm 相减得出还需要切削的余量。工件在虎钳上不方便测量尺寸，取下工件用游标卡尺也不容易测量准确，可用如图 3-24 所示的高度尺进行测量；

⑥ 把相对坐标设置为还需要切削的余量值；

⑦ 为精加工预留 0.3mm，计算粗加工次数。主轴正转，用手轮方式完成粗加工；

⑧ 设置精加工转速为 1000r/min；

⑨ 调整相对坐标 $Z0$，旋转"进给倍率"旋钮调整进给率为 180mm/min。按"手动"功

能模式,选择坐标轴,再按着方向键切削整个平面。

(4)切削第三个侧平面

① 把已加工的侧面竖直放置,预夹紧虎钳。用百分表座吸紧加工中心主轴,调整百分表触头到已加工的侧面,使表针朝向便于观察的方位,最后旋紧并固定表头。用手轮方式移动 Z 轴,观察表针摆动情况,用塑料块轻轻敲击工件,直到找正工件侧面与 Z 轴平行;

② 设置粗加工转速为 600r/min;

③ 用手轮方式快速移动刀具靠近工件,然后缓慢转动手轮使刀具从 Z 轴向下刚好切削到加工表面,再向下进给 0.5mm,用手轮进行粗加工;

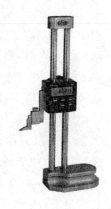

图 3-24 高度尺

④ 设置精加工转速为 1000r/min;

⑤ 精加工切削深度 0.3mm,旋转"进给倍率"旋钮调整进给率为 180mm/min。按"手动"功能模式,选择坐标轴,再按着方向键切削整个平面;

⑥ 检测工件表面粗糙度是否符合要求,否则,调整切削参数重新进行精加工。

(5)切削最后一个侧平面

① 用刚加工的侧平面作为精基准,清理切屑后在虎钳上放较小的垫铁,放上工件后预夹紧,用塑料块敲击工件上表面,确保垫铁与定位基准面贴紧,再夹紧工件;

② 设置粗加工转速为 600r/min;

③ 用手轮方式快速移动刀具靠近工件,然后缓慢转动手轮使刀具从 Z 轴向下刚好切削到加工表面,再向下进给适当深度,尽量均匀转动手轮进行粗加工;

④ 相对坐标归零,移开刀具取下工件;

⑤ 仔细准确测量工件尺寸。测量尺寸与零件图样尺寸 58.0mm 相减得出还需要切削的余量;

⑥ 把相对坐标设置为还需要切削的余量值;

⑦ 为精加工预留 0.3mm,计算粗加工次数。主轴正转,用手轮方式完成粗加工;

⑧ 设置精加工转速为 1000r/min;

⑨ 调整相对坐标 Z0,旋转"进给倍率"旋钮调整进给率为 180mm/min。按"手动"功能模式,选择坐标轴,再按着方向键切削整个平面。

【项目评价】

本项目实训成绩评定见表 3-7。

表 3-7　项目 3.2 成绩评价表

产品代号		项目 3.2		学生姓名		综合得分		
类　别	序　号	考核内容	配　分	评分标准		得　分	备　注	
操作过程	1	理解数控系统面板键	5	不理解一个键扣 1 分				
	2	理解操作面板键	5	不理解一个键扣 1 分				
	3	显示页面的切换	5	不能完成一处扣 1 分				
	4	加工中心开机	5	少一个环节扣 2 分				
	5	校正虎钳以及装夹工件	5	不规范酌情扣 1~5 分				
	6	刀具安装	5	不规范每处扣 2 分				
	7	手动连续进给切削	5	不规范酌情扣 1~5 分				
	8	手轮进给操作	5	不规范酌情扣 1~5 分				
	9	完成时间	5	不按时完成无分				
	10	行为规范、纪律表现	5	酌情扣 1~5 分				
加工质量		58±0.05	15	每处超差 0.01 扣 2 分				
		平面粗糙度	10	每面每降一级扣 1 分				
		垂直度	10	每面每降一级扣 1 分				
职业素养	11	工件场地整理	5	未打扫机床扣 10 分				
	12	机床维护保养正确	3	不完成无分				
	13	安全操作	3	不遵守数控机床安全操作规则每次扣 3 分				
	14	文明操作	2	不符合文明规范操作每次扣 2 分				
	15	注意环保	2	不注意每次扣 1 分				

注：(1)加工操作期间,发生撞刀现象,将暂停操作数控机床的资格;

(2)发生影响安全的违规、违章操作,由指导教师按实训管理制度进行处理。

【项目作业】

(1)复习加工中心面板各键的功能。

(2)预习并准备下次实训内容。

项目 3.3　加工中心对刀及参数设置

【项目要求】

学习加工中心各坐标系及特点,理解加工中心的对刀原理,多把刀具的编号与设置。强化训练达到熟悉掌握精确对刀,坐标原点的设定,刀具长度补偿值的设置,刀具半径补偿的输入。

(1)计划时间　　2 学时。

(2)质量要求　　熟悉各种坐标系,理解对刀原理,学会手动装夹刀具到刀库,熟练掌握对刀操作,工件坐标系的设置与刀具补偿参数的设置。

(3)安全要求　　严格按照安全操作规程进行,确保人身、设备安全。

(4)文明要求　　自觉按照文明生产规则进行实训,做有职业修养的人。

(5)环保要求　　在项目实训过程中充分考虑保护环境的有利因素。

【项目指导】

1. 加工中心的坐标系

FANUC 数控系统坐标位置页面可显示三种坐标系,如图 3-25 所示。

1)绝对坐标

绝对坐标即工件坐标,加工零件时刀位点在工件坐标系中的坐标值,显示刀具在工件坐标系中的位置。它是由定义的坐标原点和刀具补偿共同决定,是可以设置改变的。

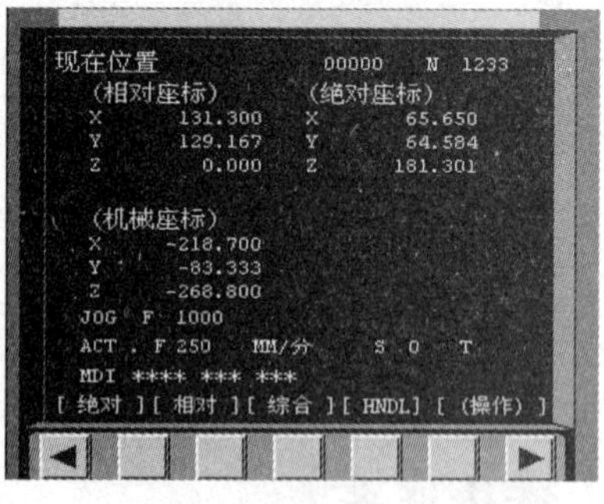

2)相对坐标

显示刀具当前在操作者设定的相对坐标系内的位置,或相对于执行上一程序段结束时的位置。

在手动操作机床时,为方便确定刀具相对

图 3-25　综合坐标

上一位置的距离,可以把它归零或预设成某个值。

3)机械坐标

反映刀具当前在机床坐标系中的位置。机械坐标系是固定不变的,通常各坐标轴的极限位置设置为机械坐标原点。机械坐标用于数控机床调试或以此为基点来定义绝对坐标,机床回参考点或执行设定坐标指令时,以此固定点为基点、数值为距离设置坐标原点。

2. 对刀原理

编程坐标是编程时面对图形建立的用于计算刀位点位置的坐标,编程坐标的特性在编写的程序中体现出来。数控程序控制数控机床自动加工,编程时设计的刀具路线在数控机床上用绝对坐标体现出来。绝对坐标反映刀位点在切削过程中的位置,决定加工零件的大小和形状。因此,绝对坐标同编程坐标必须一致才能加工出与图形相同的零件。

绝对坐标同编程坐标一致包含各坐标轴方向相同和原点重合。要使各坐标轴方向相同,只需在建立编程坐标时遵守统一的国家标准即可,要满足原点重合则需要对刀并进行参数设置。

编程时通常只建立一个坐标原点,即使有多把刀具也可以只使用一个坐标原点。在使用多种刀具的情况下,刀具有不同的形状、在主轴上装夹后具有不同的长度。考虑这些因素后,为了简化编程只建立一个编程坐标原点,并且把每把刀具都看成没有形状大小的一个刀位点,以刀位点作为参考,使用刀具补偿功能来解决多把刀具形状和长度的问题。

同简化程序的思路一样,在数控机床上绝对坐标也是由设置的坐标原点和刀具补偿共同决定,即执行坐标原点和刀具补偿指令后,只要显示的绝对坐标值相同则所有刀具的刀位点都在同一位置。

执行建立坐标原点和刀具补偿指令时数控系统将在指定地方读取参数,需要事先在指定地方对其参数进行设置。参数设置的方法多种多样,通常采用在数控机床上直接对刀来设置。刀具补偿包括长度补偿和半径补偿,加工中心上使用刀具的刀位点都在刀具的回转中心上,刀具的大小利用半径补偿来体现,刀具长度仅在主轴方向(Z 轴方向)有所体现,并且半径补偿值直接输入,因此,在加工中心上对刀后需要完成坐标原点和刀具主轴方向的长度补偿设置。

设置的坐标原点数值为该原点在机械坐标系中的数值(设置的坐标原点以机械坐标为基点),需要设置的刀具长度补偿值为工件坐标原点在设置坐标原点中的数值(长度补偿以设置的坐标原点为基点),可见,应该先设置坐标原点再设置刀具长度补偿。

3. 多把刀具的刀具号设定

KVC650 加工中心的控制系统对刀具号的设定和对刀具的调用与刀具在刀库中的位置号一致,即加工中心不识别刀具,而是识别刀具在刀库中已设定的位置。当加工所需要的刀具比较多时,要在加工之前将全部刀具根据刀具号装入到刀库中,然后由程序调用。

加工中心自动换刀时,将交换刀具,特别是夹装较长的钻头时,必须先确定在换刀区域中无干涉的可能。

把多把刀具按程序设定的刀具号装入刀库,其操作步骤如下:

① 将所用刀具装夹到刀柄上,并按顺序放好;

② 确认刀库中相应的刀号位置处没有刀具;

③ 按"MDI"功能模式键,然后按"程序"功能键,再按[MDI]软键,屏幕切换到手动数据输入页面;

④ 输入要设定的第一把刀具号,如 T01M06;

⑤ 按"循环启动"键,加工中心执行一个宏程序后,刀库的当前位置号调整到 01号;

⑥ 按"手动"功能模式键,在主轴上装入 01 号刀具,确认刀具安装无误;

⑦ 按"MDI"功能模式键,输入 T02M06;

⑧ 按"循环启动"键,01 号刀具放入 01 号刀库位中,刀库的当前位置号调整到 02号;

⑨ 按"手动"功能模式键,在主轴上装入 02 号刀具,确认刀具安装无误;

⑩ 其他刀具按此操作方法依次进行。

4. 对刀操作及参数设置

编程的刀具路线与编程坐标系直接相关,加工时绝对坐标反映刀具加工路线,绝对坐标同编程坐标必须一致才能加工出与图形相同的零件,实际工作中是通过对刀及参数设置来实现两者统一的。

绝对坐标值由坐标原点位置和刀具补偿共同决定。采用 G54～G59 零点偏置指令建立绝对坐标,既要设置坐标原点也要设置刀具长度补偿,其中刀具长度补偿是依据坐标原点来确定的,因此,先定义坐标原点再确定刀具长度补偿值。通常的做法是:先选择较方便对刀操作的刀具作为基准刀,基准刀用于确定坐标原点,把它的刀具长度补偿值设置为 0;而基准刀具之外的其他刀具利用同一个坐标原点,对刀操作后只需要设置长度补偿值和输入半径补偿值。

零点偏置指令 G54～G59(通常用 G54)指的是工件坐标原点与机械坐标原点之间的偏置距离。如果可以把基准刀具的刀尖(刀位点)移动到与工件坐标系原点重合的位置,此时机械坐标系中的坐标值即为需要的零点偏置值,把此值输入到 CNC 系统零点偏置寄存器中 G54 的位置就完成了对坐标原点的参数设置;实际对刀操作时不能或没有必要把基准刀具的刀尖移动到与工件坐标系原点重合处,只需换算出零点偏置距离或按系统规定格式(数控系统自动换算)进行设置。

刀具长度补偿是相对于坐标原点而言的,而坐标原点是由基准刀确定的,因此,基准刀具之外的其他刀具的长度补偿是相对基准刀而言的,叫相对刀具长度。通常把基准刀的长度补偿值定为 0,如果其他刀具夹装后的长度比基准刀具夹装后的长度长,刀具长度补偿值为正;反之为负,因此其他刀具的长度补偿值则可能是一个较小的正负数。

不同刀具的长度不同它们的长度补偿值也不同,对刀时要避免前面刀具的长度补偿值影响到对刀参数,对刀前需要确认已经取消了前面刀具的长度补偿值,再进行对刀操作及参数设置。

随着制造技术的发展,对刀仪、寻边器等的普遍应用,对刀过程越来越方便,如图 3-26 所示为机外对刀仪,图 3-27 为光电寻边器和 Z 轴设定器,图 3-28 则是自动对刀器。这里介绍最普遍的试切法对刀。假设零件的编程原点在工件上表面的几何中心,X、Y 轴方向采用侧面分中对刀,Z 轴方向用上表面对刀。

图 3-26　机外对刀仪　　　图 3-27　光电对刀器仪　　　图 3-28　自动对刀器

（1）基准刀具 X 轴方向对刀

基准刀用于确定坐标原点，采用 G54～G59（通常用 G54）零点偏置指令建立坐标系。如果可以把基准刀具的刀位点移动到与工件坐标系原点重合的位置，此时机械坐标系中的坐标值即为零点偏置值；即使不是这样也需要知道当前刀位点在工件坐标系中的坐标值，通过换算后（人工换算或系统自动换算）可以得出零点偏置距离，从而设定工件坐标原点。

① 在已经校正的虎钳上放两块等高垫铁，垫铁的高度满足工件夹装后四周侧面有一定的露出高度，便于对刀操作，放上工件后预夹紧，用塑料块敲击工件上表面，确认工件与垫铁贴紧，再夹紧工件。如图 3-29 所示，工件的四周侧面和上表面已经加工，对刀时不能切削，图中画出了块规，用于不切削情况下保证刀具与工件侧面之间固定的间距。如果工件为毛坯材料，则不需要使用块规，直接用刀具试切，利用切除的屑来判断刀具是否与工件接触。

② 换或装夹基准刀具，如刀具为 T01。基准刀具理论上讲是任意的刀具，实际中往往是刀具圆柱侧刃方便切削或便于定距的刀具，如 $\phi 10$ 立铣刀。

③ 用"手轮"功能模式，快速移动刀具到 1 表面左侧，选择 X 轴为移动轴，向减小刀具与 1 面间距的方向旋转手轮，与此同时不断用块规插入间隙判断间距，直到块规刚好不能通过间隙。在手轮上调小进给倍率，向间距增大的方向缓慢旋转手轮，直到块规刚好能通过间隙。再次调小手轮进给倍率，来回旋转手轮的同时，移动块规，凭手感觉块规移动中的力度，确保每次具有相同的力度。此时的刀具位置在图 3-29 中的左侧。

④ 按"位置"功能键，然后按［相对］软键，显示相对坐标页面。在系统面板上按 X键，再按［归零］软键，相对坐标归零，定出图 3-29 中 A 尺寸的左侧起点。

⑤ 用"手轮"功能模式，主轴向上抬起后翻越工件，快速移动到 2 表面右侧，利用与③步相同的方法对刀。此时的刀具位置在图 3-29 中的右侧，A 尺寸的右侧终点。

（2）工件坐标 X 轴原点设置

① 在相对坐标显示页面中，此时 X 轴的相对坐标值为 A（也是两个对刀点间的距离，它等于工件长度＋2 倍块规厚度＋刀具直径），刀位点在工件坐标系（工件上表面中心位置）中的 X 轴坐标值为 $XA/2$。如果此时抬起刀具沿 X 轴向左移动 $A/2$ 距离，刀位点就在左右中心位置，即工件坐标 X0 处。不移动刀具到中心位置也可以设定工件坐标，因此没有必要移动刀具；

② 按"补正/设置"功能键,然后按[坐标系]软键,显示坐标系设置页面,如图3-30所示;

③ 将光标移至G54的 X 处,输入 $XA/2$。核对光标位置和输入值,按[测量]软键,观察光标处数值应该有所变化,此数值为工件坐标原点在机械坐标中的数值;

④ 按"位置"功能键,然后按[综合]软键,显示综合坐标页面,如图3-31所示,在显示屏幕中核对"相对坐标值是绝对坐标值的2倍"关系,如果不满足此关系,则说明计算(包括正负号)或格式有错,需要重新设置。

(3)基准刀具 Y 轴方向对刀

① 用"手轮"功能模式,快速移动刀具到3面后方,选择 Y 轴为移动轴,用与前面相同的方法,来回旋转手轮的同时,移动块规,凭手感觉块规移动中的力度,确保每次具有相同的力度。此时的刀具位置在图3-29中的后侧;

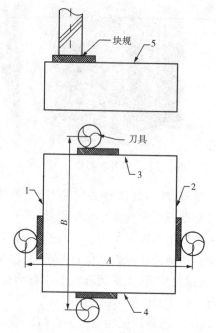

图3-29 对刀示意面

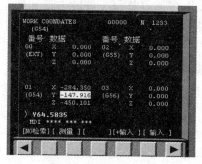

图3-30 坐标系设置

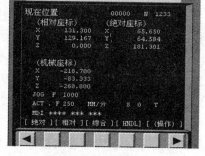

图3-31 综合坐标

② 按"位置"功能键,然后按[相对]软键,显示相对坐标页面。在系统面板上按 Y 键,再按[归零]软键,相对坐标归零,定出图3-29中 B 尺寸的一端;

③ 用"手轮"功能模式,主轴向上抬起后翻越工件,快速移动到4表面前侧,利用与前面相同的方法对刀。此时的刀具位置在图3-29中的前侧, B 尺寸的另一端点。

(4)工件坐标 Y 轴原点设置

① 在相对坐标显示页面中,此时 Y 轴的相对坐标值为 B ,刀位点在工件坐标系(工件上表面中心位置)中的 Y 轴坐标值为 $YB/2$;

② 按"补正/设置"功能键,然后按[坐标系]软键,显示坐标系设置页面;

③ 将光标移至G54的 Y 处,输入 $YB/2$。核对光标位置和输入值,按[测量]软键,观察光标处数值应该有所变化,此数值为工件坐标原点在机械坐标中的数值;

④ 按"位置"功能键,然后按[综合]软键,显示综合坐标页面,在显示屏幕中核对"相

对坐标值是绝对坐标值的 2 倍"关系,如果不满足此关系,则说明计算(包括正负号)或格式有错,需要重新设置。

(5)基准刀具 Z 轴方向对刀

用"手轮"功能模式,快速移动刀具到 5 表面上方。如果工件为毛坯材料,则不需要使用块规,直接用刀具试切,利用切除屑来判断刀具是否与工件接触。这里工件上表面已经加工,只能利用块规调整刀具与上表面间的距离。选择 Z 轴为移动轴,用与前面相同的方法,来回旋转手轮的同时,移动块规,凭手感觉块规移动中的力度,确保每次具有相同的力度。此时的刀具位置在图 3-29 中的上方。

(6)工件坐标 Z 轴原点设置

① 此时刀位点到工件上表面的距离为块规的厚度 H,工件坐标 Z 向原点在工件上表面,因此,刀位点在工件坐标系中的坐标值为 ZH;

② 按"补正/设置"功能键,然后按[坐标系]软键,显示坐标系设置页面;

③ 将光标移至 G54 的 Z 处,输入 ZH。核对光标位置和输入值,按[测量]软键,观察光标处数值应该有所变化,此数值为工件坐标原点在机械坐标中的数值;

④ 按"位置"功能键,然后按[综合]软键,显示综合坐标页面,在显示屏幕中核对 Z 轴的绝对坐标值是否为 H,如果不是,则说明计算(包括正负号)或格式有错,需要重新设置。

(7)基准刀具长度补偿设置

① 按"补正/设置"功能键,然后按[补正]软键,显示刀具补偿页面,如图 3-32 所示。番号列数值对应行是刀具补偿号,形状(H)列数值为刀具长度补偿值,磨耗(H)列数值为刀具长度补偿修正值,形状(D)列数值为刀具半径补偿值,磨耗(D)列数值为刀具半径补偿修正值;

② 移动光标到 001 行、形状(H)列处,键盘上按"0",然后按"输入"键,01 刀具号的长度补偿值设为 0;

③ 按"位置"功能键,然后按[相对]软键,显示相对坐标页面,如图 3-33 所示。在系统面板上按 Z 键,再按[归零]软键,Z 轴相对坐标归零。

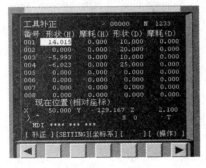

图 3-32　刀具补偿

图 3-33　相对坐标

(8)其他非基准刀具 Z 向对刀

① 换或装夹非基准刀具,如刀具号为 T02;

② 用"手轮"功能模式,快速移动刀具到工件5表面上方。选择Z轴为移动轴,用与前面相同的方法,来回旋转手轮的同时,移动块规,凭手感觉块规移动中的力度,确保每次具有相同的力度。此时的刀具位置在图3-29中的上方。

(9)其他非基准刀具长度补偿设置

① 按"位置"功能键,然后按[相对]软键,显示相对坐标页面。屏幕中显示的Z坐标值就是这把刀具相对基准刀具的相对刀具长度,即为此刀具的长度补偿值;

② 按"补正/设置"功能键,然后按[补正]软键,显示刀具补偿页面,在此画面中也显示有相对坐标的Z值;

③ 移动光标到002行、形状(H)列处,键盘上按"相对坐标Z值",然后按"输入"键;或者按[Z]键,然后按[C.输入]软键,也可以在02刀具号处设置刀具长度补偿值。

5. 刀具半径补偿

铣削工件轮廓时,如图3-34所示,由于刀具有一定的刀具半径(如铣刀半径),刀具中心轨迹与工件轮廓总有一个偏移量(刀具半径值),但是编程人员不必根据刀具半径人工计算刀具中心的运动轨迹,而是直接按零件图纸的轮廓编程,这样可大大简化计算及编程工作,即假设刀具中心运动轨迹是沿工件轮廓运动的,而实际的刀具运动轨迹与工件轮

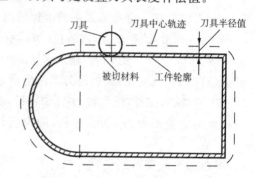

图3-34 刀具半径补偿

廓有一个偏移量。利用刀具半径补偿功能可以方便的实现这一转变,数控机床可以自动判别补偿的方向和补偿值的大小,自动计算出实际刀具中心轨迹,并按刀心轨迹运动。

利用刀具半径补偿功能,按零件图纸的轮廓线编写的程序。当刀具发生磨损,重磨及换新刀而导致刀具直径变化时,加工的零件就会有加工误差,根据对零件的测量,即时地输入刀具半径尺寸的修正值,而不必修改已编制好的程序,就可加工出尺寸符合图样要求的零件。

刀具半径补偿功能还有一个很重要的用途。如果人为地使刀具中心与工件轮廓偏置不是一个刀具半径,而是某一给定的值,则可以用来处理粗、精加工的余量问题。

执行刀具半径补偿指令时数控系统将在指定地方读取参数,需要事先在指定地方对其参数进行设置。刀具半径补偿值依据实际情况在加工中心数控面板上直接输入。

① 按"补正/设置"功能键,然后按[补正]软键,显示刀具补偿页面,如图3-32所示;

② 将光标移动"形状(D)"列、与刀具号对应的行,如01行;

③ 键盘上输入"刀具半径值",然后按"输入"键。输入刀具半径值时应根据刀具的实际半径尺寸,同时考虑粗、精加工时的余量适当调整半径值。

加工工件的误差补正,可以修改"形状"值也可以在"磨损"处输入。

【项目实施器具】

实施本项目需要提前准备以下器具:加工中心为 KVC650;毛坯材料为铝块,5个侧

面已经加工;需要的刀具、量具和用具清单见表 3-8。

表 3-8　刀具、量具和用具清单

类别	序号	名　称	型号/规格	精　度	数　量	备　注
刀具	1	刀柄、拉钉	BT40		2/组	配套
	2	弹簧夹头	$\phi4,\phi10$		各 1/组	套
	3	立铣刀	$\phi10\phi4$		各 2/组	
	4	钻头	$\phi6.8$		各 1/组	
	5	$\phi80$ 面铣刀	6 齿		1/组	含刀柄
量具	6	游标卡尺	0~150	0.02	1/组	
	7	钢直尺	150		1/组	
	8	杠杆百分表		0.01	1/组	套
用具	9	月牙扳手			1	
	10	活动扳手	250		1	
	11	等高垫铁			若干	
	12	薄皮			若干	
	13	铜棒			1	
	14	防护镜			1/人	
	15	工作帽			1/人	
	16	毛刷			1/组	

【项目预案】

问题 1　刀具长度补偿值误差较大。

解决措施:刀具长度补偿值误差较大是由于 Z 轴方向对刀及参数设置不规范。造成的原因可能有:在 Z 轴方向发生超程报警;对刀时还包含有前面使用刀具的长度补偿值;对刀操作不仔细或者输入的不是相对长度。如果是前两个因素造成,只需在对刀前进行回参考点操作;对刀操作时需要仔细操作,当刀具靠近对刀位置时,调小手轮进给倍率,来回旋转手轮的同时,移动块规,凭手感觉块规移动过程中的力度,确保每次相同操作时具有相同的力度;设置的刀具长度补偿值为相对长度值,若基准刀具的长度补偿值设置为 0,其他刀具长度补偿值则是相对基准刀具的长度值,基准刀具对刀后把相对坐标值归零,如果非基准刀具的长度比基准刀具长,则非基准刀具对刀后相对坐标值为正,它的刀具长度补偿值为正,反之则为负。

问题 2　对刀操作及坐标原点设置存在较大误差。

解决措施:对刀操作及坐标原点设置的一般顺序:先使用基准刀具对刀,计算刀位点在工件坐标系中的坐标值,再完成坐标原点的设置。可以按上述相反的顺序进行检查,首先检查设置坐标原点时光标的位置是否在 G54 处,输入格式为字母加坐标值,输入数据是当前刀位点在工件坐标系中的坐标值(特别要注意坐标值的正负),再次核对光标位置和输入值,按[测量]软键时注意观察光标处数值是否有所变化;翻页到坐标显示页面,核对绝对坐标、相对坐标、当前刀位点以及它们的关系,如果不符合要求,重新计算刀位点在工件坐标中的坐标值,并重新对坐标原点进行设置;再判断对刀操作过程是否有细节疏忽,当刀具靠近对刀位置时,调小手轮进给倍率,来回旋转手轮的同时,移动块规,凭手感觉块规移动过程中的力度,确保每次相同操作时具有相同的力度。

问题 3 加工中心程序换刀时出现报警。

解决措施:加工中心程序换刀时出现报警是经常出现的问题。加工中心换刀是执行一个宏程序,而不是直观上简单的 T××M06 一行程序,换刀过程中有多个步骤,包含移动的步骤都要进行自动检测,并自动修改机床内部参数,只有当上一个步骤移动到位后才会进行下一个步骤,直到完成换刀的全过程。如果不清楚各步骤是否到位或机床内部参数的修改,出现报警后很难消除报警并恢复加工中心到工作状态。

加工中心程序换刀时要仔细,避免发生以下情况:输入刀具号应在 T01~T10 之间,不要有 T00 或更大的刀具号;正在执行换刀程序时不要中止程序的执行,除非是紧急情况。

【项目实施】

1. 学习理解内容

1)加工中心各坐标系

切换到绝对坐标页面。按功能键"POS(位置)",按[绝对]软键,绝对坐标即工件坐标,它反映刀位点在切削过程中的位置。

自动运行的监控页面。选择"自动运行"功能模式,然后按功能键"PROG(程序)",按[绝对]软键,自动加工时通常用此屏幕页面监控加工情况,加工开始时需要核对绝对坐标是否符合实际位置。

切换到相对坐标页面。按功能键"POS(位置)",按[相对]软键,相对坐标经常用于刀具长度补偿设置,在手动操作加工中心时,用于确定移动的距离。

为了方便确定刀具相对上一位置的距离,可以把它归零或设置初始值。相对坐标归零或预设的方法是:

① 按功能键"POS(位置)",按[相对]软键,出现"相对坐标"页面;

② 按[操作]软键,按键盘上一个轴地址键(如 X、Y 或 Z),此时画面中输入轴的地址闪烁,再按[起源]软键,闪烁轴的相对坐标值复位为 0;也可以按[起源]软键,再按[全轴]软键则所有轴的相对坐标值复位为 0;

③ 输入坐标字(如 $X20.0$),按[预定]软键,X 轴的相对坐标被设定为指定值 20.0。

切换到综合坐标页面。按功能键"POS(位置)",按[综合]软键,机械坐标是固定不变的,是确定其他坐标值或测量距离的基准点,操作机床时一般不直接使用它。

2)对刀原理

观察刀具安装在刀柄上的情况,各把刀具相对刀柄具有不同的长度,刀具安装到主轴后一定有不同的长度。仔细观察各刀具的刀位点情况,各刀具的刀位点与主轴重合,即各刀具的刀位点在 XY 方向上都相同,因此,用任意刀具设定的 X、Y 坐标原点都相同;各刀具的刀位点到主轴的距离不同,即刀具长度不同,因此,需要设置刀具长度补偿值。以刀位点作为参考,执行定义坐标原点和刀具长度补偿后,应该所有刀具刀位点的坐标位置都相同。

切换到"工件坐标"页面。按"补正/设置"功能键,然后按[坐标系]软键,显示坐标系设置页面,理解设置的坐标原点数值就是该原点在机械坐标系中的数值。

切换到"几何长度补偿"页面。按"补正/设置"功能键,然后按[补正]软键,显示刀具补偿页面,理解设置的刀具长度补偿值为工件坐标原点在设置坐标原点中的数值。绝对坐标由设置的坐标原点和刀具长度补偿共同决定,它们的值往往在数控机床上直接对刀后进行设置,显然,应该先设置坐标原点再设置刀具长度补偿。

2. 操作训练内容

1)加工中心开机

① 打开气源设备开关,开机前检查;

② 先开启机床电源开关,再按操作面板上的"ON"键;

③ 向右旋转"急停"旋钮,再按"复位"键消除报警;

④ 回参考点操作;

⑤ 加工中心初始参数设置。

2)用虎钳装夹工件

① 选取 $100 \times 100 \times 30$ 的毛坯,毛坯的各个侧面已经加工光滑;

② 在已经校正的虎钳上放两块等高垫铁,垫铁的高度要满足工件装夹后露出虎钳 10mm 之上;

③ 放上工件后预夹紧,用塑料块敲击工件上表面,确认工件与垫铁贴紧,再夹紧工件。

3)刀具夹装

(1)在刀柄上装 $\phi 10$ 立铣刀

需要的配件包括:BT40 弹簧夹头刀柄、拉钉、$\phi 10$ 弹簧夹头、$\phi 10$ 立铣刀。

清扫干净各配件的配合面,依次装配夹紧各配件,如图 3-35 所示。

(2)在刀柄上装面铣刀

需要的配件包括:BT40 面铣刀刀柄、拉钉、与刀柄配套的面铣刀、配套类型的刀片。

清扫干净各配件的配合面,旋紧面铣刀头与刀柄的连接螺栓,安装刀片时要注意刀片的定位,再旋上拉钉,如图 3-36 所示。

(3)在安装 $\phi 6.8$ 钻头

需要的配件包括:BT40 弹簧夹头刀柄、拉钉、$\phi 20$ 弹簧夹头、$\phi 6.8$ 钻头、$\phi 20$ 连接杆钻夹头。

清扫干净各配件的配合面,先在刀柄上安装 $\phi 20$ 连接杆钻夹头,再夹装 $\phi 6.8$ 钻头,如图 3-37 所示。

图 3-35 立铣刀　　　图 3-36 面铣刀　　　图 3-37 钻头

4)多把刀具的刀具号设定

把三把刀具按刀具号装入刀库。

① 将所用刀具装夹到刀柄上,并按刀具号顺序排列;

② 确认刀库中相应的刀具号位置处没有刀具;

③ 按"MDI"功能模式键,然后按"程序"功能键,再按[MDI]软键,切换到 MDI 屏幕页面;

④ 输入第一把刀具号的换刀程序,如 T01M06;

⑤ 按"循环启动"键,刀库的当前位置号调整到 01 号;

⑥ 按"手动"功能模式键,然后按主轴侧的松刀按钮,装入 φ10 立铣刀,确认刀具安装无误;

⑦ 按"MDI"功能模式键,输入 T02M06 换刀程序;

⑧ 按"循环启动"键,φ10 立铣刀放入 01 号刀库位中,刀库的当前位置号调整到 02 号;

⑨ 按"手动"功能模式键,然后按主轴侧的松刀按钮,装入面铣刀,确认刀具安装无误;

⑩ 用相同的方法在 T03 号位置装入 φ6.8 钻头。

5)对刀操作及参数设置

根据三把刀具的特点,选择 T01 号的 φ10 立铣刀为基准刀具。

编程坐标原点假定在工件上表面中心处,X 轴和 Y 轴方向采用分中对刀方式。

(1)基准刀具 X 轴方向对刀

基准刀具用于确定坐标原点,长度补偿值设定为 0,操作步骤。

① 换基准刀具。按"MDI"功能模式键,然后按"程序"功能键,再按[MDI]软键,在 MDI 页面中输入 T01M06,按"循环启动"键,φ10 立铣刀被换到主轴成为当前刀具;

② 用"手轮"功能模式,快速移动刀具到工件左边,选择 X 轴为移动轴,向减小刀具与左侧面的方向旋转手轮,与此同时不断用块规插入间隙判断间距,直到块规刚好不能通过间隙。在手轮上调小进给倍率,向间距增大的方向缓慢旋转手轮,直到块规刚好能通过间隙。再次调小手轮进给倍率,来回旋转手轮的同时,移动块规,凭手感觉块规移动中的力度,确保每次具有相同的力度;

工件的各个表面已经加工,对刀时不能切削,利用块规控制刀具与工件侧面之间固定的间距。如果工件为毛坯材料,则不需要使用块规,直接用刀具试切,利用切除屑来判断刀具是否与工件接触。

③ 按"位置"功能键,然后按[相对]软键,显示相对坐标页面。在系统面板上按 X 键,再按[归零]软键,相对坐标归零;

④ 用"手轮"功能模式,主轴向上抬起后翻越工件,快速移动到工件右边,利用与②步相同的方法对刀。

(2)工件坐标 X 轴原点设置

① 在相对坐标显示页面中,此时 X 轴的相对坐标值为 A ,可计算出刀位点在工件坐标系(工件上表面中心位置)中的 X 轴坐标值为 $A/2$;

② 按"补正/设置"功能键,然后按[坐标系]软键,显示坐标系设置页面;

③ 将光标移至 G54 的 X 处,输入 $XA/2$ 。核对光标位置和输入值,按[测量]软键,观察光标处数值应该有所变化,此数值为工件坐标原点在机械坐标中的数值;

④ 按"位置"功能键,然后按[综合]软键,显示综合坐标页面,在显示屏幕中校对"相对坐标值是绝对坐标值的 2 倍"关系,如果不满足此关系,则说明计算(包括正负号)或格式有错,需要重新设置。

(3)基准刀具 Y 轴方向对刀

① 用"手轮"功能模式,快速移动刀具到工件后边,选择 Y 轴为移动轴,用与前面相同的方法,来回旋转手轮的同时,移动块规,凭手感觉块规移动中的力度,确保每次具有相同的力度;

② 按"位置"功能键,然后按[相对]软键,显示相对坐标页面。在系统面板上按 Y 键,再按[归零]软键, Y 轴相对坐标归零;

③ 用"手轮"功能模式,主轴向上抬起后翻越工件,快速移动到工件前边,利用与前面相同的方法对刀。

(4)工件坐标 Y 轴原点设置

① 在相对坐标显示页面中,此时 Y 轴的相对坐标值为 B ,可计算出刀位点在工件坐标系中的 Y 轴坐标值为 $YB/2$;

② 按"补正/设置"功能键,然后按[坐标系]软键,显示坐标系设置页面;

③ 将光标移至 G54 的 Y 处,输入 $YB/2$ 。核对光标位置和输入值,按[测量]软键,观察光标处数值应该有所变化,此数值为工件坐标原点在机械坐标中的数值;

④ 按"位置"功能键,然后按[综合]软键,显示综合坐标页面,在显示屏幕中校对"相对坐标值是绝对坐标值的 2 倍"关系,如果不满足此关系,则说明计算(包括正负号)或格式有错,需要重新设置。

(5)验证 XY 坐标位置

输入工件坐标系的设定值后,为避免设置错误,最好对其进行验证。

① 用手动或手轮方式,把主轴抬起高于工件最高位置;

② 旋转"进给倍率"旋钮到较小值;

③ 按"MDI"功能模式键,然后按"程序"功能键,再按[MDI]软键,切换到 MDI 屏幕页面;

④ 输入 G54G90G00X0Y0;

⑤ 按"循环启动"键,旋转"进给倍率",调整刀具移动快慢,观察刀位点与工件的位置关系,确认工件坐标原点设置无误;

(6)基准刀具 Z 轴方向对刀

用"手轮"功能模式,快速移动刀具到工件上方。选择 Z 轴为移动轴,用与前面相同的方法,来回旋转手轮的同时,移动块规,凭手感觉块规移动中的力度,确保每次具有相同的力度。

(7)工件坐标 Z 轴原点设置

① Z 轴对刀后,刀位点到工件上表面的距离为块规的厚度 H,工件坐标 Z 轴原点在上表面,因此,刀位点在工件坐标系中的 Z 轴坐标值为 H;

② 按"补正/设置"功能键,然后按[坐标系]软键,显示坐标系设置页面;

③ 将光标移至 G54 的 Z 处,输入 ZH。核对光标位置和输入值,按[测量]软键,观察光标处数值应该有所变化;

④ 按"位置"功能键,然后按[综合]软键,显示综合坐标页面,在显示屏幕中校对 Z 轴的绝对坐标值是否为 H,如果不是,则说明计算(包括正负号)或格式有错,需要重新设置。

(8)基准刀具长度补偿设置

① 按"补正/设置"功能键,然后按[补正]软键,显示刀具补偿页面;

② 移动光标到 001 行、形状(H)列处,键盘上按"0",然后按"输入"键,基准刀具 01 刀具号的长度补偿值设为 0;

③ 按"位置"功能键,然后按[相对]软键,显示相对坐标页面,在系统面板上按 Z 键,再按[归零]软键,Z 轴相对坐标归零。

(9)面铣刀 Z 向对刀

① 按 MDI 功能模式键,然后按"程序"功能键,再按[MDI]软键,在 MDI 页面中输入 T02M06,按"循环启动"键,面铣刀被换到主轴成为当前刀具;

② 用"手轮"功能模式,快速移动刀具到工件上方。选择 Z 轴为移动轴,用与前面相同的方法,来回旋转手轮的同时,移动块规,凭手感觉块规移动中的力度,确保每次具有相同的力度。

(10)面铣刀长度补偿设置

① 按"位置"功能键,然后按[相对]软键,显示相对坐标页面。屏幕中显示的 Z 坐标值就是这把刀具相对基准刀具的相对刀具长度,即这把刀具的长度补偿值;

② 按"补正/设置"功能键,然后按[补正]软键,显示刀具补偿页面;

③ 移动光标到 002 行、形状(H)列处,键盘上按"相对坐标 Z 值",然后按"输入"键;或者按"Z"键,然后按[C. 输入]软键,也可以在 02 刀具号处设置刀具长度补偿值。

(11) ϕ6.8 钻头 Z 向对刀

① 按 MDI 功能模式键,然后按"程序"功能键,再按［MDI］软键,在 MDI 页面中输入 T03M06,按"循环启动"键,ϕ6.8 钻头被换到主轴成为当前刀具;

② 用"手轮"功能模式,快速移动刀具到工件上方。选择 Z 轴为移动轴,用与前面相同的方法,来回旋转手轮的同时,移动块规,凭手感觉块规移动中的力度,确保每次具有相同的力度。

(12) ϕ6.8 钻头刀具长度补偿设置

① 按"位置"功能键,然后按［相对］软键,显示相对坐标页面。屏幕中显示的 Z 坐标值就是这把刀具相对基准刀具的相对刀具长度,即这把刀具的长度补偿值;

② 按"补正/设置"功能键,然后按［补正］软键,显示刀具补偿页面;

③ 移动光标到 003 行、形状(H)列处,键盘上按"相对坐标 Z 值",然后按"输入"键;或者按"Z"键,然后按［C. 输入］软键,也可以在 03 刀具号处设置刀具长度补偿值。

6)刀具的半径补偿值

不是所有刀具都需要使用刀具半径补偿值,视编写程序时是否使用了刀具半径补偿。例如,通常面铣刀和钻头都不使用刀具半径补偿。

① 按"补正/设置"功能键,然后按［补正］软键,显示刀具补偿页面;

② 将光标移动"形状(D)"列、与 ϕ10 立铣刀的刀具号对应的 01 行;

③ 键盘上输入"刀具半径值"(例如 5.0),然后按"输入"键。

【项目评价】

本项目实训成绩评定见表 3-9。

表 3-9　项目 3.3 成绩评价表

产品代号		项目 3.3		学生姓名		综合得分		
类　别	序　号	考核内　容	配　分	评分标准		得　分	备　注
操作过程	1	理解各坐标系	5	不理解一个键扣 1 分			
	2	理解对刀原理	5	不理解一个键扣 1 分			
	3	相对坐标设置或清零	5	不能完成一处扣 1 分			
	4	加工中心开机	5	少一个环节扣 2 分			
	5	要平口虎钳上装夹工件	5	不规范酌情扣 1~5 分			
	6	刀具按刀号装入刀库	10	不规范每处扣 2 分			
	7	基准刀具对刀及参数设置	20	不规范酌情扣 1~5 分			
	8	其他刀具对刀及参数设置	5	不规范酌情扣 1~5 分			
	9	完成时间	10	不按时完成无分			
	10	行为规范、纪律表现	5	酌情扣 1~5 分			

数控机床操作与项目实训

（续表）

	11	工件场地整理	5	未打扫机床扣 10 分		
职业素养	12	机床维护保养正确	5	不完成无分		
	13	安全操作	5	不遵守数控机床安全操作规则每次扣 5 分		
	14	文明操作	5	不符合文明规范操作每次扣 3 分		
	15	注意环保	5	不注意每次扣 3 分		

注：(1)加工操作期间，发生撞刀现象，将暂停操作数控机床的资格；

(2)发生影响安全的违规、违章操作，由指导教师按实训管理制度进行处理。

【项目作业】

(1)总结对刀及参数设置方法，理解对刀原理。

(2)预习并准备下次实训内容。

项目 3.4　加工中心程序的编辑与校验

【项目要求】

学会在加工中心上手动输入程序,掌握对已有程序的调试编辑方法,熟练应用仿真功能对程序进行校验。

(1)计划时间　2学时。

(2)质量要求　能在加工中心上手动输入新程序,对错误程序进行调试,掌握在加工中心上校验程序的方法及其操作要领。

(3)安全要求　严格按照安全操作规程进行,确保人身、设备安全。

(4)文明要求　自觉按照文明生产规则进行实训,做有职业修养的人。

(5)环保要求　在项目实训过程中充分考虑保护环境的有利因素。

【项目指导】

1. 新建程序

在加工中心上手工输入一个新程序的方法。

① 选择"程序编辑"功能模式,系统处于编辑方式;

② 按面板上的"PROG"键,显示程序页面,如图3-38所示;

③ 用字母和数字键,输入程序号。例如,输入程序号"O0001";

④按系统面板上的"插入"键;

⑤ 输入分号";";

⑥ 按系统面板上的"插入"键;

⑦ 这时程序页面上显示新建立的程序名,光标在第二行,接下来可以输入程序内容。

一个程序行输入结尾时,按 EOB 键生成";",然后再按插入键。这样程序会自动换行,光标出现在下一行的开头。

图 3-38　程序编辑页面

2. 后台创建新程序

在自动执行一个程序期间输入编辑另一个程序称为后台编辑。后台编辑方法与普通编辑相同,后台程序输入编辑完成后,需要返回到前台页面,输入的程序将自动保存到前台存储器中。

后台输入程序的操作方法如下。

① 选择"自动运行"或"程序编辑"功能模式;

② 按功能键"PROG";

③ 按［操作］软键,然后按［BG-EDT］软键,显示后台编辑页面;

④ 在后台编辑页面,按照通用的程序编辑方法输入、编辑程序;

⑤ 编辑完成之后,按［操作］软键,然后按［BG-END］软键,返回到前台页面。编辑程序被保存到前台程序存储器中。

3. 程序的输入/输出

加工中心通过串口连线与电脑相连后,程序可以在它们之间相互传输。

（1）输入程序

程序从电脑传到加工中心上（PC→CNC）。

① 开启电脑;

② 启动程序传输软件 CIMCOEdit4;

③ 在传输软件中打开程序文件;

④ 在机床上按"编程"功能模式;

⑤ 按功能键"PROR（程序）",显示程序页面;

⑥ 按［操作］软键;

⑦ 按最右边的▶软键（菜单扩展键）;

⑧ 输入地址 O 后,输入赋值给程序的程序号,如 O7001,如果不指定程序号,则使用原程序号;

⑨ 按［读入］和［执行］软键;

⑩ 在电脑的传输软件 CIMCOEdit4 中选择"机床通讯"菜单下的"发送"。

（2）输出程序

程序从电脑传到加工中心上（CNC→PC）。

① 开启电脑;

② 在机床上按"编程"功能模式;

③ 按功能键"PROR（程序）",显示程序页面;

④ 按［操作］软键;

⑤ 按最右边的▶软键（菜单扩展键）;

⑥ 输入地址 O 后,输入程序号或指定程序号范围;

⑦ 按［输出］和［执行］软键。

4. 打开程序文件

打开存储器中保存的程序,使其成为当前程序的方法。

选择"程序编辑"或"自动运行"功能模式,按"PROG"键,显示程序页面,然后输入程序号,再按光标键。或者使用以下方法:

a. 如果不清楚程序名称,按［DIR］软键,可显示程序名列表;

b. 使用字母和数字键,输入程序名;

c. 按［O 检索］软键;

d. 将显示这个程序,且它为当前程序。

5. 编辑程序

下列各项操作均是在编辑状态下,在当前程序中进行的。

1)字的检索

① 按[操作]软键;

② 按向右箭头▶(菜单扩展键),直到软键中出现[检索(SRH)↑]和[检索(SRH)↓]软键;

③ 输入需要检索的字。如要检索 M03;

④ 按[检索]键。带向下箭头的检索键为从光标所在位置开始向程序后面检索,带向上箭头的检索键为从光标所在位置开始向程序前面进行检索。如果检索的字不存在,将会出现报警信号;

⑤ 光标找到目标字后,定位在该字上。

2)光标跳到程序头

当光标处于程序中,而需要将其快速返回到程序头,可用下列三种方法。

方法一:在"程序编辑"功能模式,显示程序页面时,按[RESET]键,光标即可返回到程序头。

方法二:在"自动运行"或"程序编辑"功能模式,显示程序页面时,输入程序名,然后按软键[O 检索];

方法三:在"自动运行"或"程序编辑"功能模式,按[PROG]键,然后按[操作]软键,再按[REWIND]软键。

3)字的插入

① 使用光标移动键或检索,将光标移到插入位置前的字;

② 键入要插入的字;

③ 按"INSERT"键;

4)字的替换

① 使用光标移动键或检索,将光标移到删除的字;

② 键入要替换的字;

③ 按"ALTER"键。

5)字的删除

① 使用光标移动键或检索,将光标移到删除的字;

② 按删除键。

6)删除一个程序段

① 使用光标移动键或检索,将光标移到要删除的程序段地址 N;

② 键入";";

③ 按"DELETE"键。

7)删除多个程序段

① 使用光标移动键或检索,将光标移到要删除的第一个程序段的第一个字;

② 键入地址 N;

③ 键入将要删除的最后一个段的顺序号;

④ 按"DELETE"键。

6. 删除程序

删除存储器中不使用程序的步骤如下:

① 在"程序编辑"方式下,按[PROG]键;

② 按[DIR]软键;

③ 显示程序名列表;

④ 使用字母和数字键,输入欲删除的程序名;

⑤ 按面板上的"DELETE"键,再按[执行]键,该程序将从程序名列表中删除。

7. 程序的检查

在加工中心上按照程序单手动输入程序时可能会出现输入错误,另外不同数控系统支持的程序格式略有差异,因此,手动编写输入的程序必须利用数控机床现场进行检验、调整,只有确认加工程序完全正确后才能进行实际加工。

在加工中心上现场对程序进行检验的方法较多,可以根据需要选择一种合适的方法。

1)用机床锁住功能来检查

机床锁住后执行自动运行功能,各轴不移动,但位置坐标的显示与各轴移动情况一样,并且 M、S、T 都执行。如果程序能顺利运行,说明程序格式没有问题。其操作步骤如下:

① 加工中心"回参考点"操作;

② 选择"自动运行"方式;

③ 按[PROG]功能键,屏幕上显示当前需要检查的程序,将光标移到程序头;

④ 按下"机床锁住"键,指示灯亮;

⑤ 按"位置"功能键,显示绝对坐标页面;

⑥ 按"程序启动"键,按键灯亮,开始进行程序检验。根据机床的运行状态、绝对坐标显示值与程序对照分析,从而确定程序的正确性。

2)用单程序段运行来检查

单程序段运行是指数控机床执行一行程序后就暂停,再按一下"程序启动"键,接着再执行一行程序,不断重复按"程序启动"键,直到程序执行完成。但在执行循环指令时,每按一次"程序启动"键,将执行一个循环,回到循环起点位置才暂停。其操作步骤如下:

① 选择自动方式;

② 按[PROG]功能键,屏幕上显示当前需要检查的程序,将光标移到程序头;

③ 设置"进给倍率"旋钮的位置,一般选择 100% 的进给速度;

④ 按"单程序段"键,按键灯亮;

⑤ 按"POS"键,显示机床坐标页面;

⑥ 按"程序启动"键,按键灯亮。加工中心执行完第 1 段程序后暂停运行;

⑦ 此后,每按一次"程序启动"键,程序就往下执行一段,直到整个程序执行完毕。根据机床的运行状态、实际运动位置、绝对坐标显示值与程序对照分析,从而确定程序的正确性。

3)抬刀运行程序

将主轴坐标原点抬刀一定距离,这一距离大于工件的切削深度,确保在检验程序的过程中刀具不会切削到工件。其操作步骤如下:

① 选择自动方式;

② 按[PROG]功能键,屏幕上显示当前需要检查的程序,将光标移到程序头;

③ 按"OFFSET/SETING(补正/设置)"键,再按[工件系]软键,翻页显示到 G54;

④ 在 G54(EXT)的 Z 轴上设置一个正的平移值,如 100;

⑤ 按"POS"键,显示机床坐标页面,按"机床空运行";

⑥ 按"程序启动"键;

⑦ 观察刀具的运动轨迹和机床动作,通过坐标轴剩余移动量判断程序及参数设置是否正确。

4)作刀具路径图形

图形显示功能能够在屏幕上画出正在执行程序的刀具轨迹。通过观察屏幕上的轨迹,可以检查加工过程。在校验过程中要观察判断以下内容:如果在整个校验过程中机床工件状态没有问题,刀具轨迹完整,说明程序格式没有问题;在校验过程中,一边观察刀轨一边注意机床运行的转速和使用的刀具是否与实际一致;利用在屏幕上画出的刀具路径,检查加工的轨迹和加工形状,判断程序中输入的坐标位置是否正确。

(1)设定图形"参数"。

作图之前,根据需要设定图形参数,包括显示轴和设定图形范围。

在图形参数设置页面中,如图 3-39 所示。

轴:指定绘图平面。

图形中心点,X＝_,Y＝_,Z＝_将工件坐标系上的坐标值设在绘图中心。

比例,设定绘图的放大率,值的范围是 0 到 10000(单位:0.01 倍)

图形设定范围的最大和最小坐标,使用六个图形参数,此时值的单位是 0.001mm,图形的放大率自动确定。

图 3-39　图形参数设置页面

(2)图形模拟步骤

① 在"编辑"功能模式,按"程序"功能键,显示程序页面,检查光标是否在程序起始位置;

② 按"CUTM/GR"(用户宏/图形)键,然后按[参数]软键,对图形显示进行设置;

③ 开动加工中心现场对程序进行校验时,应假定程序有错误,现有工件和刀具有可能出现的情况要充分预见。校验过程中,刀具不能与任何部件(特别是工件)发生干涉,可以依据实际情况从下列方法中选择一种。

其一,不夹装工件或刀具;

其二,夹装有工件和刀具,采用"机床锁住";

其三,夹装有工件和刀具,还没有对刀进行坐标原点和刀具长度补偿,可以把坐标原点设置到远离工件的上方;

其四,夹装有工件和刀具,且已经完成了对刀及参数设置,可以利用 FANUC 数控系统功能把坐标原点的 Z 轴向上移动(按"OFS/SET"键,然后按软键[坐标系],在 G54 (EXT)处的 Z 轴处设置坐标偏移,如在 Z 处输入 100.0,抬刀运行程序;

④ 选择"自动运行"功能模式;

⑤ 按"程序启动"键,可以按下"空运行"键,减少程序运行时间;

⑥ 按"CUTM/GR"功能键,按[图形]软键,进入图形显示,如图 3-40 所示检查刀具路径是否正确,否则对程序进行修改。

根据机床的实际运动位置、动作以及机床的报警等来检查程序是否正确。依据机床的工件状态、工件位置,检查 X、Y、Z 轴的坐标和余量是否和图纸以及刀具路径相符;当有语法和格式问题时,会出现报警(P/S ALARM)和一个报警号,查看光标停留位置,光标后面的两个程序段

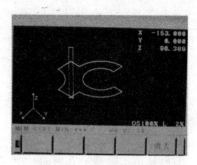

图 3-40 模拟作图页面

可能就是出错的程序段,根据不同的报警号查出产生的原因作相应的修改调试。

【项目实施器具】

实施本项目需要提前准备以下器具:加工中心为 KVC650;毛坯材料为铝块,60×60×20;需要的刀具、量具和用具清单见表 3-10。

表 3-10 刀具、量具和用具清单

类别	序号	名 称	型号/规格	精 度	数 量	备 注
刀具	1	刀柄、拉钉	BT40		2/组	配套
	2	弹簧夹头	φ4、φ10		各1/组	套
	3	立铣刀	φ10		各1/组	
	4	钻头	φ6.8		各1/组	
	5	φ80 面铣刀	6 齿		1/组	含刀柄
量具	6	游标卡尺	0～150	0.02	1/组	
	7	钢直尺	150		1/组	
用具	8	月牙扳手			1	
	9	活动扳手	250		1	
	10	等高垫铁			若干	
	11	铜棒			1	
	12	防护镜			1/人	
	13	工作帽			1/人	
	14	毛刷			1/组	

【项目预案】

问题 1 在编辑程序时出现报警。

解决措施:在新输入程序和编辑已经打开的当前程序时,都必须在可改写状态下进

行,否则将会报警。如果出现此情况,只需旋转操作面板上的"程序保护锁"钥匙开关指到"关"即可。

新输入程序名与存储器中已有程序重名会出现报警,按"复位"解除报警后,查看存储器中已有程序名,重新输入新的程序名。

在输入新程序或编辑程序时,如果已在"输入缓存区"中输入了字,此时按光标键的功能不是光标移动功能而是查找功能,如果没有查到满足项将出现报警。按"复位"解除报警后,重新按光标键可移动光标。

问题 2　在屏幕上看不到或看不全刀具路径图形。

解决措施:屏幕显示的刀具路径图形已经按常用模式设置好了(工件大小 200×200×100,工件坐标原点在工件上表面中心),一般不要改变。如果所编写程序的实际情况(工件大小、坐标原点位置)与已经设置模式相差较大,需要重新设置图形参数。

在设置图形参数时只需设置页面中两组参数之一。一组包括图形中心点,$X=\_$,$Y=\_$,$Z=\_$将工件坐标系上的坐标值设在绘图中心,设定绘图的放大比例,比例数值的范围是 0 到 10000(单位:0.01 倍);另一组是图形设定范围的最大和最小坐标,使用六个图形参数,此时值的单位是 0.001mm,系统会对图形比例,图形中心值进行自动设定,使用此项比较方便。

程序运行过程中,如果在屏幕上看不到或看不全刀具路径图形,往往是先将绘图的比率缩小(如修改为 80),初步判断图形的中心位置,再依据图形的大小和中心位置作适当调整。

问题 3　在切削模拟过程中出现超程报警。

解决措施:在试切削校验程序的过程中,即使主轴锁住,各坐标不移动,程序执行中的坐标值也会发生变化,如果坐标原点设置不合理,也会出现超程。以下几种情况都可能出现超程报警:在试切削前随意设置的坐标原点偏离工件坐标原点太远;坐标原点即使已通过对刀进行了设置,它是准确值,但在试切削时设置的坐标偏置太大;由于刀具长度补偿值设置不合理等原因。分析系统报警原因后,进行相应设置调整即可避免这些情况发生。

问题 4　在切削模拟过程中"机床锁住"无效。

解决措施:先按"机床锁住"键,指示灯亮,然后在自动/手动/MDI 方式下执行坐标轴移动,机床锁住的功能都有效。如果在自动运行过程中按"机床锁住"键,机床锁住的功能就无效。

按"机床锁住"键和"辅助功能锁"键的情况下,进行程序校验加工中心会出现报警,本实训中的机床"辅助功能锁"键不能使用。

【**项目实施**】

1. **基本训练内容**

按照"项目指导"中的内容进行操作、理解,熟悉程序编辑、程序校验过程中常用显示页面的切换,熟悉有关程序的基本操作。

训练理解以下项目的操作方法。

① 创建新程序;

② 后台创建新程序;

③ 打开程序文件；

④ 编辑程序（翻页、光标移动、程序字的修改、插入和删除）；

⑤ 删除程序。

2. 操作训练内容

1）手动输入新程序

（1）准备工作

准备工作包括：纸质程序单；开机，加工中心回参考，在操作面板上旋转"程序保护锁"钥匙开关到"关"处。

（2）建立新程序

① 选择"程序编辑"或"自动运行"功能模式，然后按"PROG"键，再按[DIR]软键，从显示程序名列表中查看已有程序名称；

② 选择"程序编辑"功能模式，显示程序页面；

③ 用字母和数字键，输入"O7002"程序号；

④ 按系统面板上的"插入"键，屏幕顶行显示"O7002"；

⑤ 按"EOB"键；

⑥ 按"插入"键，屏幕显示首行"O7002;"，光标在第二行；

⑦ 每一行程序输入结尾时，按 EOB 键生成";"，然后再按"插入"键，完成一个程序行的输入。逐行输入以下程序内容：

```
O7002;
G90G80G40G49G17G21;
G54;
G00X－40.0Y－65.0;
S500M03;
G43H01Z10.0;
G01Z－5.0F500.0M08;
G41D01G91Y－5.0F150.0;
Y－30.0;
G03X－40.0Y－40.0R40.0;
G01X－30.0;
Y20.0;
G02X－50.0Y50.0R50.0;
G01X20.0;
G03X30.0Y30.0R－30.0;
G01Y20.0;
G02X50.0Y－50.0R50.0;
G01X20.0;
X5.0G40;
G00Z100.0G49M09;
X0Y0;
M30;
```

2）程序校验

（1）人工校对程序

手工输入的程序很容易输入不完整、输入错误，输入完成后应从前到后对照程序单逐行校对，特别是 Z 轴坐标负值。

① 选"程序编辑"功能模式，显示"程序"页面时，按［RESET］键，光标返回到程序头；

② 对照程序单逐行校对；

③ 按"翻页"键，显示下页程序；

④ 按光标键，移动光标到需要删除或修改的字上，或需要插入字的前面；

⑤ 使用"INSERT"、"ALTER"、"DELETE"编辑键，对输入错误的地方进行"插入"、"替换"、"删除"等编辑操作。

（2）空运行校验程序

程序校验的具体操作细节可以多种多样，主要考虑两方面：先对刀及参数设置还是先完成校验程序，本例采用先校验程序；程序校验过程中使用与不使用"机床锁住"键，本例不选择"机床锁住"。

不使用"机床锁住"键，程序校验时不仅可以观看刀具轨迹路线，也可以观察刀具的移动情况；在对刀及参数设置之前校验程序，可以不夹装工件，只需把坐标原点和刀具长度补偿设置在远离工件或机床辅助部件，校验时不会发生干涉即可。

抬刀空运行检验程序步骤。

① 选择"手动"功能模式，把刀具的刀尖移动到工件中心之上，刀尖到工件上表面的距离大于程序中的切削深度，如 100mm。保证若此位置为坐标原点，程序运行的整个过程中刀具不会发生干涉，也不会出现坐标轴超程；

② 按"OFS/SET"功能键，然后按［坐标系］软键，出现坐标设置页面。将光标移到番号 G54 的 X 处，键入 X0，按［测量］软键，设置 X 坐标原点；将光标移到番号 G54 的 Y 处，键入 Y0，按［测量］软键，设置 Y 坐标原点；将光标移到番号 G54 的 Z 处，键入 Z0，按［测量］软键，设置 Z 坐标原点；

③ 按"OFS/SET"功能键，然后［补正］软键，出现刀具长度补偿设置页面。将光标移到形状（H）列，所使用刀具号对应行都键入 0，按［输入］软键，设置所有刀具的长度补偿值为 0；

④ 在"程序编辑"功能模式，显示程序页面时，按［RESET］键，光标返回到程序头；

⑤ 在"自动运行"功能模式，旋转"进给倍率"旋钮到最小处 0%；

⑥ 按"CUTM/GR"（用户宏/图形）键，然后按［参数］软键，对图形显示参数进行设置。完成后按［图形］软键，进入"图形"显示页面；

⑦ 按下"空运行"键，指示灯亮，然后按"程序启动"键；

⑧ 逐步旋转"进给倍率"旋钮，同时观察刀具移动情况，根据需要调整倍率大小；

⑨ 注意观察机床运行的转速和使用的刀具是否与实际一致，从而判断工件的加工路线；在屏幕上观察刀具轨迹线，如图 3-41 所示，如果在整个校验过程中没有出现报警，刀具轨迹完整，说明程序格式没有问题；依据刀具轨迹线形状，可以检查加工的轨迹和加工形状，判断程序中输入的坐标位置是否正确。

当有语法和格式问题时，会出现报警信息和一个报警号，查看光标停留位置，光标后面的两个程序段可能是出错的程序段,根据不同的报警号查出产生的原因作相应的修改。

注意观察,发现异常时,立即按下"急停"按钮。

⑩ 按"空运行"键,指示灯灭,取消空运行状态,重新完成返回参考点操作。

【项目评价】

本项目实训成绩评定见表 3-11。

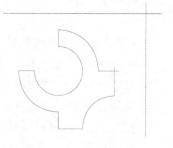

图 3-41 刀具轨迹

表 3-11 项目 3.4 成绩评价表

产品代号		项目 3.4		学生姓名		综合得分		
类 别	序 号	考核内容	配 分		评分标准		得 分	备 注
操作过程	1	后台编辑程序	5		不理解一个键扣 1 分			
	2	打开程序为当前程序	5		不理解一个键扣 1 分			
	3	输入编辑新程序	15		不能完成一处扣 1 分			
	4	模拟图形参数设置	5		少一个环节扣 2 分			
	5	模拟前坐标、刀长补偿设置	5		不规范酌情扣 1~5 分			
	6	切削模拟	10		不规范每处扣 2 分			
	7	程序调试	10		不规范酌情扣 1~5 分			
	8	完成时间	10		不按时完成无分			
	9	行为规范、纪律表现	5		酌情扣 1~5 分			
职业素养	10	工件场地整理	5		未打扫机床扣 10 分			
	11	机床维护保养正确	5		不完成无分			
	12	安全操作	10		不遵守数控机床安全操作规则每次扣 5 分			
	13	文明操作	5		不符合文明规范操作每次扣 3 分			
	14	注意环保	5		不注意每次扣 3 分			

注:(1)加工操作期间,发生撞刀现象,将暂停操作数控机床的资格;
　　(2)发生影响安全的违规、违章操作,由指导教师按实训管理制度进行处理。

【项目作业】

(1)总结在加工中心上现场进行程序校验的步骤及注意事项。

(2)预习并准备下次实训内容。

项目 3.5　平面类零件的加工

【项目案例】

本项目以图 3-42 所示十字底座加工为例,学会对零件进行工艺性分析,制定加工中心加工外轮廓和内轮廓的加工工艺方案,用手工编写零件的加工程序,并进行仿真调试,最后加工出合格的零件。

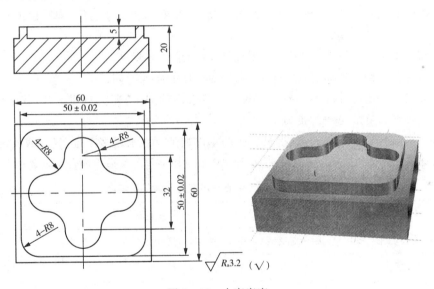

图 3-42　十字底座

(1)计划时间　6学时。

(2)质量要求　零件加工质量符合图样要求。

(3)安全要求　严格按照安全操作规程进行,确保人身、设备安全。

(4)文明要求　自觉按照文明生产规则进行实训,做有职业修养的人。

(5)环保要求　在项目实训过程中充分考虑保护环境的有利因素。

【项目解析】

1. 图样分析

该零件的加工为腔体的内外表面加工,主要包括 50×50×5 的外轮廓侧面和底面,十字形内腔侧壁和底面。图样中两对边面间尺寸为 50±0.02mm,为中等公差等级要求,但零件多处含有圆弧,因此,虽然零件结构形状简单,但该零件需要使用加工中心自动加工,加工时需要采用粗、精加工的顺序加工外轮廓,并在粗、精加工之间加入测量和误差调整补偿。零件的各加工表面粗糙度要求为 $R_a3.2\mu m$,只要选择好使用刀具的几何参数并调整好切削参数,控制好加工过程中切屑状况就会比较容易达到此要求。

图样尺寸标注完整,轮廓描述清楚,零件材料为铝,加工后需去除毛刺。

2. 加工方案

用平口虎钳夹持工件,工件在钳口之上加工部分大于 5mm。先粗加工外轮廓,留0.5mm 余量,暂停加工,测量已加工外轮廓尺寸,对加工误差进行修正;再精加工外轮廓,一次加工完成内部型腔;最后用面铣刀加工顶平面。

3. 夹装

数控加工的特点对夹具提出了两个基本要求:一是保证夹具的坐标方向与机床的坐标方向相对固定;二是要能协调零件与机床坐标系的尺寸。

除此之外,重点考虑以下几点。

①单件小批量生产时,优先选用组合夹具、可调夹具和其他通用夹具,以缩短生产准备时间和节省生产费用;

②在成批生产时,应考虑采用专用夹具,并力求结构简单;

③零件的装卸要快速、方便、可靠,以缩短机床的停顿时间;

④夹具上各零部件应不妨碍机床对零件各表面的加工,即夹具要敞开,其定位、夹紧机构元件不能影响加工中的走刀;

⑤为提高数控加工的效率,批量较大的零件加工可以采用多工位、气动或液压夹具。

根据零件形状和加工特点选择夹具,加工中心常用夹具及其适用场合见表 3-12。

表 3-12　加工中心常用夹具及其适用场合

夹具名称	适用场合
平口虎钳	用于装夹规则的平面类零件,适用于单件、小批量生产
分度头	适用于回转体、多个工位的零件
压板	与其他附件一起使用,适用于外形简单、需要平面定位夹紧的工件
专用夹具	用于各类零件的装夹;定心精度高,适合于成批量生产
组合夹具	用于装夹箱体类、壳类零件的加工。适用于中、小批量生产
加工中心用三爪卡盘	用于装夹轴类、盘类及圆柱棒料等零件

本项目提供毛坯为长方体,该零件四周侧面规则,平口虎钳的两钳口夹持工件的两对边侧面,工件下方用等高垫铁支承,保证装夹后工件露出高度大于零件的加工距离,用平口虎钳装夹方便、快捷,定位可靠、精度高,可满足该零件的加工要求。

4. 刀具及切削用量选择

刀具以及切削用量应根据工件材料来选择。毛坯材料为铝块,材料较软,可以选用材料为高速钢的刀具,最好选用 N 型硬质合金刀片的刀具,此刀片材料类型适合于对铝合金进行粗、精加工。

　　刀具类型要根据加工表面的类型来选择,如图 3-43 所示为常用刀具与铣削对象。常用铣刀的类型及其适用的加工表面见表 3-13。

表 3-13　刀具类型及应用表

刀具类型	适用的加工表面
面铣刀	加工大的平面
立铣刀	加工侧面和底面
键槽铣刀	加工侧面和底面及封闭的凹槽
球头刀	加工曲率变化大的曲面
圆角刀	加工曲面

　　该零件加工包括侧面和底面,加工内腔时刀具大小受内腔圆弧半径 $R8.0mm$ 的限制,选用一把 $\phi12$ 的立铣刀如图 3-44 所示;加工顶平面时,选用面铣刀,依据顶平面大小为 50mm,选择大小为 $\phi63$ 的面铣刀。

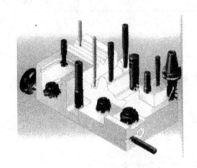

图 3-43　铣削对象与刀具

图 3-44　面铣刀、立铣刀

本项目使用刀具见表 3-14。

表 3-14　加工中心刀具卡

产品名称或代号		项目 3.5		零件名称	十字底座	零件图号	图 3-42
序号	刀具号	刀具规格名称	数 量	加工表面	精　度	备　注	
1	T01	$\phi12$ 立铣刀	1	内外轮廓和底面	0.02		
2	T02	$\phi63$ 面铣刀	1	顶平面	0.01		
编制	×××	审核	×××	批准	×××	××年×月×日	共 1 页　第 1 页

　　影响切削质量的主要原因除刀具材质与刀具几何参数之外,还有切削状态、工件材料、切削参数等。常用工件材料、刀具材料的铣削进给量见表 3-15。

表 3-15 常用工件材料、刀具材料的每齿进给量表

工件材料	每齿进给量（mm/z）			
	粗 铣		精 铣	
	高速钢铣刀	硬质合金铣刀	高速钢铣刀	硬质合金铣刀
钢	0.10～0.15	0.10～0.25	0.02～0.05	0.10～0.15
铸 铁	0.12～0.20	0.15～0.30	0.02～0.05	0.10～0.15

常用工件材料、刀具材料的切削速度见表 3-16。

表 3-16 常用工件材料、刀具材料的切削速度表

工件材料	硬度 HBW	切削速度（m/min）	
		高速钢铣刀	硬质合金铣刀
钢	<225	18～42	66～150
	225～325	12～36	54～120
	325～425	6～21	36～75
铸 铁	<190	21～36	66～150
	190～260	9～18	45～90
	260～320	4.5～10	21～30

对刀具磨损影响最大的是切削速度，切削铝材时可参照钢材，切削铝材时的切削速度一般选为钢材的 2～3 倍。

查常用工件材料、刀具材料及切削用量表，通过计算，确定刀具切削参数，并结合经验制定加工中心加工工艺卡见表 3-17。

表 3-17 加工中心加工工艺卡

单 位	××职业技术学院	产品名称或代号		零件名称	零件图号	
		项目 3.5		十字底座	3-42	
工序号	程序编号	夹具名称		使用设备	车间	
301	O3501	平口虎钳		KVC650	先进制造基地	
工步号	工步内容	刀具号	刀具规格	主轴转速	进给速度	背吃刀量	备注
1	粗加工外轮廓	T01	φ12	800	300	4.7	自动
2	精加工外轮廓	T01	φ12	1500	150	0.3	自动
3	加工内腔	T01	φ12	1000	250	5	自动
4	顶平面	T02	φ63	1200	180	0.4	自动
编制	×××	审核	×××	批准	×××	××年×月×日	共页　第 1 页

5. 程序分析

在零件图纸上建立编程坐标原点,通常把它建立在零件上表面中心处。

该零件图形简单,两处尺寸公差为对称值,从图样中可以直接得出编程基点坐标值。

1)常用编程指令

KVC650 型加工中心采用 FANUC 0iMate-Mc 数控系统。

数控程序是若干个程序段的集合。每个程序段独占一行,每个程序段由若干个字组成,每个字由地址和跟随其后的数字组成,地址是一个英文字母。一个程序段中各个字的位置没有限制,但是,一般排列方式见表 3 - 18,已经成为大家都认可的方式。

表 3 - 18　程序行通用格式

N—	G—	X—Y—Z—	···	F—	S—	T—	M—	LF
行号	准备功能	位置代码		进给速度	主轴转速	刀具号	辅助功能	行结束

(1)准备功能字 G

使数控机床作好某种操作准备的指令,用 G 和两位数字组成,G00～G99。

FANUC 0i Mate-MC 常用 G 指令(部分)见表 3 - 19。

表 3 - 19　FANUC 0i Mate-MC 常用 G 指令

G 代码	组	功能	G 代码	组	功能
G00	01	快速定位	G54～G59	14	加工坐标系选择
G01		直线插补	G65	00	宏程序调用
G02		顺时针圆弧插补	G66	12	宏程序模态调用
G03		逆时针圆弧插补	G67		宏程序模态调用取消
G04	00	暂停	G73	09	深孔钻削循环
G17	02	XY 平面	G80		取消固定循环
G18		ZX 平面	G81		钻削循环
G19		YZ 平面	G82		钻盲孔循环
G20	06	英寸输入	G83		排屑钻孔循环
G21		毫米输入	G84		右螺纹攻丝循环
G28	00	返回参考点	G90	03	绝对值编程
G33	01	螺纹切削	G91		增量值编程

（续表）

G 代码	组	功 能	G 代码	组	功 能
G40	07	半径补偿取消	G94	05	每分钟进给
G41		半径左补偿	G95		每转进给
G42		半径右补偿	G96	02	恒表面速度设置
G43	08	刀具长度正补偿	G97		恒转速设置
G44		刀具长度负补偿	G98	10	返回固定循环初始点
G49		取消长度补偿	G99		返回固定循环 R 点

G 指令根据其功能分为若干个组，在同一程序段中，如果出现了多个同组的 G 功能，那么最后一个有效。

G 指令分为模态与非模态两类。一个模态 G 功能被指令后一直有效，直到被同组的另一个 G 指令功能取代。而非模态的 G 功能仅在其被指令的程序段中有效。

（2）辅助功能字

用于控制机床或系统开关功能的指令，用 M 和两位数字组成，M00～M99。

FANUC 0i Mate-MC 常用 M 指令（部分）见表 3-20。

表 3-20　FANUC 0i Mate-MC 常用 M 指令

代 码	意 义	格 式
M00	程序暂停	
M01	程序选择性停止	
M02	结束程序运行	
M03	主轴正转	
M04	主轴反转	
M05	主轴停止转动	
M06	自动换刀	T××M06
M08	冷却液开启	
M09	冷却液关闭	
M30	程序结束返回程序头	
M98	调用子程序	M98 Pxxnnnn 调用程序 Onnnn xx 次
M99	子程序结束	子程序格式：Onnnn…M99

在同一程序段中若有两个 M 代码出现时，虽其动作不相冲突，但以排列在最后面的代码有效，前面 M 代码被忽略而不执行；M 代码分为前指令码和后指令码，前指令码和

同一程序段中的移动指令同时执行,后指令码在同段的移动指令完后才执行,例如 M03、M04 为前指令 M 功能;M05 为后指令 M 功能。

（3）数控车床与加工中心指令差异

在加工中心与数控车床的编程指令中,常用指令(如某些准备功能 G00、G001、G02 等、辅助功能 M03、M05、M30 等)的使用方法是相同的。但如下指令具有不同功能或使用方法。

①刀补、圆弧平面选择　G17、G18、G19,数控车床中没有此功能。

②返回参考点　G28X_Y_Z_。式中 X_Y_Z_ 为中间点的坐标值,用于加工中心回参考点结束程序或换刀,可自动取消刀具长度补偿。数控车床中的中间点为两个坐标值 X(U)_Z(W)_。

③刀具半径补偿　G41/G42D_。在加工中心中包括有 D 参数代码,在数控车床中则无。

④刀具长度补偿　G43/G44Z_Hxx。Z 坐标值为刀具长度补偿后刀位点移动到的坐标值。在加工中心中包括有 H 参数代码,在数控车床中无。

⑤取消刀具长度补偿　G49 或 G43/G44H00。在数控车床中代码不同。

⑥固定循环　G73、G74、G76、G80～G86。用于孔加工。与数控车床的功能不同。

⑦绝对坐标/增量坐标指令　G90/G91。坐标字都用相同字母 $X\_Y\_Z\_$;在数控车床中用 $X(U)\_Z(W)\_$,X、Z 代表绝对坐标,U、W 代表增量坐标。

⑧每分/每转进给　G94/G95。在数控车床中的含义不同。

⑨固定循环返回起始点/返回 R 点　G98/G99。在数控车床中的含义不同。

⑩加工中心自动换刀　T××M06。在数控车床中用 T××××,既换刀也指定刀具长度补偿和半径补偿代号。

2)手工编程的基本刀具路线

如图 3-45 所示,加工中心铣削外轮廓时的通用加工路线,手工编写其他加工类型程序时,也可参照此刀具路线。

①从起始点开始,Z 轴坐标不变,X、Y 轴快速移动(G00)到切削开始点的正上方;设置刀具转速,刀具转动。

②X、Y 轴坐标不变,Z 轴快速向下移动到安全高度,并进行刀具长度补偿设置。

③刀具沿 Z 轴方向切削(G01)到切削底部,通常刀具在切削材料外或在工艺孔内下刀,避免立铣刀在材料上垂直下刀。

④沿轮廓的切入段切入工件,通常还要建立刀具半径补偿。

⑤沿轮廓进行切削。

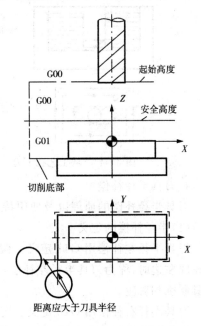

图 3-45　通用刀具路线

⑥沿轮廓的退出段切削并逐渐退出工件,并取消刀具半径补偿。

⑦向上抬刀到安全高度。

⑧快速向上抬刀并取消刀具长度补偿,或刀具回Z轴参考点。

⑨工件移动到适当位置,结束加工。

3)进刀/退刀方式的确定

对于铣削加工,刀具切入或切出工件的方式,不仅影响加工质量,同时直接关系到加工的安全。

对于二维外轮廓加工,如图3-46所示,刀具应离开工件材料之外一定距离,再从安全高度切削到切削层底部高度,从侧向进刀或沿切线方向进刀,尽量避免垂直于加工面进刀,退刀方式也应从侧向或切向退刀,以免发生危险。

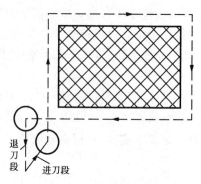

图3-46 侧向进退刀

对于型腔的粗铣加工,可以采用斜直线或螺旋下刀,或先钻一个工艺孔到型腔底面(留一定的精加工余量),如图3-47所示,并扩孔,以便所使用的铣刀能从工艺孔下刀,再横向进行型腔加工。

对于型腔的精铣加工,如图3-48所示,刀具应离开工件材料一定距离,再从安全高度下降到切削层高度,以圆弧为进刀段,退刀方式也应以圆弧为退刀段。

切入段、退刀段沿轮廓的切线方向,通常设为直线或直线加圆弧,并且在直线段建立或取消刀具半径补偿。

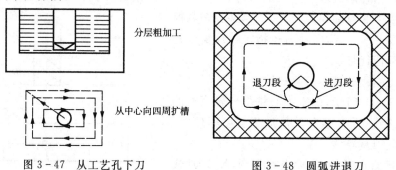

图3-47 从工艺孔下刀   图3-48 圆弧进退刀

4)刀具半径补偿

刀具半径补偿的原理以及使用特点可参见项目3.3。

(1)半径补偿的定义

刀具半径左补偿用G41定义。假设工件静止,沿刀具前进方向向前看,刀具位于零件轮廓左边时,称为刀具半径左补偿,如图3-49a所示,由图也可看出刀具半径左补偿与刀具顺铣相对应。

刀具半径右补偿用G42定义。定义内容则相反,如图3-49b所示。

当不需要进行刀具半径补偿时,用G40取消刀具半径补偿。

(2)半径补偿格式

指令格式:G41/G42D

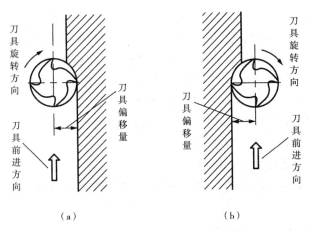

（a）　　　　　　　　　　（b）

图 3-49　刀具半径补偿与顺逆铣

G41、G42 都是模态代码,二者互相取代,用 G40 取消。

式中:D 代码后的数字为刀具半径补偿偏置寄存器号,如 D02 代表 2 号刀具半径补偿偏置寄存器号,其参数值由操作人员在机床操作面板上输入。

（3）半径补偿使用要点

利用刀具半径补偿时应分清刀具半径补偿建立,刀具半径补偿状态下加工零件和刀具半径补偿解除三个过程。刀具半径补偿建立是一个从无到有的渐变过程,从直线轨迹段的起点处开始,刀具中心渐渐往预定的方向偏移,到达该直线轨迹段的终点处时,刀具中心相对于终点产生刀具半径补偿值大小的法向偏移。因此,建立和取消半径补偿需与 G01 或 G00 指令配合使用,可用如下程序格式:

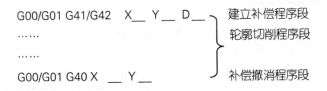

G00/G01 G41/G42　X＿ Y＿ D＿　建立补偿程序段
……　　　　　　　　　　　　　　轮廓切削程序段
……
G00/G01 G40 X ＿ Y＿　　　　　补偿撤消程序段

在建立刀具半径补偿以后,不能出现连续两个程序段无选择补偿坐标平面的移动指令,否则数控系统因无法正确计算程序中刀具轨迹交点坐标,将自动取消刀具半径补偿,可能会产生过切现象。

在刀具半径补偿建立和取消段要充分注意他们是渐变过程,防止刀具与工件干涉而过切或碰撞。

6. 程序自动运行

1）加工中心自动运行操作

自动切削加工步骤。

①选择"自动运行"功能模式;

②按［PROG］功能键,屏幕显示切换到"程序"页面,检查程序名和光标位置是否符合加工要求;

③切换到显示"检视"的页面,将"进给倍率"旋钮转到 0%;

④按"程序启动"键(指示灯亮),系统执行程序,进行自动加工;

⑤一边旋转"进给倍率"旋钮,一边观察机床状况,判断刀具是否是应使用的刀具,主轴转速大小是否适合切削加工。在刀具移动到接近工件表面时,将"进给倍率"旋钮转到0%,判断刀具位置与屏幕显示的绝对坐标是否基本相符。通过上述检查判断没有错误后,关上数控机床防护门,将"进给倍率"旋钮转到100%,进行正常切削加工。

⑥在加工过程中观察数控机床的加工状况,根据切削状态调整"主轴转速"和"进给倍率"旋钮,依据切削状态调整切削液。

2)加工中心自动运行的停止操作

使数控机床自动运行停止的方法有两类:一是在程序中设置停止命令,二是按操作面板上的相应按钮。

(1)程序暂停(M00)

含有M00的程序段执行后,停止自动程序,"单程序段"指示灯亮,机床状态量仍保持不变,按"循环起动"键,将继续自动执行后面的程序。

(2)程序结束(M30)

M30用于主程序结束,停止程序自动运行,变成复位状态,光标返回程序的起点。

(3)进给保持

在自动运行中,按操作面板上的"暂停"键(进给保持键)使自动切削暂时停止。按"循环启动"键,程序继续执行。

(4)复位

按数控系统面板上的"复位"键使自动运行强行结束,变成复位状态。

【项目实施器具】

实施本项目需要提前准备以下器具:加工中心为KVC650;毛坯材料为铝,60×60×20;需要的刀具、量具和用具清单见表3-21。

表3-21 刀具、量具和用具清单

类别	序号	名　称	型号/规格	精　度	数　量	备　注
刀具	1	刀柄、拉钉	BT40		2/组	配套
	2	弹簧夹头	$\phi4\sim\phi20$		各1/组	套
	3	立铣刀	$\phi12$		各2/组	
	4	$\phi63$面铣刀	6齿		1/组	含刀柄
量具	5	游标卡尺	0~150	0.02	1/组	
	6	螺旋千分尺	0~25,25~50,50~75	0.01	各1/组	
	7	钢直尺	150		1/组	
	8	杠杆百分表		0.01	1/组	套
	9	深度游标卡尺	0~150		1/组	
	10	粗糙度样板			1/组	套

（续表）

类别	序号	名 称	型号/规格	精 度	数 量	备 注
用具	11	月牙扳手			1	
	12	活动扳手	250		1	
	13	等高垫铁			若干	
	14	薄皮			若干	
	15	铜棒			1	
	16	防护镜			1/人	
	17	工作帽			1/人	
	18	毛刷			1/组	

【项目预案】

问题 1 精加工后发现内轮廓还剩下一小段未加工。

解决措施： 出现这种现象多半的原因是：包含有刀具半径的最后切削段与取消半径补偿的切出段设置不当。利用刀具半径补偿时应分清刀具半径补偿建立，刀具半径补偿状态下加工零件和刀具半径补偿解除三个过程。刀具半径补偿建立是一个从无到有的渐变过程，从直线轨迹段的起点处开始，刀具中心渐渐往预定的方向偏移，到达该直线轨迹段的终点处时，刀具中心相对于终点产生刀具半径补偿值大小的法向偏移。刀具半径补偿的取消也是同样的道理，防止刀具与工件干涉而过切或少切现象，通常的做法是：在刀具进入切削起点前增加切入段，切入段与切入后轮廓线相切，并在切入段或之前完成刀具半径补偿的建立；在刀具退出切削终点后增加切出段，切出段与轮廓线相切，并在切出段或之后完成刀具半径补偿的取消。

问题 2 立铣刀像钻头一样下刀。

解决措施： 立铣刀没有中心刃，不能像钻头那样沿刀具轴线下刀。对于型腔的粗铣加工，可以采用斜直线或螺旋下刀，或先钻一个工艺孔到型腔底面（留一定的精加工余量），以便所使用的铣刀能从工艺孔下刀，再横向进行型腔加工。

本例中采用螺旋下刀，在编写螺旋下刀程序时要注意，圆或圆弧插补的终点坐标可以包含 XYZ，但 3 轴加工中心圆或圆弧的插补平面为 XY 平面，因此圆心矢量不能包含 K。

问题 3 零件尺寸超差。

解决措施： 加工零件尺寸超差应先分清是高度方向尺寸超差还是长宽方向的尺寸超差。零件高度方向尺寸超差时，若超差尺寸所对应的面是用同一把刀具加工的，则应该检查加工程序；若是两把刀具分别加工，则检查这两把刀具的 Z 向对刀以及 Z 向参数设置的问题。

零件长宽方向尺寸超差时，若长和宽方向上尺寸超差不一致，则应该检查加工程序；若长和宽方向上尺寸超差一致，则是由于刀具半径补偿值不准确造成，测量外轮廓对边尺寸，用游标卡尺测量时不容易测量准确，需要仔细测量。测量值与理论值之差值就是加工误差,可修改此刀具的半径补偿值来弥补此差值,修改时不仅要注意修改值的正负还要注意是半径值还是直径值。

问题 4 切削过程中撞刀。

解决措施: 在零件加工过程中出现撞刀是很危险的,分析可能发生撞刀的原因,并严格按数控机床操作规范进行,才能有效避免发生撞刀现象。

加工中心在切削过程中出现撞刀现象可大致归纳为如下几种:

①程序错误。坐标值错误,特别是 Z 坐标设置为负值;功能指令使用不当,应使用G01 切削的却用成 G00。因此,切削加工前必须检验程序,确保加工程序正确。

②对刀及参数设置错误。按规范要求对刀,准确计算刀位点的坐标值,特别要注意坐标数值的正负,在机床面板上进行相应参数设置,完成设置后一定要进行检验。

③没有按规范步骤进行操作。先检查工件安装方向是否正确、工件在虎钳口之上的高度是否大于零件的加工深度、使用刀具夹装是否正确、刀具是否抬到工件上方、对刀及参数设置是否正确、程序名称与使用程序是否相符、程序光标是否在程序头等内容,再按规范步骤进行操作。

在"自动运行"功能下,屏幕显示切换到"程序"页面,检查程序名和光标位置;将"进给倍率"旋钮转到 0%处,再按"循环启动"键开始自动执行程序;一边旋转"进给倍率"旋钮,一边观察机床状况,判断刀具是否是正要使用的刀具,主轴转速大小是否适合切削加工,当刀具靠近工件时,要将"进给倍率"旋钮再次转到 0%处,判断刀具位置与屏幕显示的绝对坐标是否基本相符。通过上述检查判断后,将"进给倍率"旋钮转到 100%处,进行正常切削加工。

【项目实施】

1. 加工中心的操作流程

在操作加工中心加工零件时,需要认真仔细,严格按操作流程进行。加工中心操作流程见表 3-22。

表 3-22 加工中心的一般操作流程

序 号	操作内容	简要说明
1	编程	加工前编制零件的加工程序,较复杂的零件最好使用软件编程;如果程序较长,最好在电脑上把程序输入为文档,使用时传输到加工中心上,这样可以避免占用机床编辑程序;对于短程序先写在程序单上
2	开机	检查各开关、按键是否正常、灵活。机床有无异常现象;检查电压、气压、油压是否正常,有手动润滑的部位要先进行手动润滑
3	回参考点	对于增量控制系统(使用增量式位置检测元件)的机床,必须首先回参考点,以建立机床各坐标的移动基准;机床空运转 15 分钟以上,使机床达到热平衡状态
4	程序输入	若程序较短,可直接采用键盘在 CNC 装置面板上输入;若程序已经是文档,只需传输到数控机床上;若程序太长,则采用在线加工方式

序　号	操作内容	简要说明
5	程序的编辑	程序若需要增加、删除、修改,则要进行编辑操作
6	机床锁住、空运行程序	未装工件前,空运行;看程序能否顺利执行,检验程序格式是否正确或有无超程现象;看模拟轨迹,判断程序中数值是否有较大出入
7	夹具、工件安装	按工艺规程要求,安装、找正夹具和工件
8	对刀及参数设置	采用手动增量移动、连续移动或手轮移动对刀。对基准刀具后,正确测量和计算工件坐标,将工件坐标输入到机床,认真核对;对其他刀具后,正确设置刀具长度补偿值;全部刀具都要设置好半径补偿值
9	首件试切	加工第一件必须对照图纸、工艺规程和刀具调整卡,进行逐把刀具、逐段程序的试切。试切时,快速进给和切削进给速度倍率必须打到低档。试切进刀时,在刀具移动靠近工件表面时,必须在进给保持下,验证 Z 轴剩余坐标值和 X、Y 轴坐标值与程序数据是否一致
10	刀具补偿值修改	对一些有试切要求的刀具,采用"渐进"的方法,如镗孔,可先试镗一小段,检查合格后,再继续加工;使用刀具半径补偿功能时,可边试切边修改补偿值
11	自动加工	程序较短一般采用存储器中程序加工,程序较长时采用在线加工;加工前检查程序号、刀具和刀具补偿值,并将进给倍率旋转到最小;按"启动"键后,旋转进给倍率时,仔细观察刀具移动情况,并核对坐标值,确认无误后才将进给倍率旋转到正常值
12	操作显示	利用LCD的各个页面显示工作台或刀具的位置、程序和机床的状态,以便操作人员监视加工情况
13	工件测量	按零件图要求对工件进行质量检测;工件的尺寸公差,需要修改刀具补偿值;工件的形位公差、表面粗糙度等需要分析加工工艺的各个环节,找出原因加以调整。对加工质量的影响可以加工前充分加以考虑,也可边加工边进行调整
14	清理	卸下工件、刀具,清理机床
15	关机	先关系统电源,再关机床电源,总电源

2. 项目实施

1)工艺方案与编程

在操作数控机床前熟悉项目任务,认真阅读"项目解析"内容,按下列步骤分析确定加工工艺,制定加工路线并编写加工程序。

(1)项目任务

明白项目要求,弄清项目任务。

(2)图样分析

看懂零件图样,对零件图进行工艺性分析,明白图样的加工要求,弄清要加工的表面及特征,分析基本尺寸、尺寸公差、表面质量等方面具体需要达到的要求。

（3）加工方案

根据对零件图样的分析,制定可行性加工方案。

（4）定位基准与装夹

依据定位基准,选择合适的夹具,制定出具体的装夹方案。

（5）刀具与切削用量

根据加工特点选择使用的刀具。依据给定的零件材料及热处理方式,加工精度、表面质量的要求,使用刀具材料。参考刀具切削参数表,并结合实际加工经验,确定各刀具的切削用量。

（6）数控程序编制

根据已确定的加工方案,各工步的加工内容,把一次连续加工完成的内容定为一个程序名。在图样上设定编程坐标原点,依次确定各刀具的走刀路线,按使用机床的程序格式编制加工程序。把所有自动加工部分的程序写在程序单上。

（7）参考加工程序

程序可以按自己习惯方式编写,本项目参考程序见表3-23。

表 3-23　加工程序

程　序	释　义
O3501	程序名
G90G80G49G40G21G17	初始化基本参数
G54	定义坐标
T01M06	换 1 号刀具
G00X40.0Y40.0	快移到下刀点正上方
S800M03	设置粗加工外轮廓转速
G43Z10.0H01	快速下刀到安全高度,进行刀具长度补偿
G01Z−4.7F350.0	向下切削到侧面粗加工高度
X25.0Y32.0G41D01	切入段,建立半径补偿
Y−17.0	切削外轮廓
G02X17.0Y−25.0R8.0	
G01X−17.0	
G02X−25.0Y−17.0R8.0	
G01Y17.0	
G02X−17.0Y25.0R8.0	
G01X17.0	

（续表）

程　序	释　义
G02X25.0Y17.0R8.0	外轮廓最后段
G03X33.0Y9.0R8.0	圆弧切出段
G00X40.0Y40.0G40	退刀取消半径补偿
Z150.0	抬刀,便于测量
M05	主轴停止转动
M00	程序暂停,测量加工尺寸后进行误差修正
S1500M03	精加工外轮廓转速
G01G43Z－5.0H01F600.0	下刀到外轮廓切削高度,重读修正长度值
X25.0Y32.0G41D01F150.0	切入段,重读半径值,修正加工误差
Y－17.0	精加工外轮廓
G02X17.0Y－25.0R8.0	
G01X－17.0	
G02X－25.0Y－17.0R8.0	
G01Y17.0	
G02X－17.0Y25.0R8.0	
G01X17.0	
G02X25.0Y17.0R8.0	精加工外轮廓最后段
G03X33.0Y9.0R8.0	圆弧切出段
G00Z10.0	抬刀到安全高度
Y0X4.0G40	定位到切内腔上方,取消半径补偿
G01Z1.0F250.0S1000	切削下刀到零件上表面,设置内腔加工转速
G03Z－5.0I－4.0	螺旋下刀
G01X14.0Y－8.0G41D01	进刀段,建立半径补偿
X16.0	切线切入段
G03Y8.0J8.0	加工内轮廓第一段,最右侧面圆弧
G02X8.0Y16.0R8.0	

（续表）

程　序	释　义
G03X−8.0I−8.0	
G02X−16.0Y8.0R8.0	
G03Y−8.0J−8.0	
G02X−8.0Y−16.0R8.0	
G03X8.0I8.0	
G02X16.0Y−8.0R8.0	内腔加工最后段
G03Y6.0J7.0	圆弧退刀段
G01X0Y0G40	回切到内腔中心,取消刀具半径补偿
G00Z200.0	抬刀
T02M06	换 2 号刀具
S1200M03	设置工顶平面转速
G00X58.0Y3.0	横向移动到切顶平面起点
G43Z10.0H02	下刀到安全高度,进行 2 号刀具长度补偿
G01Z0.0F300.0	切入到顶平面高度
X−58F180.0	加工顶平面
G00Z200.0	抬刀
M30	程序结束

（8）模拟仿真

使用模拟仿真软件,将所编写的程序进行软件模拟仿真,并依据模拟情况完成程序调试,直到模拟加工完全符合要求。

2）操作数控机床

完成准备工作后,按如下步骤操作加工中心进行零件加工。

（1）开机

①打开气源设备开关,开机前检查;

②先开启机床电源总开关,再按操作面板上的"ON"键;

③等待,直到屏幕上出现位置或报警信息;

④向右旋转"急停"旋钮,再按"复位"键消除报警;

⑤回参考点操作;

⑥加工中心初始参数设置。

（2）用虎钳装夹工件

①选取 $60 \times 60 \times 20$ 的毛坯，毛坯的各个侧面已经加工光滑；

②在已经校正的虎钳上放两块等高垫铁，垫铁的高度要满足工件装夹后露出虎钳 5mm 以上；

③放上工件后预夹紧，用塑料块敲击工件上表面，确认工件与垫铁贴紧，再夹紧工件。

（3）刀具夹装

①在刀柄上装 $\phi 12$ 立铣刀

需要的配件包括：BT40 弹簧夹头刀柄、拉钉、$\phi 12$ 弹簧夹头、$\phi 12$ 立铣刀。清扫干净各配件的配合面，依次装配夹紧各配件即可。

②在刀柄上装面铣刀。

需要的配件包括：BT40 面铣刀刀柄、拉钉、与刀柄配套的面铣刀、配套类型的刀片。

清扫干净各配件的配合面，旋紧面铣刀头与刀柄的连接螺栓，安装刀片时要注意刀片的定位，再旋上拉钉即可。

（4）两把刀具的刀具号设定

把两把刀具按刀具号装入刀库。

①将所用刀具装夹到刀柄上，并确定刀具号；

②确认刀库中相应的刀具号位置处没有刀具；

③按"MDI"功能模式键，然后按"程序"功能键，再按［MDI］软键；

④输入第一个刀具号的换刀程序，如 T01M06；

⑤按"循环启动"键，刀库的当前位置号调整到 01 号；

⑥按"手动"功能模式键，然后按主轴侧的松刀按钮，装入 $\phi 12$ 立铣刀，确认刀具安装无误；

⑦按"MDI"功能模式键，输入 T02M06 换刀程序；

⑧按"循环启动"键，$\phi 12$ 立铣刀放入 01 号刀库位中，刀库的当前位置号调整到 02 号；

⑨按"手动"功能模式键，然后按主轴侧面的松刀按钮，装入面铣刀，确认刀具安装无误；

（5）对刀操作及参数设置

根据两把刀具的特点，选择 T01 号的 $\phi 12$ 立铣刀为基准刀具。

编程坐标原点设定在工件上表面中心处，X 轴和 Y 轴方向采用分中对刀方式。

①基准刀具 X 轴方向对刀

基准刀具用于确定坐标原点，长度补偿值设定为 0，操作步骤。

◇换基准刀具。将 $\phi 12$ 立铣刀换到主轴成为当前刀具；

◇用"手轮"功能模式，快速移动刀具到工件左边，用块规插入刀具与工件之间判断间距，直到块规刚好能通过间隙；

◇相对坐标 X 归零；

◇主轴向上抬起后翻越工件，快速移动到工件右边，利用相同的方法对刀，注意判断块规刚好能通过间隙时与前次有相同的力度。

②工件坐标 X 轴原点设置

◇ 若此时相对坐标显示值为 A，刀位点在工件坐标系（工件上表面中心位置）中的 X 轴坐标值为 $A/2$；

◇ 按"补正/设置"功能键，然后按[坐标系]软键，显示坐标系设置页面；

◇ 将光标移至 G54 的 X 处，输入 $XA/2$。核对光标位置和输入值，按[测量]软键，观察光标处数值应该有所变化，此数值为工件坐标原点在机械坐标中的数值；

◇ 按"位置"功能键，然后按[综合]软键，显示综合坐标页面，在显示屏幕中核对"相对坐标值是绝对坐标值的 2 倍"关系，如果不满足此关系，则说明计算（包括正负号）或格式有错，需要重新设置。

③基准刀具 Y 轴方向对刀

◇ 用"手轮"功能模式，快速移动刀具到工件前面，用块规插入刀具与工件之间判断间距，直到块规刚好能通过间隙；

◇ 相对坐标 Y 归零；

◇ 主轴向上抬起后翻越工件，快速移动到工件后面，利用相同的方法对刀，注意判断块规刚好能通过间隙时与前次有相同的力度。

④工件坐标 Y 轴原点设置

◇ 若此时 Y 轴相对坐标显示值为 B，刀位点在工件坐标系（工件上表面中心位置）中的 Y 轴坐标值为 $B/2$；

◇ 在坐标系设置页面中，将光标移至 G54 的 Y 处，输入 $YB/2$。核对光标位置和输入值，按[测量]软键，观察光标处数值应该有所变化；

◇ 在综合坐标页面中，校对" Y 轴相对坐标值是绝对坐标值的 2 倍"关系。

⑤基准刀具 Z 轴方向对刀

用"手轮"功能模式，快速移动刀具到工件上方。用与前面相同的方法，用块规插入刀具与工件之间判断间距，直到块规刚好能通过间隙。

⑥工件坐标 Z 轴原点设置

◇ Z 轴对刀后，刀位点到工件上表面的距离为块规的厚度 H，还为精加工留 0.4mm 的加工余量，此时刀位点在工件坐标系中的 Z 轴坐标值为 $H+0.4$；

◇ 在坐标系设置页面中，将光标移至 G54 的 Z 处，输入 $Z(H+0.4)$。核对光标位置和输入值，按[测量]软键，观察光标处数值应该有所变化；

◇ 在综合坐标页面中，校对 Z 轴的绝对坐标值是否为 $H+0.4$。

⑦基准刀具长度补偿设置

◇ 按"补正/设置"功能键，然后按[补正]软键，显示刀具补偿页面；

◇ 移动光标到 001 行、形状（ H ）列处，将基准刀具 01 号的长度补偿值设为 0；

◇ 在相对坐标页面中，将 Z 轴相对坐标归零。

⑧面铣刀 Z 向对刀

◇ 换面铣刀到主轴；

◇ 用"手轮"功能模式，快速移动刀具到工件上方。选择 Z 轴为移动轴，用与前面相同的方法,来回旋转手轮的同时,移动块规,凭手感觉块规移动中的力度,确保每次具有相同的力度。

⑨面铣刀长度补偿设置

◇ 此时相对坐标 Z 值就是刀具相对基准刀具的相对长度,即这把刀具的长度补偿值;

◇ 在刀具补偿页面中,移动光标到 002 行、形状(H)列处,输入相对坐标 Z 值。

⑩刀具的半径补偿值

不是所有刀具都需要使用刀具半径补偿值,视编写程序时是否使用了刀具半径补偿。例如,本项目中面铣刀不使用刀具补偿。

◇ 按"补正/设置"功能键,然后按[补正]软键,显示刀具补偿页面;

◇ 将光标移动"形状(D)"列、与 ϕ12 立铣刀的刀具号对应的 01 行;

◇ 键盘上输入"刀具半径值"(例如 6.0),然后按"输入"键。

(6)输入程序

①选择"程序编辑"或"自动运行"功能模式,然后按"PROG"键,再按[DIR]软键,从显示程序名列表中查看已有程序名称;

②选择"程序编辑"功能模式,输入"O3501"程序号,按"插入"键;

③每一行程序输入结尾时,按 EOB 键生成";",然后再按"插入"键,完成一个程序行的输入;

④逐行输入后面的程序内容。

(7)程序检验

①对照程序单从前到后逐行校对新输入的程序;

②使用编辑键,对输入有误程序进行编辑;

③在"坐标系"页面中,将扩展工件坐标系 G54(EXT)的 Z 坐标向正方向偏移 100mm;

④在"空运行"模式下进行自动运行,观察机床运行的转速和使用的刀具是否与实际一致,根据是否有报警检验程序格式,利用"图形"显示路线,判断程序中输入的坐标数值是否正确,并完成程序的检验和调试;

⑤在"坐标系"页面中,将工件坐标系向 Z 轴正方向偏移恢复为 0,取消空运行状态,重新返回参考点操作。

(8)自动加工

①选择"自动运行"功能模式,屏幕显示切换到"程序"页面,检查程序名和光标位置是否符合加工要求;

②将"进给倍率"旋钮转到 0%;

③按"程序启动"键,一边旋转"进给倍率"旋钮,一边观察机床状况,判断刀具是否为应使用的刀具,主轴转速大小是否适合切削加工。在刀具移动到接近工件表面时,将"进给倍率"旋钮转到 0%,判断刀具位置与屏幕显示的绝对坐标是否基本相符。通过上述检查判断没有错误后,关上数控机床安全门,将"进给倍率"旋钮转到 100%,进行正常切削加工;

④在加工过程中观察数控机床的加工状况,根据切削状态调整"主轴转速"、"进给倍率"旋钮和切削液。如果发生紧急情况,立刻按下"紧急制动"或"复位"键,中止机床工作。

(9)零件检测

①在零件外轮廓粗、精加工之间加入加工测量。在粗加工完成后,机床暂停且主轴也停止转动,用标准卡尺测量外轮廓对边尺寸。测量值与理论值之差值就是加工误差,例如,测量值为 50.22mm,误差值为 50.22−50.0＝0.22mm;

②加工误差是由于 ϕ12 立铣刀在半径方向尺寸误差造成的,可修改此刀具的半径补偿值来弥补此差值。在刀具补偿页面中,将光标移动"形状(D)"列、与 ϕ12 立铣刀的刀具号对应的 01 行输入"−0.11",按"＋输入"软键,可以看到刀具半径补偿值在原来值的基础上减小了 0.11mm;

③零件加工质量检测。加工完成后用长度测量用具分别测量零件长宽高方向尺寸精度,如图 3-50 所示为深度游标卡尺和深度千分尺,常用于测量零件高度方向尺寸。把加工零件表面与粗糙度样板进行比较,判断加工表面粗糙度是否符合零件图样要求。如果零件的加工质量不符合图样要求,需要找出其中产生的原因,并作相应调整。

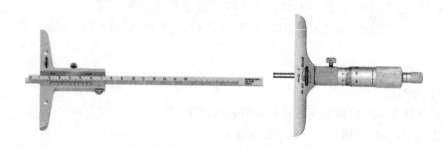

图 3-50　常用深度测量工具

(10)场地整理

卸下零件、刀具,移动工作台到非主要加工区域后关机;整理工位(使用器具和零件图纸资料),收拾刀具、量具、用具并进行维护;清扫加工中心并进行维护保养,填写实训记录表,清扫车间卫生。

3)项目总结

零件加工完成后,对零件加工质量以及各个环节进行总结,积累操作数控机床的经验。

(1)项目评价

首先学生自己评价加工出的零件,然后学生互相评价,最后指导教师评价并给定成绩。

(2)项目总结

学生总结该项目实施工作过程,列出项目实施中各个环节的要点,分析加工过程中出现的问题,讨论解决的方法。

【项目评价】

本项目实训成绩评定见表 3-24。

表 3-24　项目 3.5 成绩评价表

产品代号		项目 3.5	学生姓名			综合得分	
类　别	序　号	考核内容		配　分	评分标准	得分	备注
工艺制定及编程	1	加工路线制定合理		10	不合理每处扣 2 分		
	2	刀具及切削参数		5	不合理每项扣 2 分		
	3	程序格式正确,符合工艺要求		10	每行一处扣 2 分		
	4	程序完整,优化		5	每部分扣 2 分		
操作过程	5	刀具的正确安装和调整		5	每次错误扣 2 分		
	6	工件定位和夹紧合理		3	每项错误扣 2 分		
	7	对刀及参数设置		10	每项错误扣 1 分		
	8	工具的正确使用		2	每次错误扣 1 分		
	9	量具的正确使用		2	每次错误扣 1 分		
	10	按时完成任务		5	超 30 分钟扣 2 分		
	11	设备维护、安全、文明生产		3	不遵守酌情扣 1~5 分		
零件质量	12	XY 向尺寸	50±0.02	5	超差 0.01 扣 2 分		
	13		圆弧 R8	5	超差 0.01 扣 2 分		
	14	Z 向尺寸	5	5	超差 0.1 扣无分		
	15	粗糙度	Ra3.2	10	每处每降一级扣 1 分		
	16	外形	无刀痕	10	一处扣 5 分		
	17	尺寸检测	检测尺寸正确	5	不正确无分		

注:(1)加工操作期间,报警 3 次,发生撞刀现象,将暂停操作数控机床的资格;

　　(2)发生影响安全的违规、违章操作,由指导教师按实训管理制度进行处理。

【项目作业】

(1)总结操作加工中心完成零件加工的操作步骤。

(2)预习并准备下次实训内容。

【项目拓展】

完成图 3-51 所示零件的加工方案和工艺规程的制定,编写零件加工程序并用软件仿真调试。

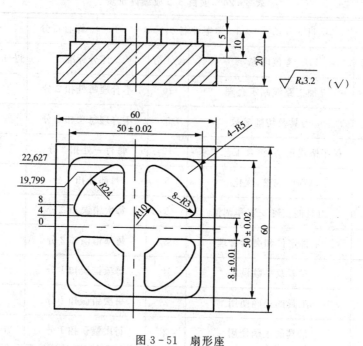

图 3-51　扇形座

项目 3.6 加工中心典型零件的加工

【项目案例】

本项目以图 3-52 所示圆柱凸台加工为例,学会对零件进行工艺性分析,制订铣削零件外轮廓和孔加工的工艺方案,用手工编写零件的加工程序,并进行仿真调试,最后加工出合格的零件。

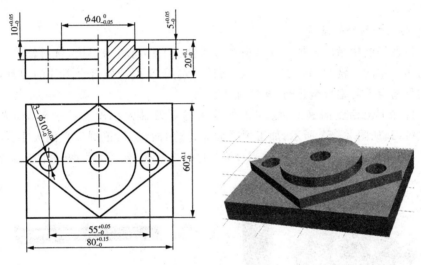

图 3-52 圆柱凸台

(1)计划时间　6 学时。

(2)质量要求　零件加工质量符合图样要求。

(3)安全要求　严格按照安全操作规程进行,确保人身、设备安全。

(4)文明要求　自觉按照文明生产规则进行实训,做有职业修养的人。

(5)环保要求　在项目实训过程中充分考虑保护环境的有利因素。

【项目解析】

1. 图样分析

该零件的加工为凸台的外表面和孔加工,主要包括顶平面,菱形和 $\phi40$ mm 圆柱的外轮廓侧面和底面,3 个 $\phi10$ 的孔加工。图样中圆柱 $\phi40_{-0.05}^{0}$ mm 为中等公差等级要求,加工前需要把用于加工圆柱面的刀具的直径测量准确,并设置好该刀具的半径补偿值。孔间位置尺寸 $\phi55_{0}^{0.05}$ mm,孔的大小尺寸 $\phi10_{0}^{0.05}$ mm 也为中等公差等级要求,孔的直径较小,孔精加工采用铰孔方式。Z 轴方向尺寸 $10_0^{0.05}$ mm 和 $15_0^{0.05}$ mm 的尺寸精度要求较低,只需按要求完成刀具长度补偿对刀即可达到此精度要求。其他的要求较低,比较容易达到公差要求。零件的各加工表面粗糙度没有要求,只要按通常情况加工即可。

图样尺寸标注完整,轮廓描述清楚,零件材料为铝,加工后需去除毛刺。

2. 加工方案

用平口虎钳夹持工件长边,工件在钳口之上加工部分大于 20mm。先用面铣刀加工顶平面;然后用立铣刀进行轮廓加工,由于轮廓加工的尺寸较大,不能一刀完成,可设置不同的半径补偿值,用二刀完成加工;最后进行孔加工(包括钻孔、扩孔和铰孔)。

3. 夹装

根据零件形状和加工特点选择夹具。提供毛坯为长方体,该零件四周侧面规则。平口虎钳的两钳口夹持工件的两对边侧面,工件下方用等高垫铁支承,保证装夹后工件露出高度大于零件的加工深度。用平口虎钳装夹方便、快捷,定位可靠、精度高,可满足该零件的加工要求。

4. 刀具及切削用量选择

刀具以及切削用量应根据工件材料进行选择。毛坯材料为铝块,材料较软。可以选用材料为高速钢的立铣刀和孔加工刀具,面铣刀选用 N 型硬质合金刀片的刀具,此种刀片材料类型适合于对铝合金进行粗、精加工。

该零件加工包括侧面和底面,加工外轮廓时对刀具大小没有特别限制,选取通用 $\phi20$ 的立铣刀,如图 3-53 所示;加工顶平面时,选用面铣刀,依据顶平面大小为 60mm,选择面铣刀直径为 $\phi80$;孔加工时先用 $\phi8.5$ 的麻花钻孔,然后,用 $\phi9.8$ 的麻花钻扩孔,再用 $\phi10.0$ 的铰刀铰孔。

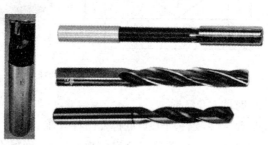

图 3-53　项目 3.6 使用刀具

本项目使用刀具见表 3-25。

表 3-25　加工中心刀具卡

产品名称或代号		项目 3.6	零件名称	圆柱凸台	零件图号	图 3-52
序　号	刀具号	刀具规格名称	数　量	加工表面	精　度	备　注
1	T01	$\phi80$ 面铣刀	1	顶底面	0.02	
2	T02	$\phi20$ 立铣刀	1	3 种外轮廓	0.02	

（续表）

3	T03	φ8.5 麻花钻	1	钻 3 个孔		
4	T04	φ9.8 麻花钻	1	扩大 3 个孔		
5	T05	φ10.0 铰刀	1	精铰 3 个孔		
编制	×××	审核	×××	批准	×××××年×月×日	共 1 页 第 1 页

影响切削质量的主要因素除刀具材质与刀具几何参数之外，还有切削状态、工件材料、切削参数等。查常用工件材料、刀具材料及切削用量表，通过计算，确定刀具切削参数，并结合经验制定加工中心加工工艺卡见表 3 - 26。

表 3 - 26　加工中心加工工艺卡

单位	××职业技术学院		产品名称或代号	零件名称	零件图号
			项目 3.6	圆柱凸台	3 - 52
工序号	程序编号		夹具名称	使用设备	车间
302	O3601		平口虎钳	KVC650	先进制造基地
工步号	工步内容	刀具号	刀具规格	主轴转速	进给速度	背吃刀量	备注
1	顶平面	T01	φ80	1000	180	0.4	自动
2	外轮廓	T02	φ20	500	200		自动
3	钻 φ8.5 孔	T03	φ8.5	400	50		自动
4	扩 φ9.8 孔	T04	φ9.8	1000	70		自动
5	铰 φ10.0 孔	T05	φ10.0	200	30		自动
编制	×××	审核	×××	批准	×××	××年×月×日	共 页　第 1 页

5. 程序分析

在零件图纸上建立编程坐标原点，把它建立在工件上表面中心处。

该零件图形简单，精度要求较低，不需要计算尺寸公差中间值，直接利用图样中的尺寸得出基点坐标值作为编程坐标值。

1）子程序编程指令

在一个加工程序中，如果有一定量的程序段完全重复，手工编程时为了缩短程序，也便于检查程序，可以把重复的程序段单独抽出，按一定格式编成"子程序"。

子程序的编程与一般程序基本相同，只是程序结束字为 M99，表示子程序结束并返回到调用子程序的主程序中。

（1）子程序的应用

①实现零件的分层切削。当零件在某个方向上的总切削深度比较大时，可通过调用

该子程序采用分层切削的方式来编写该轮廓的加工程序。

②同一个平面内多个相同轮廓形状零件的加工。在数控编程时,只编写其中一个轮廓形状加工程序,然后用主程序来进行调用。

③实现程序的优化。加工中心的程序往往包含有许多独立的工序,编程时,把每一个独立的工序编成一个子程序,主程序只有换刀和调用子程序的命令,从而实现优化程序的目的。

(2)调用子程序

调用子程序的程序叫做主程序。把主程序和子程序号存储在数控系统中,在主程序需要执行此程序内容时,只需一个调用子程序指令即可。

指令格式:M98P_;

式中:P——子程序调用情况。

P后共有8位数字,前四位为调用次数,省略时为调用一次;后四位为所调用的子程序号。

2)固定循环指令

加工中心配备的固定循环功能,主要用于孔加工,包括钻孔、扩孔、铰孔、镗孔和攻螺纹等,使用一个程序段就可以完成一个孔加工的全部动作。继续加工时,如果只是改变孔的位置而不需要改变孔的加工动作,则程序中所有的模态代码的数据可以不必重写,因此可以大大简化编程。FANUC系统的固定循环功能见表3-27。

表3-27 FANUC系统的固定循环功能

G代码	孔加工过程 (-Z方向)	在孔底位置的状态	退刀过程 (+Z方向)	用 途
G73	间歇进给	—	快速退刀	高速深孔钻
G74	切削进给	暂停→主轴正转	切削进给	攻反螺纹
G76	切削进给	主轴准确停止	快速退刀	精镗
G80	—	—	—	取消固定循环
G81	切削进给	—	快速退刀	钻孔
G82	切削进给	暂停	快速退刀	钻孔、锪孔阶梯镗孔
G83	间歇进给	—	快速退刀	深孔钻
G84	切削进给	暂停→主轴反转	切削进给	攻螺纹
G85	切削进给	—	切削进给	镗孔
G86	切削进给	主轴停止	快速退刀	镗孔
G87	切削进给	主轴正转	快速退刀	背镗孔
G88	切削进给	暂停→主轴停止	手动退刀	镗孔
G89	切削进给	暂停	切削进给	镗孔

(1)固定循环的基本动作

孔加工固定循环通常由以下6个基本操作动作,如图3-54所示。

动作1——X、Y坐标定位。

使刀具快速定位到孔加工位置。

动作 2——快进到 R 平面。

刀具自初始点快速进给到 R 平面。

动作 3——孔加工。

以切削进给方式进行孔的加工。

动作 4——在孔底的动作。

包括暂停、主轴准停、刀具移动等动作。

动作 5——返回到 R 平面。

后续孔需要加工且退刀至 R 平面就可以安全横向移动刀具。

动作 6——快速返回到初始平面。

孔加工完成后一般退刀至初始平面。

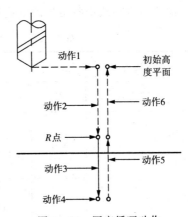

图 3-54　固定循环动作

初始平面是为安全下刀而规定的一个平面,初始平面到零件表面的距离可以任意设定在一个安全的高度上;R 平面是刀具下刀时快速进给转为切削进给的高度平面,距工件表面的距离主要考虑工件表面尺寸的变化,一般可取 2~5mm。

(2)固定循环指令格式

格式:(G90/G91)G98/G99G73~G89X_Y_Z_R_Q_P_F_K_

组成一个固定循环,要用到三组 G 代码:数据形式代码 G90/G91,返回点代码 G98/G99,孔加工方式代码 G73~G89。

数据形式。固定循环指令中地址 R 和地址 Z 的数据指定与 G90 和 G91 有关,如图 3-55 所示,图 a 选择绝对值 G90 时,R 与 Z 一律取其终点坐标值;图 b 选择增量值 G91 时,R 则指从初始点到 R 点的距离,Z 是指从 R 点到孔底平面上 Z 点的距离。

返回点平面。固定循环指令中,由 G98 或 G99 确定刀具在返回时到达的平面。如图 3-56 所示,如果用 G98 则刀具返回到初始平面,图 a 所示;如果用 G99 则返回到 R 点平面,图 b 所示。当某孔加工完后还有其他同类孔需要继续加工时,一般使用 G99 指令;只有当全部同类孔都加工完成后,或孔之间有比较高的障碍需跨越时,才使用 G98 指令,这样可节省抬刀时间。

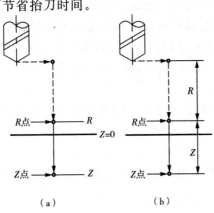

图 3-55　G90 和 G91 的坐标计算

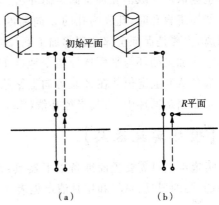

图 3-56　G980 和 G99 返回动作

指令编程格式中各地址的说明见表 3-28 所示。

表 3-28　FANUC 系统的固定循环各地址的说明

指令内容	地　址	说　明
孔加工方式	G	G 功能见表 3-27
孔加工数据	X、Y	用增量值或绝对值指定孔位置,轨迹及进给速度与 G00 的定位相同
	Z	用增量指定时是从 R 点到孔底的距离,若用绝对值指定时是孔底的坐标值;进给速度在动作 3 中变为用 F 代码指令的速度;在动作 5 中根据孔加工方式变为快速进给或用代码指令的速度
	R	用增量指定时是从初始平面到 R 点的距离,若用绝对值指定时是 R 点的坐标值;进给速度在动作 2、动作 6 均变为快速进给
	Q	指定 G73、G83 中每次的切入量或 G76、G87 中的偏移量(通常为增量值)
	P	指定孔底的暂停时间,与 G04 相同
	F	指定切削进给速度
重复次数	K	循环动作的重复次数,未指定时为 1 次

(2)固定循环指令要点

①用 G80 指令可以取消孔加工固定循环,同样执行任何 01 组的 G 代码,孔加工固定循环也会取消。取消孔加工固定循环后,那些在固定循环之前的插补模态恢复。

②加工盲孔时,孔底为孔的 Z 向高度,加工通孔时一般刀具还要伸出工件底平面一段距离,主要是保证全部孔深都加工到尺寸,钻削加工时还应考虑钻头尖对孔深的影响。

③孔加工循环与平面选择指令地(G17、G18、G19)无关,即不管选择了哪个平面,孔加工都是 XY 上定位并在 Z 轴方向上钻孔。

④在固定循环中,刀具半径补偿(G41、G42)无效,刀具长度补偿(G43、G44)有效。

【项目实施器具】

实施本项目需要提前准备以下器具:加工中心为 KVC650;毛坯材料为铝,100×80×30;需要的刀具、量具和用具清单见表 3-29。

表 3-29　刀具、量具和用具清单

类别	序号	名　称	型号/规格	精　度	数　量	备　注
刀具	1	刀柄、拉钉	BT40		2/组	配套
	2	弹簧夹头	$\phi 4 \sim \phi 20$		各 1/组	套
	3	立铣刀	$\phi 20$		各 2/组	
	4	$\phi 80$ 面铣刀	8 齿		1/组	含刀柄
	5	麻花钻	$\phi 8.5$		1/组	
	6	麻花钻	$\phi 9.8$		1/组	
	7	铰刀	$\phi 10.0$		1/组	
量具	8	游标卡尺	$0 \sim 150$	0.02	1/组	
	9	螺旋千分尺	$0 \sim 25, 25 \sim 50, 50 \sim 75$	0.01	各 1/组	
	10	钢直尺	150		1/组	
	11	杠杆百分表		0.01	1/组	套
	12	深度游标卡尺	$0 \sim 150$		1/组	
	13	粗糙度样板			1/组	套
用具	14	月牙扳手			1	
	15	活动扳手	250		1	
	16	等高垫铁			若干	
	17	薄皮			若干	
	18	铜棒			1	
	19	防护镜			1/人	
	20	工作帽			1/人	
	21	毛刷			1/组	

【项目预案】

问题 1　同一刀具却有多个刀具半径补偿值。

解决措施：　加工中心使用的刀具都有一个直径值,不同的刀具具有不同的大小值。为了编程方便,将刀具都看成没有大小的刀位点,并按零件图中的轮廓线进行编程,但需要建立刀具的半径补偿。建立半径补偿后并执行程序,此时刀具移动的中心轨迹将与编程轮廓线偏移一个补偿值,若分别调用多个补偿值,刀具将走出多个不同偏置的刀具轨迹,利用此特性可完成对同一轮廓的粗精加工。

问题 2　子程序的加工轨迹出现错误。

解决措施：　在一个加工程序中,如果有一定量的程序段完全重复,手工编程时为了缩短程序,把每一个独立的工序编成一个子程序,也便于检查程序,可以把重复的程序段单独抽出,按一定格式编成"子程序"。首先找出错误轨迹的子程序和调用子程序部分,检查子程序的调用格式是否正确;其次检查子程序中坐标值,特别注意采用的是相对坐标还是绝对坐标编程;再着重检查刀具半径补偿的功能是否正确。在建立刀具半径补偿以后,不能出现连续两个程序段无选择补偿坐标平面的移动指令,否则数控系统因无法正确计算程序中刀具轨迹交点坐标,将自动取消刀具半径补偿,在能够计算出刀具轨迹交点坐标后,也将重新建立刀具半径补偿。在调用和结束子程序时,往往设置了抬刀指令,很容易出现上述情况,造成刀具半径补偿的不确定情况。最好在子程序开始和结束段分别建立和取消刀具半径补偿,主程序中不设置刀具半径补偿功能。

问题 3 铰削加工的质量较差。

解决措施: 首先检查铰削时的切削参数。铰孔时的线速度对孔的质量有很大影响。当线速度过大时将产生扩孔现象(也就是加工出的孔要比名义尺寸大);当线速度过小时将产生缩孔现象。因此铰刀加工铝材时的线速度一般取 $10\sim20m/min$、背吃刀具和进给速度也要设得很小。其次检查切削液选用是否符合要求,切削液是否充分,否则会造成铰孔的表面粗糙度不符合要求

【项目实施】

1. 工艺方案与编程

在操作数控机床前熟悉项目任务,认真阅读"项目解析"内容,按下列步骤分析确定加工工艺,制订加工路线并编写加工程序。

1)项目任务

明白项目要求,弄清项目任务。

2)图样分析

看懂零件图样,对零件图进行工艺性分析,明白图样的加工要求,弄清要加工的表面及特征,分析基本尺寸、尺寸公差、表面质量等方面具体需要达到的要求。

3)加工方案

根据对零件图样的分析,制定可行性加工方案。

4)定位基准与装夹

依据定位基准,选择合适的夹具,制定出具体的装夹方案。

5)刀具与切削用量

根据加工特点选择使用的刀具。

依据给定的零件材料及热处理方式,加工精度、表面质量的要求,使用刀具材料。参考刀具切削参数表,并结合实际加工经验,确定各刀具的切削用量。

6)数控程序编制

根据已确定的加工方案,各工步的加工内容,把一次连续加工完成的内容定为一个程序名。在图样上设定编程坐标原点,依次确定各刀具的走刀路线,按使用机床的程序格式编制加工程序。把所有自动加工部分的程序写在程序单上。

7)参考加工程序

程序可以按自己习惯方式编写,本项目使用不同刀具半径补偿值进行多刀加工和子程序,参考主程序见表 3-30

表 3-30　加工程序

程　序	释　义
O3601	程序名
G90G80G49G40G21G17	初始化基本参数
G54	定义坐标
T01M06	换 1 号面铣刀
S1000M03	设置加工顶平面转速
G00X90.0Y0.0	快移到平面加工起点的正上方
G43Z10.0H01	下刀到安全高度
G01Z0F400.0	切入到顶平面高度
X-90.0F180.0	顶平面加工
G00Z50.0	抬刀
T02M06	换 2 号 ϕ20 立铣刀
S500M03	设置外轮廓加工转速
G00X60.0Y50.0	快移到外轮廓加工起点正上方
G43Z10.0H02	下刀到安全高度
G01Z-20.0F500.0	切入到 80×60 长方形加工高度
G41D01G01X40.0Y40.0	切入段,建立半径补偿 D01=10.0
G01Y-30.0F100.0	切削 80×60 长方形右边
X-40.0	
Y30.0	
X52.0	
G40G00X65.0Y40.0	切出段,取消半径补偿
G01Z-10.0F500.0	切入到菱形加工高度
G41D02G01X55.0Y12.0	切入段,建立半径补偿 D02=20.0
M98P3602	调用 O3602 子程序,加工菱形第一刀
G41D03G01X55.0Y12.0	切入段,建立半径补偿 D03=10.0
M98P3602	调用 O3602 子程序,加工菱形第二刀
G00X70.0Y40.0	退出

数控机床操作与项目实训

（续表）

程　序	释　义
G00Z−5.0	切入到圆柱加工高度
G41G01X20.0Y30.0D04F200.0	切入段,建立半径补偿 D04＝25.0
M98P3603	调用 O3603 子程序,加工圆柱第一刀
G41G01X20.0Y30.0D03F200.0	切入段,建立半径补偿 D03＝10.0
M98P3603	调用 O3603 子程序,加工圆柱第二刀
G00Z50.0	抬刀
T03M06	换 3 号 φ8.5 麻花钻
S400M03M08	设置钻孔转速
G43 H03Z10.0	下刀到安全高度
G98G83X27.5Y0Z −25.0R5.0Q5.0F50.0	钻右端孔
G99X0Y0	钻中间孔
G98X−27.5Y0	钻左端孔
G00Z50.0	抬刀
T04M06	换 4 号 φ9.8 麻花钻
S400M03	设置扩孔转速
G43G00Z10.0H03	下刀到安全高度
G98G81X27.5Y0Z −25.0R5.0F70.0	扩右端孔
G99X0Y0	扩中间孔
G98X−27.5Y0	扩左端孔
G00Z50.0	抬刀
T05M06	换 5 号 φ10.0 铰刀
S100M03M08	设置铰孔转速
G43Z20.0H05	下刀到安全高度
G98G85X27.5Y0Z −25.0R5.0F30.0	铰右端孔
G99X0Y0	铰中间孔
G98X−27.5Y0	铰左端孔
G00Z50.0	抬刀
M30	程序结束

菱形加工子程序参考子程序见表 3-31

· 300 ·

表 3 - 31　加工程序

程　　序	释　　义
O3602	加工菱形子程序名
G01X40.0Y0F200.0	切入到菱形右端交点
X0Y-30.0	切削菱形第一边
X-40.0Y0	第二边
X0Y30.0	第三边
X40.0Y0	第四边
X55.0Y-12.0	切出段
G40G00X80.0Y10.0	退出段
M99	子程序结束返回主程序

圆柱加工子程序参考子程序见表 3 - 32

表 3 - 32　加工程序

程　　序	释　　义
O3603	加工圆柱子程序名
G01X20.0Y0F200.0	切入段
G02X20.0Y0I-20.0J0	加工圆柱
G01X20.0Y-30.0	切出段
G40X50.0Y40.0	退出段
M99	子程序结束返回主程序

8)模拟仿真

使用模拟仿真软件,将所编写的程序进行软件模拟加工,并依据模拟情况完成程序调试,直到模拟加工完全符合要求。

2. 操作数控机床

完成准备工作后,按如下步骤操作加工中心进行零件加工。

1)加工中心开机

①打开气源设备开关,开机前检查;

②先开启机床电源开关,再按操作面板上的"ON"键;

③向右旋转"急停"旋钮,再按"复位"键消除报警;

④手动回参考点操作;

⑤加工中心初始参数设置。

2)用虎钳装夹工件

①选取 100×80×30 的毛坯;

②在已经校正的虎钳上放两块等高垫铁,垫铁的高度要满足工件装夹后露出虎钳

20mm 以上；

③放上工件后预夹紧，用塑料块敲击工件上表面，确认工件与垫铁贴紧，再夹紧工件。

3）刀具夹装

（1）在刀柄上装 ϕ20 立铣刀

需要的配件包括：BT40 弹簧夹头刀柄、拉钉、ϕ20 弹簧夹头、ϕ20 立铣刀。

清扫干净各配件的配合面，依次装配夹紧各配件即可。

（2）在刀柄上装面铣刀

需要的配件包括：BT40 面铣刀刀柄、拉钉、与刀柄配套的面铣刀、配套类型的刀片

清扫干净各配件的配合面，旋紧面铣刀头与刀柄的连接螺栓，安装刀片时要注意刀片的定位，再旋上拉钉即可。

（3）其他钻孔刀具夹装

需要的配件包括：BT40 弹簧夹头刀柄（或钻夹头刀柄）、拉钉、ϕ20 弹簧夹头（或与孔尺寸相适应的弹簧夹头）、ϕ8.5 麻花钻、ϕ9.8 麻花钻和 ϕ10.0 铰刀。

清扫干净各配件的配合面，分别装配 ϕ8.5 钻孔、ϕ9.8 钻孔和 ϕ10.0 铰孔等 3 把孔加工刀具。

4）五把刀具的刀具号设定

把五把刀具按刀具号装入刀库。

①将所用刀具装夹到刀柄上，并按刀具号顺序排列；

②确认刀库中相应的刀具号位置处没有刀具；

③按"MDI"功能模式键，然后按"程序"功能键，再按［MDI］软键；

④输入第一个刀具号的换刀程序，如 T01M06；

⑤按"循环启动"键，刀库的当前位置号调整到 01 号；

⑥按"手动"功能模式键，然后按主轴上的换刀按钮，装入 ϕ80 面铣刀，确认刀具安装无误；

⑦按"MDI"功能模式键，输入 T02M06 换刀程序；

⑧按"循环启动"键，ϕ80 面铣刀放入 01 号刀库位中，刀库的当前位置号调整到 02 号；

⑨使用相同的方法分别装入其他三把刀具，确认刀具安装无误。

5）对刀操作及参数设置

根据五把刀具的特点，选择 T02 号的 ϕ20 立铣刀为基准刀具。

编程坐标原点选定在工件上表面中心，工件四周都需要切除多余材料，因此，只需要设置一个大致坐标原点就能满足加工要求。

（1）基准刀具 X 轴方向对刀及原点设置

基准刀具用于确定坐标原点，长度补偿值设定为 0，操作步骤如下：

①换基准刀具。将 ϕ20 立铣刀换到主轴成为当前刀具；

②主轴以 600r/min 转速正转，用"手轮"功能模式，快速移动刀具到工件左边，移动刀具试切工件左边；

③此时刀位点在工件坐标系(工件上表面中心位置)中的 X 轴坐标值为－(工件长度/2＋刀具半径)＝－60.0;

④按"补正/设置"功能键,然后按[坐标系]软键,显示坐标系设置页面;

⑤将光标移至 G54 的 X 处,输入 X－60.0。核对光标位置和输入值,按[测量]软键,观察光标处数值应该有所变化。

(2)基准刀具 Y 轴方向对刀及原点设置

①主轴以 600r/min 转速正转,用"手轮"功能模式,快速移动刀具到工件后方,移动刀具试切工件后边;

②此时刀位点在工件坐标系中的 Y 轴坐标值为(工件宽度/2＋刀具半径)＝50.0;

③在坐标系设置页面中,将光标移至 G54 的 Y 处,输入 Y50.0。核对光标位置和输入值,按[测量]软键,观察光标处数值应该有所变化。

(3)基准刀具 Z 轴方向对刀及设置

①主轴以 600r/min 转速正转,用"手轮"功能模式,快速移动刀具到工件某角的上方,手轮切削出一段作为参考平面;

②在坐标系设置页面中,将光标移至 G54 的 Z 处,输入 Z0。核对光标位置和输入值,按[测量]软键,观察光标处数值应该有所变化;

③按"补正/设置"功能键,然后按[补正]软键,显示刀具补偿页面;

④移动光标到 002 行、形状(H)列处,将基准刀具 02 号的长度补偿值设为 0;

⑤在相对坐标页面中,将 Z 轴相对坐标归零。

(4)其他刀具长度补偿设置

①换 1 号刀具到主轴;

②主轴以 600r/min 转速正转,用"手轮"功能模式,快速移动刀具到工件上方。选择 Z 轴为移动轴,用很小的进给倍率移动刀具到刚好能切削到顶平面(也可以使用块规对刀,相应内容参考项目 3.5);

③此时相对坐标 Z 值就是刀具相对基准刀具的相对长度,即这把刀具的长度补偿值;

④在刀具补偿页面中,移动光标到相应刀号行、形状(H)列,输入相对坐标 Z 值;

⑤用相同方法为其余刀具设置长度补偿值。

(5)刀具的半径补偿值

该零件采用不同的刀具半径补偿值进行粗切削的多刀加工,需要按要求设置不同的半径补偿值。

①按"补正/设置"功能键,然后按[补正]软键,显示刀具补偿页面;

②将光标移动"形状(D)"列,分别在 01 行,输入 10.0;在 02 行,输入 20.0;在 03 行,输入 10.0;在 04 行,输入 25.0。

6)导入程序

①在电脑上将编写的数控程序输入为纯文本文件,并认真检查核对;

②选择"程序编辑"或"自动运行"功能模式,然后按"PROG"键,再按[DIR]软键,从显示程序名列表中查看已有程序名称,避免有与主程序和子程序重名的程序;

③选择"程序编辑"功能模式,按"程序"键,然后按[操作]软键,再按[READ]软键后按[EXEC]软键,在屏幕右下角出现"SKP"闪烁;

④在电脑上打开"CIMCOEdit"传输程序软件,如图3-57所示。打开程序文件,单击"机床通讯/发送",程序即可传送到加工中心上,并分别以主程序和子程序名保存到数控系统中。

图3-57 传输软件页面

7)程序检验

①校对刚导入的主程序和子程序;

②在"坐标系"页面中,将扩展工件坐标系G54(EXT)的Z坐标向正方向偏移100mm;

③在"空运行"模式下进行自动运行,观察机床运行的转速和使用的刀具是否与实际一致,根据是否有报警检验程序格式,利用"图形"显示路线,判断程序中输入的坐标数值是否正确,并完成程序的检验和调试;

④在"坐标系"页面中,将工件坐标系向Z轴正方向偏移恢复为0,取消空运行状态,重新返回参考点操作。

8)自动加工

①选择"自动运行"功能模式,屏幕显示切换到"程序"页面,检查程序名和光标位置是否符合加工要求;

②将"进给倍率"旋钮转到指向0%;

③按"程序启动"键,一边旋转"进给倍率"旋钮,一边观察机床状况,判断刀具是否是应使用的刀具,主轴转速大小是否适合切削加工。在刀具运行到接近工件表面时,再将"进给倍率"旋钮转到0%,判断刀具位置与屏幕显示的绝对坐标是否基本相符。通过上述检查判断没有错误后,关上加工中心防护门,将"进给倍率"旋钮转到100%,进行正常切削加工。

④在加工过程中观察数控机床的加工状况,根据切削状态调整"主轴转速"、"进给倍率"旋钮和切削液。如果发生紧急情况,立刻按下"紧急制动"或"复位"键,中止机床运行。

9)零件检测

①自动加工前,准确测量$\phi 20$立铣刀的直径大小。由于刀具制造或使用中刀具已有磨损,刀具实际直径大小与标识有误差,以测量值为准输入为半径补偿值,它将决定零件长宽的尺寸公差;

②零件加工质量检测。加工完成后用长度测量用具分别测量零件长宽高方向尺寸精度,把加工零件表面与粗糙度样板进行比较,判断加工表面粗糙度是否符合零件图样要求。如果零件的加工质量不符合图样要求,需要找出其中产生的原因,并作相应调整。

10)场地整理

卸下工件、刀具,移动工作台到非主要加工区域后关机;整理工位(使用器具和零件图纸资料),收拾刀具、量具、用具并进行维护;清扫加工中心并进行维护保养,填写实训记录表,清扫车间卫生。

3. 项目总结

零件加工完成后,对零件加工质量以及各个环节进行总结,积累操作数控机床的经验。

1)项目评价

首先学生自己评价加工出的零件,然后学生互相评价,最后指导教师评价并给定成绩。

2)项目总结

学生总结该项目实施工作过程,列出项目实施中各个环节的要点,分析加工过程中出现的问题,讨论解决的方法。

【项目评价】

本项目实训成绩评定见表 3-33。

表 3-33 项目 3.6 成绩评价表

产品代号		项目 3.6		学生姓名		综合得分		
类 别	序 号	考核内容		配 分	评分标准	得分	备注
工艺制定及编程	1	加工路线制订合理		10	不合理每处扣 2 分		
	2	刀具及切削参数		5	不合理每项扣 2 分		
	3	程序格式正确,符合工艺要求		10	每行一处扣 2 分		
	4	程序完整,优化		5	每部分扣 2 分		
操作过程	5	刀具的正确安装和调整		5	每次错误扣 2 分		
	6	工件定位和夹紧合理		3	每项错误扣 2 分		
	7	对刀及参数设置		10	每项错误扣 1 分		
	8	工具的正确使用		2	每次错误扣 1 分		
	9	量具的正确使用		2	每次错误扣 1 分		
	10	按时完成任务		5	超 30 分钟扣 2 分		
	11	设备维护、安全、文明生产		3	不遵守酌情扣 1~5 分		
零件质量	12	XY 向尺寸	$60^{0.1}_{0}$	5	超差不得分		
	13		圆柱 $\phi 60^{0}_{-0.05}$	5	超差 0.01 扣 2 分		
	14	Z 向尺寸	$5^{0.05}_{0}$ $10^{0.05}_{0}$	10	超差 0.1 扣无分		
	16	孔粗糙度	$R_a 1.6$	5	每处降一级扣 1 分		
		外形	无刀痕	10	一处扣 5 分		
	17	尺寸检测	检测尺寸正确	5	不正确无分		

注:(1)加工操作期间,报警 3 次,发生撞刀现象,将暂停操作数控机床的资格;

(2)发生影响安全的违规、违章操作,由指导教师按实训管理制度进行处理。

【项目作业】

(1)总结孔加工程序和子程序的编程要领。

(2)预习并准备下次实训内容。

【项目拓展】

完成图 3-58 所示齿形凸台的加工方案和工艺规程的制订,编写零件加工程序并用软件仿真调试。

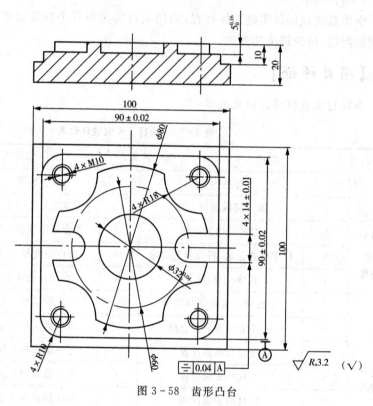

图 3-58 齿形凸台

模块 4
加工中心操作拓展技能

项目 4.1　加工中心宏程序的应用技能

【项目案例】

本项目以如图 4-1 所示的球面凸台加工为例,学会对零件进行工艺性分析。制订铣削零件外轮廓和球面加工的工艺方案,用手工编写零件的加工程序,特别是加工中心宏程序的编写,并进行仿真调试,最后加工出合格的零件。

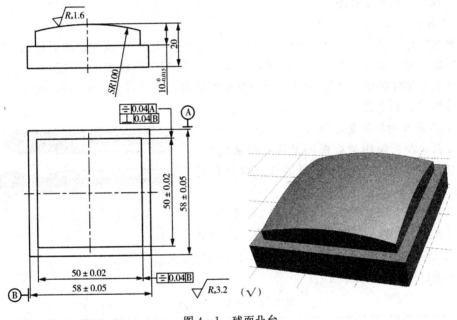

图 4-1　球面凸台

(1)计划时间　4 学时。
(2)质量要求　零件加工质量符合图样要求。
(3)安全要求　严格按照安全操作规程进行,确保人身、设备安全。
(4)文明要求　自觉按照文明生产规则进行实训,做有职业修养的人。
(5)环保要求　在项目实训过程中充分考虑保护环境的有利因素。

【项目解析】

1. 图样分析

该零件的加工为凸台的外轮廓侧面和球面加工,主要包括四边形外轮廓侧面和底面,球面加工。图样中 50 ± 0.02 mm 为中等公差等级要求,需要加工前把用于此加工刀具的直径测量准确,并设置好该刀具的半径补偿值;高度尺寸精度为 $10^0_{-0.015}$ mm,要达到此精度要求,在 Z 向对刀时必须要有较高的精度。该零件加工的四周轮廓与定位面有中等要求的对称度和垂直度,对工件的夹装与对刀操作提出了较高的要求。球面的表面粗糙度要求为 $R_a1.6\mu m$,使用球头刀具加工,宏程序编程时需要设置较小的步进量。

图样尺寸标注完整,轮廓描述清楚,零件材料为铝,加工后需去除毛刺。

2. 加工方案

毛坯高度只有 20mm,零件最大尺寸的四周侧面要用于夹装,加工的四周侧面与夹装侧面具有位置精度要求,所以,零件的底面和最大尺寸的四周侧面已先行加工,并满足相应的精度要求。用平口虎钳夹持侧面,工件在钳口之上加工部分大于 10mm。用立铣刀加工四周轮廓,再用球头刀具加工球面。对较复杂的零件进行手工编程时,编写程序太长或编程时计算太复杂都是很麻烦的事情,在这种情况下通常用软件自动编程,因此,本项目中仅编写精加工程序。

3. 夹装

根据零件形状和加工特点选择夹具。提供毛坯为长方体,该零件四周侧面规则,平口虎钳的两钳口夹持工件的两对边侧面,工件下方用等高垫铁支承,保证装夹后工件露出高度大于零件的加工高度 10mm,用平口虎钳装夹方便、快捷,定位可靠、精度高,可满足该零件的加工要求。

4. 刀具及切削用量选择

刀具以及切削用量应根据工件材料来选择。毛坯材料为铝块,材料较软。可以选用材料为高速钢的立铣刀和球头刀具。

图 4-2 立铣刀、球头铣刀

该零件加工包括侧面和底面,加工外轮廓时对刀具大小没有特别限制,选用 $\phi 12$ 的立铣刀如图 4-2 所示;加工顶球面时,选用 $\phi 10.0(R5.0)$ 的球头刀具。

本项目使用刀具见表 4-1。

表 4-1 加工中心刀具卡

产品名称或代号		项目 4.1	零件名称	球面凸台	零件图号	图 4-1
序 号	刀具号	刀具规格名称	数 量	加工表面	精 度	备 注
1	T01	$\phi 12$ 立铣刀	1	四周侧面	0.02	
2	T02	R5 球头铣刀	1	顶球面	0.02	
编制	×××	审核	×××	批准	×××××年×月×日	共 1 页	第 1 页

影响切削质量的主要因素除刀具材质与刀具几何参数之外,还有切削状态、工件材料、切削参数等。查常用工件材料、刀具材料及切削用量表,通过计算,确定刀具切削参数,并结合经验制订加工中心加工工艺卡见表 4-2。

表 4-2　加工中心加工工艺卡

单　位	××职业技术学院		产品名称或代号	零件名称	零件图号
			项目 4.1	球面凸台	4-1
工序号	程序编号		夹具名称	使用设备	车间
401	O4101		平口虎钳	KVC650	先进制造基地
工步号	工步内容	刀具号	刀具规格	主轴转速	进给速度	背吃刀量	备注
1	四周侧面	T01	φ12	1000	180	5.0	自动
2	顶球面	T02	R5	2000	400		自动
编制	×××	审核	×××	批准	×××	××年×月×日	共页	第 1 页

5. 程序分析

在零件图纸上建立编程坐标原点，把它建立在工件上表面中心处。

该零件中四周轮廓尺寸为对称公差，不需要计算尺寸公差中间值，直接利用图样中的尺寸基点坐标值作为编程坐标值。对于手工编程而言球面只能使用宏程序编程。

在数控加工编程时，虽然子程序对编制相同加工操作的程序非常有用，但宏程序由于允许使用变量、算术和逻辑运算及条件转移，使得编制相同加工操作的程序更方便、更容易。

宏程序主体是一系列指令，既可以由机床生产厂提供，也可以由用户自己编制。用户可将相同加工操作编为通用程序，如型腔宏程序和固定加工循环宏程序。使用时加工程序可用一条简单指令调出用户宏程序，和调用子程序完全一样。

不同数控系统的宏程序有所不同，使用时需按相应要求编制，这是讲述 FANUC 数控系统宏程序的应用。

在项目 2.2 中对用户宏程序的应用作了讲述，应先学会相应内容，这里仅对前面讲述宏程序的应用作必要补充。

1）变量的赋值

宏变量除了可以直接赋值外，也可以引数赋值。

当调用宏程序时，必须对宏程序中的变量进行初始化，宏程序以子程序方式出现，所用的变量可在宏调用时赋值。例如：G65P0020X200.0Y50.0Z60.0；此处的 X、Y、Z 不代表坐标字，F 也不代表进给字，而是对应于宏程序中的变量号，变量的具体数值由引数后的数值决定。

引数宏程序体中的变量对应关系有两种，这两种方法可以混用，其中 G、L、N、O、P 不能作为引数替变量赋值。

变量赋值方法 1 见表 4-3。

表4-3 变量赋值方法1

引数	变量	引数	变量	引数	变量	引数	变量
A	#1	I3	#10	I6	#19	I9	#28
B	#2	J3	#11	J6	#20	J9	#29
C	#3	K3	#12	K6	#21	K9	#30
I1	#4	I4	#13	I7	#22	I10	#31
J1	#5	J4	#14	J7	#23	J11	#32
K1	#6	K4	#15	K7	#24	K12	#33
I2	#7	I5	#16	I8	#25		
J2	#8	J5	#17	J8	#26		
K2	#9	K5	#18	K8	#27		

变量赋值方法2见表4-4。

表4-4 变量赋值方法2

引数	变量	引数	变量	引数	变量	引数	变量
A	#1	H	#11	R	#18	X	#24
B	#2	I	#4	S	#19	Y	#25
C	#3	J	#5	T	#20	Z	#26
D	#7	K	#6	U	#21		
E	#8	M	#13	V	#22		
F	#9	Q	#17	W	#23		

例如：变量赋值方法1

G65P0050A30.0I160.0J140.0K110.0I230.0J245.0K240.0；

经赋值后#1=30.0　#4=60.0　#5=40.0　#6=10.0　#7=30.0　#8=45.0　#9=40.0

例如：变量赋值方法2

G65P0100A80.0X60.0F40.0

经赋值后#1=80.0　#24=60.0　#9=40.0

在引数赋值时，除I、J、K以外的引数没有顺序要求，可任意排列，两种引数赋值方法可以混用。

2）宏程序调用

用户宏程序调用的方法有以下几种：

非模态调用宏程序（G65）和模态调用（G66），取消模态调用（G67）。用G代码调用宏程序（在参数中设置调用宏程序的G代码如G81，与G65的方法一样）；用M代码调用宏程序（在参数中设置调用宏程序（子程序）的M代码号，如M03。可与子程序M98调用相同的方法）；用T代码调用子程序（如加工中心的换刀宏程序M06）。

（1）非模态调用

指令格式:G65P_[L_][引数赋值]

其中,用P指定用户宏程序的程序号,地址L后为指定重复次数。引数是一个字母,对应宏程序中的变量地址,引数后面的数值赋给宏程序中对应的变量。

（2）模态调用

指令格式:G66P_[L_][引数赋值]；　　　此时机床不动

　　　　　XY;　　　　　　　　　　机床在这些点开始加工

　　…

　　G67;　　　　　　　　　　　停止宏程序调用

其中,用P指定用户宏程序的程序号,地址L后为指定重复次数。G67为取消宏程序模态调用指令。

【项目实施器具】

实施本项目需要提前准备以下器具:加工中心为 KVC650;毛坯材料为铝,58×58×20(五面已加工);需要的刀具、量具和用具清单见表4-5。

表4-5　刀具、量具和用具清单

类别	序号	名　称	型号/规格	精　度	数　量	备　注
刀具	1	刀柄、拉钉	BT40		2/组	配套
	2	弹簧夹头	$\phi4\sim\phi20$		各1/组	套
	3	立铣刀	$\phi12$		各2/组	
	4	球头铣刀	$R5.0$		1/组	
量具	5	游标卡尺	$0\sim150$	0.02	1/组	
	6	螺旋千分尺	$0\sim25$	0.01	各1/组	
	7	钢直尺	150		1/组	
	8	杠杆百分表		0.01	1/组	套
	9	粗糙度样板			1/组	套
用具	10	月牙扳手			1	
	11	活动扳手	250		1	
	12	等高垫铁			若干	
	13	薄皮			若干	
	14	铜棒			1	
	15	防护镜			1/人	
	16	工作帽			1/人	
	17	毛刷			1/组	

【项目预案】

问题1 宏程序编程时出现死循环。

解决措施： 使用宏程序编程相对于普通方式较难，宏程序中的逻辑关系以及赋值经常会出现错误。如果宏程序出现死循环，说明程序编写时的判断语句有错或是变量初始值设置错误，应逐项核查并改正。

问题2 加工零件的表面粗糙度不符合要求。

解决措施： 影响零件精加工表面粗糙度的因素较多，选择适合加工工件材料的刀具材料，刀具类型、尺寸与零件表面形状相适应；保持精加工刀具刃锋利，如果刀具磨损或磨钝，则需要更换刀具；检查刀具选用的切削用量是否合适，如不合适，则需查表优化切削用量；精加工应尽量选用顺铣，避免断续切削和沿工件法线方向切入或切出工件；本例中的球面加工还应选择刀具路径以及先后方式，宏程序编程时变量递增量不能太大，否则球面会出现棱纹。

问题3 加工零件的位置公差不符合要求。

解决措施： 本例中零件的位置公差不符合要求时，需要检查以下项目，分析找出位置公差不合格的原因，才能有效地加以解决。检查所使用平口虎钳的精度是否满足零件加工精度的要求；平口虎钳是否按规范要求安装与校正；夹装使用的等高垫铁是否满足要求；毛坯材料已加工的表面是否符合形状位置公差要求；工件夹装是否规范，检查平口虎钳、工件与垫铁是否帖紧。

【项目实施】

1. 工艺方案与编程

在操作数控机床前熟悉项目任务，认真阅读"项目解析"内容，按下列步骤分析确定加工工艺，制订加工路线并编写加工程序。

1）项目任务

明白项目要求，弄清项目任务。

2）图样分析

看懂零件图样，对零件图进行工艺性分析，了解图样的加工要求，弄清要加工的表面及特征，分析基本尺寸、尺寸公差、表面质量等方面具体需要达到的要求。

3）加工方案

根据对零件图样的分析，制定可行性加工方案。

4）定位基准与装夹

依据定位基准，选择合适的夹具，制定出具体的装夹方案。

5）刀具与切削用量

根据加工特点选择使用的刀具。

依据给定的零件材料及热处理方式，加工精度、表面质量的要求，使用刀具材料。参考刀具切削参数表，并结合实际加工经验，确定各刀具的切削用量。

6) 数控程序编制

根据已确定的加工方案,各工步的加工内容,把一次连续加工完成的内容定为一个程序名。在图样上设定编程坐标原点,依次确定各刀具的走刀路线,按使用机床的程序格式编制加工程序。把所有自动加工部分的程序写在程序单上。

7) 参考加工程序

程序可以按自己习惯方式编写,本项目加工球面时利用宏程序的常用方式编程,参考主程序见表 4-6。

自变量赋值说明如下

♯1=(A)——ZX 平面角度设为自变量,赋初始值为 0°;

♯2=(B)——球面半径(100);

♯3=(C)——球头铣刀的半径(5);

♯4=(I)——限制球面加工结束的角度值(21.0°)。

表 4-6 加工主程序

程 序	释 义
O4101	主程序名
G90G80G54G49G40G17	初始化状态
G00X40.0Y40.0	快移到下刀点上方
T01M06	换 1 号立铣刀具
S1000M03	设置轮廓加工转速
G43Z10.0H01	快移到安全高度,建立长度补偿
♯10=−5	加工深度,10 号变量赋值
N1G01Z♯10F180	切削到切削深度
G41X25.0Y32.0D01	切入段,建立刀具半径补偿
Y−25.0	切四周轮廓第一边
X−25.0	第二边
Y25.0	第三边
X32.0	第四边
G00X40.0Y40.0 G40	切出段,取消半径补偿
♯10=♯10−5.0	加工深度 10 号变量递减 5.0
IF[♯10GE−10.0]GOTO 1	如果 10 号变量大于或等于−10. 返回到 N1 行
G00Z100.0	抬刀
T02M06	换 2 号球头刀具
G00X0Y0	快移到球面中心上方
S2000M03	设置球面加工转速

（续表）

程　序	释　义
G43Z10.0H02	快移到安全高度,建立长度补偿
G65P4102A0B100.0C5.0I21.0	调用宏程序,引数赋值
G00Z200.0	抬刀
M30	程序结束

加工球面宏程序见表4-7

表4-7　宏程序

程　序	释　义
O4102	子程序名
#5=#2+#3	球头刀中心与球面中心连线的距离#5
WHILE[#1LE#4]DO2	如果#1小于或等于#4,循环继续
#6=#5*[1−COS[#1]]	计算中间值
#7=#5*SIN[#1]	刀尖对应的 X 坐标值
G01X#7Y0F400.0	切削到该层下刀点
Z−#6	切削到该层深度
G02I−#7	切削整圆
#1=#1+0.1	角度变量递增0.1
END2	循环结束
G00Z10.0	抬刀到安全高度
M99	宏程序结束,返回到主程序

8）模拟仿真

将所编写的程序进行模拟仿真,并依据模拟情况完成程序调试,直到模拟加工完全符合要求。

2.操作数控机床

完成准备工作后,按如下步骤操作加工中心进行零件加工。

1）加工中心开机

①打开气源设备开关,开机前检查;

②先开启机床电源开关,再按操作面板上的"ON"键;

③向右旋转"急停"旋钮,再按"复位"键消除报警;

④回参考点操作;

⑤加工中心初始参数设置。

2）用虎钳装夹工件

①选取五个表面已加工的 58×58×20 的铝块;

②在已经校正的虎钳上放两块等高垫铁,垫铁的高度要满足工件装夹后露出虎钳 10mm 以上;

③放上工件后预夹紧,用塑料块敲击工件上表面,确认工件与垫铁贴紧,如果垫铁精度不够高,需要使用百分表对工件进行找正,再夹紧工件。

3)刀具夹装

①在刀柄上装 $\phi 12$ 立铣刀

需要的配件包括:BT40 弹簧夹头刀柄、拉钉、$\phi 12$ 弹簧夹头、$\phi 12$ 立铣刀。清扫干净各配件的配合面,依次装配夹紧各配件。

②在刀柄上装 $\phi 10(R5)$ 球头铣刀

需要的配件包括:BT40 面铣刀刀柄、拉钉、$\phi 10$ 弹簧夹头、$R5$ 球头铣刀。清扫干净各配件的配合面,依次装配夹紧各配件。

4)两把刀具的刀具号设定

把两把刀具按刀具号装入刀库。

①确认刀库中相应的刀具号位置处没有刀具;

②按"MDI"功能模式键,然后按"程序"功能键,再按[MDI]软键;

③输入第一个刀具号的换刀程序,如 T01M06;

④按"循环启动"键,刀库的当前位置号调整到 01 号;

⑤按"手动"功能模式键,然后按主轴侧的松刀按钮,装入 $\phi 12$ 立铣刀,确认刀具安装无误;

⑥按"MDI"功能模式键,输入 T02M06 换刀程序;

⑦按"循环启动"键,$\phi 12$ 立铣刀放入 01 号刀库位中,刀库的当前位置号调整到 02 号;

⑧按手动功能模式键,然后按主轴上的换刀按钮,装入 $R5$ 球头铣刀,确认刀具安装无误;

5)对刀操作及参数设置

根据两把刀具的特点,选择 T01 号的 $\phi 12$ 立铣刀为基准刀具。

编程坐标原点在工件上表面中心处,X 轴和 Y 轴采用分中对刀方式。

(1)基准刀具 X 轴方向对刀

基准刀具用于确定坐标原点,长度补偿值设定为 0,操作步骤。

①换基准刀具。将 $\phi 12$ 立铣刀换到主轴成为当前刀具;

②用"手轮"功能模式,快速移动刀具到工件左边,用块规插入刀具与工件之间判断间距,直到块规刚好能通过间隙;

③相对坐标 X 归零;

④主轴向上抬起后翻越工件,快速移动到工件右边,利用相同的方法对刀,注意判断块规刚好能通过间隙时与前次有相同的力度。

(2)工件坐标 X 轴原点设置

①若此时相对坐标显示值为 A,刀位点在工件坐标系(工件上表面中心位置)中的 X 轴坐标值为 $A/2$;

②按"补正/设置"功能键,然后按[坐标系]软键,显示坐标系设置页面;

③将光标移至 G54 的 X 处,输入 X A/2。核对光标位置和输入值,按[测量]软键,观察光标处数值应该有所变化,此数值为工件坐标原点在机械坐标中的数值;

④按"位置"功能键,然后按[综合]软键,显示综合坐标页面,在显示屏幕中核对"相对坐标值是绝对坐标值的 2 倍"关系,如果不满足此关系,则说明计算(包括正负号)或格式有错,需要重新设置。

(3)基准刀具 Y 轴方向对刀

①用"手轮"功能模式,快速移动刀具到工件前方,用块规插入刀具与工件之间判断间距,直到块规刚好能通过间隙;

②相对坐标 Y 归零;

③主轴向上抬起后翻越工件,快速移动到工件后方,利用相同的方法对刀,注意判断块规刚好能通过间隙时与前次有相同的力度。

(4)工件坐标 Y 轴原点设置

①若此时 Y 轴相对坐标显示值为 B,刀位点在工件坐标系(工件上表面中心位置)中的 Y 轴坐标值为 B/2;

②在坐标系设置页面中,将光标移至 G54 的 Y 处,输入 Y B/2。核对光标位置和输入值,按[测量]软键,观察光标处数值应该有所变化;

③在综合坐标页面中,校对"Y 轴相对坐标值是绝对坐标值的 2 倍"关系。

(5)基准刀具 Z 轴方向对刀

用"手轮"功能模式,快速移动刀具到工件上方。用与前面相同的方法,用块规插入刀具与工件之间判断间距,直到块规刚好能通过间隙。

(6)工件坐标 Z 轴原点设置

①Z 轴对刀后,刀位点到工件上表面的距离为块规的厚度 H,还为精加工留 0.4mm 的加工余量,此时刀位点在工件坐标系中的 Z 轴坐标值为 H+0.4,;

②在坐标系设置页面中,将光标移至 G54 的 Z 处,输入 Z(H+0.4)。核对光标位置和输入值,按[测量]软键,观察光标处数值应该有所变化;

③在综合坐标页面中,校对 Z 轴的绝对坐标值是否为 H+0.4。

(7)基准刀具长度补偿设置

①按"补正/设置"功能键,然后按[补正]软键,显示刀具补偿页面;

②移动光标到 001 行、形状(H)列处,将基准刀具 01 号的长度补偿值设为 0;

③在相对坐标页面中,将 Z 轴相对坐标归零。

(8)球头刀 Z 向对刀

①换球头刀到主轴;

②用"手轮"功能模式,快速移动刀具到工件上方。选择 Z 轴为移动轴,用与前面相同的方法,来回旋转手轮的同时,移动块规,凭手感觉块规移动中的力度,确保每次具有相同的力度。

(9)球头刀长度补偿设置

①此时相对坐标 Z 值就是刀具相对基准刀具的相对长度,即这把刀具的长度补

偿值；

②在刀具补偿页面中,移动光标到 002 行、形状(H)列处,输入相对坐标 Z 值。

(10)刀具的半径补偿值

不是所有刀具都需要使用刀具半径补偿值,视编写程序时是否使用了刀具半径补偿。在零件加工程序中,φ12 立铣刀的加工使用了半径补偿功能,而 R5 球头刀具没有使用半径补偿。

①按"补正/设置"功能键,然后按[补正]软键,显示刀具补偿页面；

②将光标移动"形状(D)"列、与 φ12 立铣刀的刀具号对应的 01 行；

③键盘上输入"刀具半径值"(例如 6.0),然后按"输入"键。

6)输入程序

①选择"程序编辑"或"自动运行"功能模式,然后按"PROG"键,再按[DIR]软键,从显示程序名列表中查看已有程序名称；

②选择"程序编辑"功能模式,输入"O4101"程序号,按"插入"键；

③每一行程序输入结尾时,按 EOB 键生成";",然后再按"插入"键,完成一个程序行的输入；

④逐行输入后面的程序内容；

⑤用相同的方法,建立子程序"O4102"。

7)程序检验

①对照程序单从前到后逐行校对新输入的程序；

②使用编辑键,对输入错误程序进行编辑；

③在"坐标系"页面中,将扩展工件坐标系 G54(EXT)的 Z 坐标向正方向偏移 100mm；

④在"空运行"模式下进行自动运行,观察机床运行的转速和使用的刀具是否与实际一致,根据是否有报警检验程序格式,利用"图形"显示路线,判断程序中输入的坐标数值是否正确,并完成程序的检验和调试；

⑤在"坐标系"页面中,将工件坐标系向 Z 轴正方向偏移恢复为 0,取消空运行状态,重新进行返回参考点操作。

8)自动加工

①选择"自动运行"功能模式,屏幕显示切换到"程序"页面,检查程序名和光标位置是否符合加工要求；

②将"进给倍率"旋钮转到 0%；

③按"程序启动"键,一边旋转"进给倍率"旋钮,一边观察机床状况,判断刀具是否是应使用的刀具,主轴转速大小是否适合切削加工。在刀具移动到接近工件表面时,将"进给倍率"旋钮转到 0%,判断刀具位置与屏幕显示的绝对坐标是否基本相符。通过上述检查判断没有错误后,关上加工中心安全门,将"进给倍率"旋钮转到 100%,进行正常切削加工；

④在加工过程中观察数控机床的加工状况,根据切削状态调整"主轴转速"、"进给倍率"旋钮和切削液。如果发生紧急情况,立刻按下"紧急制动"或"复位"键,中止机床

运行。

9）零件检测

零件加工质量检测。加工完成后用长度测量工具分别测量零件长宽高方向尺寸精度，把加工零件表面与粗糙度样板进行比较，判断加工表面粗糙度是否符合零件图样要求。如果零件的加工质量不符合图样要求，需要找出其中产生的原因，并作相应调整。

10）场地整理

卸下工件、刀具，移动工作台到非主要加工区域后关机；整理工位（使用器具和零件图纸资料），收拾刀具、量具、用具并进行维护；清扫加工中心并进行维护保养，填写实训记录表，清扫车间卫生。

3．项目总结

零件加工完成后，对零件加工质量以及各个环节进行总结，积累操作数控机床的经验。

1）项目评价

首先学生自己评价加工出的零件，然后学生互相评价，最后指导教师评价并给定成绩。

2）项目总结

学生总结该项目实施工作过程，列出项目实施中各个环节的要点，分析加工过程中出现的问题，讨论解决的方法。

【项目评价】

本项目实训成绩评定见表 4-8。

表 4-8　项目 4.1 成绩评价表

产品代号		项目 3.5		学生姓名		综合得分		
类　别	序　号	考核内容	配　分		评分标准		得分	备注
工艺制定及编程	1	加工路线制定合理	5		不合理每处扣 2 分			
	2	刀具及切削参数	5		不合理每项扣 2 分			
	3	程序格式正确，符合工艺要求	15		每行一处扣 5 分			
	4	程序完整，优化	15		每部分扣 5 分			
操作过程	5	刀具的正确安装和调整	5		每次错误扣 2 分			
	6	工件定位和夹紧合理	3		每项错误扣 2 分			
	7	对刀及参数设置	5		每项错误扣 1 分			
	8	工具的正确使用	2		每次错误扣 1 分			
	9	量具的正确使用	2		每次错误扣 1 分			
	10	按时完成任务			超 30 分钟扣 2 分			
	11	设备维护、安全、文明生产	3		不遵守酌情扣 1～5 分			

（续表）

	12	XY 向尺寸	50 ± 0.02	5	超差不得分		
零件 质量	13	Z 向尺寸	$10^{0}_{-0.015}$	5	超差不得分		
	14	球面质量	Ra1.6	5	每处每降一级扣 2 分		
	15	对称度	0.04	5	超 0.01 扣 2 分		
	16	垂直度	0.04	5	超 0.01 扣 2 分		
	17	外形	无刀痕	5	一处扣 5 分		
	18	尺寸检测	检测尺寸正确	5	不正确无分		

注：(1)加工操作期间，报警 3 次，发生撞刀现象，将暂停操作数控机床的资格；
　　(2)发生影响安全的违规、违章操作，由指导教师按实训管理制度进行处理。

【项目作业】

(1)总结加工中心用户宏程序编程技能要点。

(2)预习并准备下次实训内容。

【项目拓展】

完成图 4-3 所示椭圆型腔的加工方案和工艺规程的制定，编写零件加工程序并用软件仿真调试。

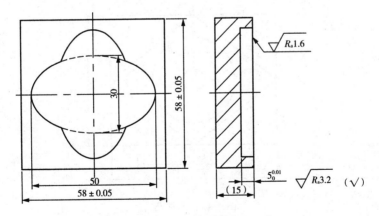

图 4-3　椭圆型腔

项目 4.2　加工中心的仿真虚拟加工

【项目案例】

本项目以图 4-4 所示圆柱凸台虚拟加工为例(该零件已在项目 3.6 中进行了工艺分析、程序编写与调试、操作机床加工零件的步骤与要领,相关的内容参见项目 3.6),学习数控加工仿真系统的使用。熟悉仿真数控机床的面板、加工中心的基本操作方法、加工零件的步骤,在电脑软件仿真系统中对手工编写的数控加工程序进行校验与调试,完成虚拟加工。为实际操作数控机床作好演练,提高数控机床的使用效率。

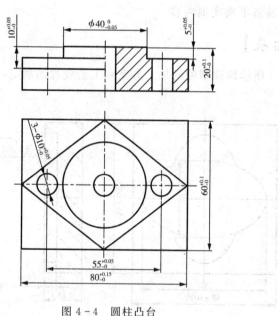

图 4-4　圆柱凸台

(1)计划时间　4 学时。

(2)质量要求　对程序进行调试,虚拟加工零件符合零件图样要求。

(3)文明要求　虽然是虚拟机床及加工,仍要养成按规定步骤进行演练操作的习惯。

【项目解析】

见"项目 3.6 加工中心典型零件的加工"中的相关内容。

【项目实施器具】

实施本项目需要在机房进行,电脑上预先安装"数控加工仿真系统"。

【项目预案】

问题 1　运行程序时出现报警。

解决措施：　当出现不规范操作或还不满足数控机床运行的必备条件时,数控机床都会报警并有提示信息。如出现"NO. 2003 A1. 0 X AXIS NEED TO RETURN REF-ERENCE POINT"报警信息,说明要完成当前操作先必须进行返回参考点操作。另外,有些数控机床根据设置不同,运行程序前还需要设置 F、S 和 T 的状态值,可以根据报警信息完成必需的相应操作。

问题 2　仿真软件中操作机床时经常出现停止运行并有提示信息。

解决措施：　仿真软件中虚拟操作机床时出现停止运行并有提示信息,其主要目的是提示我们"实际中是不能这样操作数控机床的",有利于纠正实际操作数控机床的不良习惯。

当出现提示信息时,只需按提示内容进行操作。另外,有些信息是仿真系统自身设计的内容,实际操作数控机床时需要根据实际情况合理解决。

问题 3　应用刀具半径补偿指令时提示刀具干涉。

解决措施：　检查选用刀具的半径是否大于其零件的最小曲率半径(选用的刀具半径应小于零件的最小曲率半径);检查刀补中的最大补偿值是否小于零件的最小曲率半径,如果大于零件的最小曲率半径,则产生刀具干涉报警;若无此问题,则检查刀具补偿指令是否用反,若用反了也会出现错误;插补指令没有及时更改,例如前一程序段为圆弧插补,后一程序段应该是直线插补,如果没有正确使用插补指令,也会提示刀具干涉。

另外,在加工中心手动编程时特别需要注意:在建立刀具半径补偿以后,不能出现连续两个程序段无选择补偿坐标平面的移动指令,否则数控系统因无法正确计算程序中刀具轨迹交点坐标,将自动取消刀具半径补偿,虽然不会提示刀具干涉,但实际加工时将会产生过切或少切现象。

【项目实施】

1. 开启软件仿真系统

在开始菜单下单击"数控加工仿真系统",依次点击"加密锁管理程序"和"数控加工仿真系统",如图 4-5 所示。然后在出现的用户登录页面中点击"快速登录",开启软件仿真系统。

2. 选择机床

点击菜单"机床/选择机床…",弹出"选择机床"对话框,如图 4-6 所示。在对

图 4-5　开启软件项

话框中选择机床的系统、类型及生产厂家,按"确定",出现仿真页面,如图 4-7 所示。

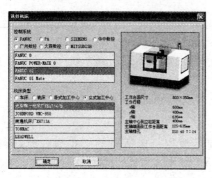

图 4-6 选择机床

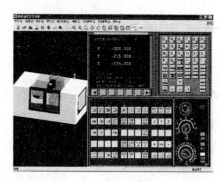

图 4-7 仿真页面

3. 启动系统

单击按下操作面板"启动"按钮,按"急停" 按钮,将其松开。

4. 回参考点操作

点击菜单"视图/选项…",弹出视图选项对话框,在对话框中去除"显示机床罩子"前的勾选,视图中不再显示加工中心的外壳。

开启数控系统后,首先将机床 Z、X、Y 轴返回参考点。单击选择"回参考点" ⊕ 功能模式,点击 Z ,再点击 + ,Z 返回参考点,直到 Z原点灯 亮,代表 Z 轴已经完成返回参考点操作;点击 X ,再点击 + ,X 返回参考点,直到 X原点灯 亮,代表 X 轴已经完成返回参考点操作;点击 Y ,再点击 + ,Y 返回参考点,直到 Y原点灯 亮,代表 Y 轴已经完成返回参考点操作。

5. 初始参数设置

单击选择"手动数据输入" ▣▶ 功能模式,点击"程序" PROG 显示功能,再点击 [MDI] 软键。在页面中输入"G54G91G28Z0;T01M06;S600M03;",用光标移动键将光标移到程序头,在操作面板上按"循环启动"键 ⏻ ,Z 坐标轴回参考、1 号刀位为当前刀具位置、机床主轴正转,在系统面板上单击"复位"键 RESET ,主轴停止转动。

6. 定义毛坯

本项目以项目 3.6 的零件加工作为虚拟加工内容,详细内容见项目 3.6 加工中心典型零件的加工。

点击菜单"零件/定义毛坯…",弹出定义毛坯对话框,按照项目 3.6 的零件加工要求,设置毛坯材料为 45 号,毛坯尺寸为 100×80×40 的长方体,如图 4-8 所示。

7. 安装毛坯

点击菜单"零件/安装夹具…",弹出选择夹具对话框,如图 4-9 所示。选择刚建立的零件,选择夹具为平口钳。单击"旋转",将零件的长边旋转方向。单击"向上",观察工件上夹具之上的高度。本项目零件加工深度为 20mm,零件在夹具

图 4-8 定义毛坯

之上的高度应在 25mm 左右,据此确定零件夹装后的大致外伸高度。

点击 ⊟,将机床显示视图变为左视图。

点击菜单"零件/放置零件…",弹出选择零件对话框,在此对话框中选择刚建立的毛坯,点击"安装零件",出现移动工件页面,如图 4-10 所示。单击"旋转"键,然后单击"退出"键。

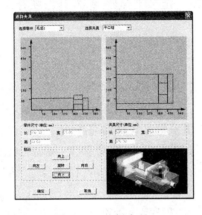

图 4-9　选择夹具

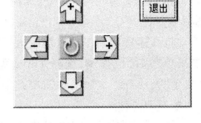

图 4-10　安装位置

点击 ⊕,将机床显示视图变为轴侧视图。

8. 选择并安装刀具

按照项目 3.6 的零件加工工艺要求,加工过程中使用 5 把刀具,详细内容参见项目 3.6。分别为 T01—ϕ80 面铣刀;T02—ϕ20 高速钢立铣刀;T03—ϕ8.5 高速钢麻花钻;T04—ϕ9.8 高速钢麻花钻;T05—ϕ10.0 高速钢铰刀。

点击菜单"机床/选择刀具…",弹出刀具选择对话框,在该对话框中完成刀具的选择与在主轴上安装当前刀具。

如图 4-11 所示,选择刀具对话框。在"所需刀具直径"处输入需要选择刀具的直径值,如 10,单击"确定",将在"可选刀具"列表中显示出符合要求的刀具,单击自己需要的刀具,在"已经选择的刀具"列表中列出需要的刀具,列表中序号即为刀具号。后续对刀操作时基准刀具为 ϕ20 立铣刀,选中此刀具,单击"添加到主轴",最后单击"确定,完成此项内容设置。

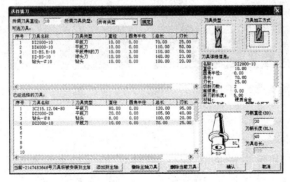

图 4-11　刀具选择

9. 对刀及参数设置

对刀的目的是确定编程原点在机床坐标系中的位置。由于刀具的大小和形状各不相同,主轴位置不变时每把刀具的刀尖不在同一点上,这可以通过刀具补偿解决,使刀具的刀位点都重合在同一位置上。编程时只需按工件的轮廓编制加工程序即可,而不用考虑不同刀具长度和刀尖半径的影响。对刀时需要定义坐标原点、刀具长度补偿并输入半径补偿值。

1)基准刀具(2 号刀具)X 向对刀

(1)使用基准刀具对刀操作

①安装基准刀具。单击菜单"机床/基准刀具…",在对话框中单击"确定",安装 ϕ14mm 的对刀靠棒。

②用手动将靠棒移动到工件右侧附近,改用手轮方式移动靠棒。

③单击菜单"塞尺检查…",选择 1mm 塞尺测量,手轮移动靠棒,越靠近毛坯倍率越小,系统会提示"太松"或"太紧",都需要继续移动,直到系统提示"松劲合适"为止。

(2)试切法对刀操作

①单击选择"手动数据输入"功能模式,单击"程序"显示页面,再单击"MDI"软键,输入"G91G28Z0;T02M06",再单击"循环启动",换 2 号刀具为当前刀具。

②单击选择"手动" ⟨⟨⟨⟨⟩ 功能模式,点击"主轴正转" 🔲 键。如果主轴没有转动,则需要利用上述方法设置初始转速。

③用手动快速移动刀具靠近工件右端,靠近时要降低移动速度。移动过程中可先转换视图到右视图,确定刀具与工件在 Y 轴方向上的关系,再转换视图到前视图,确定刀具与工件在 X 轴方向的位置,用手轮(如图 4-12 所示,按鼠标左键,旋钮逆时针旋转;按鼠标右键,旋钮顺时针旋转)方式移动刀具靠近工件,调低进给速度移动刀具刚好切削到工件右端,沿 Z 轴方向退刀,如图 4-13 所示。

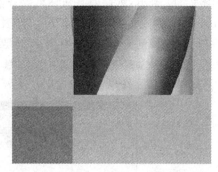

图 4-12 手轮   图 4-13 试切右端面

④按"复位"键,主轴停止转动。

2)基准刀具 X 向参数设置

基准刀具对刀后定义坐标原点,编程坐标原点在工件上表面中心处。定义坐标时需要知道当前刀位点在工件坐标系(编程坐标系)中的坐标值。此时刀位点的当前 X 坐标值为 60(工件长度 100/2+刀具半径 20/2)。

点击"设置" **OFFSET SETTING** 显示功能,再点击"坐标系"软键,在页面中将光标移到 01(G54)的 X 行。输入"X60.0",再按"测量"软键,完成 X 方向坐标原点的设置,如图 4 - 14 所示。

3)基准刀具 Y 向对刀

单击选择"手动"功能模式,点击"主轴正转"键,使主轴转动。

用手动快速移动刀具靠近工件后方侧端,靠近时要降低移动速度。移动过程中可先转

```
WORK COONDATES        O1233    N  1233
  (G54)
  番号 数据              番号 数据
00     X      0.000   02     X      0.000
(EXT)  Y      0.000   (G55)  Y      0.000
       Z      0.000          Z      0.000

01     X   -290.039   03     X      0.000
(G54)  Y   -225.047   (G56)  Y      0.000
       Z   -450.101          Z      0.000

〉X60.0^
JOG  **** *** ***
[NO检索][ 测量 ][      ][+输入][ 输入 ]
```

图 4 - 14 定义坐标原点

换视图到前视图,确定刀具与工件在 X 轴方向上的关系,再转换视图到右视图,确定刀具与工件在 Y 轴方向的位置,用手轮方式移动刀具靠近工件,调低进给速度移动刀具刚好切削到工件后方侧面,沿 Z 轴方向退刀。

按"复位"键,主轴停止转动。

4)基准刀具 Y 向参数设置

此时刀位点在工件坐标系中的 Y 坐标值为 50(工件宽度 80/2＋刀具半径 20/2)。

在同上的坐标设置页面中,将光标移到 01(G54)的 Y 行。输入"Y50.0",再按"测量"软键,完成 Y 方向坐标原点的设置,如图 4 - 14 所示。

5)基准刀具 Z 向对刀

单击选择"手动"功能模式,点击"主轴正转"键,使主轴转动。

用手动快速移动刀具靠近工件上表面,靠近时要降低移动速度。移动过程中可先转换视图到右视图,确定刀具与工件在 Y 轴方向上的关系,再转换视图到前视图,确定刀具与工件在 X 轴和 Z 轴方向的位置,用手轮方式移动刀具靠近工件,调低进给速度移动刀具刚好切削到工件上表面。

单击"位置" **POS**,然后单击[相对]软键,输入"Z",再单击"起源",将 Z 轴相对坐标归零。

按"复位"键,主轴停止转动。

6)基准刀具 Z 向参数设置

此时刀位点在工件坐标系中的 Z 坐标值为 1(预留工件顶面切削余量)。

在同上的坐标设置页面中,将光标移到 01(G54)的 Z 行。输入"Z1.0",再按"测量"软键,完成 Z 方向坐标原点的设置,如图 4 - 14 所示。

7)1 号刀具 Z 向对刀及长度补偿设置

单击选择"手动"功能模式,Z 轴快速退刀到安全位置。

单击选择"手动数据输入"功能模式,单击"程序"显示页面,再单击"MDI"软键,输入"G91G28Z0;T01M06;",再单击"循环启动",换 1 号刀具为当前刀具。

单击选择"手动"功能模式,点击"主轴正转"键。

用手动快速移动刀具靠近工件上表面,靠近时要降低移动速度。移动过程中可先转换视图到右视图,确定刀具与工件在 Y 轴方向上的关系,再转换视图到前视图,确定刀具

与工件在 X 轴和 Z 轴方向的位置,用手轮方式移动刀具靠近工件,调低进给速度移动刀具刚好切削到工件上表面。

点击"设置" **OFFSET SETTING** 显示功能,再点击"形状"软键,出现刀具补正页面。在页面中将光标移到 001 行形状（H）列处,输入相对坐标值,即为 1 号刀具相对基准刀具的长度补偿值。

8）其他刀具 Z 向对刀及长度补偿设置

其他 3 号、4 号和 5 号刀具与 1 号刀具都是相对基准刀具而言的非基准刀具,利用相同的方法对刀,并设置长度补偿,如图 4-15 所示。

9）刀具半径补偿参数设置

刀具半径补偿值是根据工艺加工要求确定补偿值,并输入到补偿位置处即可。

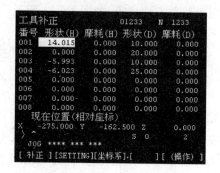

图 4-15　刀具补偿

在同上的刀具补正页面中,将光标移到形状（D）列处输入半径补偿值,如图 4-15 所示。

10. 输入/导入程序

单击选择"编辑" ⊘ 功能模式,按"程序"显示功能,显示程序页面。

（1）输入程序方法

输入程序名"O1003",按"插入"键 **INSERT**,建立了程序名并且光标移到下行,逐行输入项目 3.6 中的零件加工程序;对输入程序进行人工检查,并对程序错误进行编辑（软件仿真系统中,不能使用子程序,输入程序时需要作相应修改）。

（2）导入程序步骤

①如果数控程序代码较多,可以在电脑上通过记事本输入程序代码并保存为纯文本格式（*.txt）文件。

②在显示"程序"页面下,单击[操作]软键,在出现的下级子菜单中按软键▶,然后按[READ]软键;按键盘上的数字/字母键,输入程序名"O1003",再按[EXEC]软键。

③点击菜单"机床/DNC 传送",在弹出的对话框中选择已建立的程序代码文件,按"打开"确认,则程序被导入并显示在页面上,如图 4-16 所示。

11. 自动仿真加工

单击选择"自动" ⊘ 功能模式,按"程序"显示功能,检查当前程序名称和当前光标位置是否在程序头。

单击"图形"键 **CUSTOM GRAPH**,仿真进行作刀具路线轨迹页面,利用轨迹线校验程序（软件仿真系统中的程序代码含义、程序逐行执行等功能与实际有所不同,输入程序时需要注意作修改）,如图 4-17 所示。

调节进给倍率旋钮到适当的倍率,按下"循环启动"键,进行自动加工。如图 4-18 所示为零件仿真加工过程,如图 4-19 所示为仿真加工结束图形。

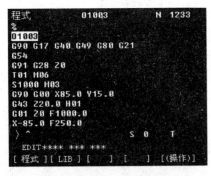

图 4-16　仿真程序

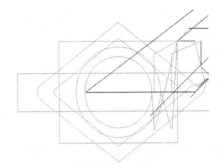

图 4-17　程序刀具路线

图 4-18　零件加工过程

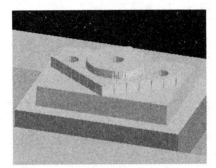

图 4-19　虚拟加工零件

12. 项目总结

学生总结该项目实施工作过程,列出项目实施中各个环节的要点,分析加工过程中出现的问题,讨论解决的方法。

【项目评价】

本项目实训成绩评定见表 4-9。

表 4-9　项目 4.2 成绩评价表

产品代号		项目 4.2		学生姓名		综合得分	
类别	序　号	考核内容	配　分	评分标准		得　分	备　注
基本操作	1	开启仿真软件	5	没有完成不得分			
	2	设备的选择	5	不合理不得分			
	3	回零操作	5	每处不合理扣 2 分			
	4	确定毛坯	5	不合理扣 3 分			
	5	装夹工件	5	不正确不得分			
	6	安装刀具	10	每处不合理扣 2 分			
	7	对刀操盘	15	每处不正确扣 3 分			
	8	程序导入	5	没有完成不得分			
	9	程序编辑	15	每处不合理扣 3 分			

（续表）

软件仿真	10	加工轨迹仿真	10	没有完成扣 5 分	
	11	自动加工	20	不理想每处扣 5 分	

【项目作业】

（1）总结加工中心软件虚拟加工的操作步骤及要领。

（2）预习并准备下次实训内容。

【项目拓展】

在电脑上用仿真软件完成如图 4 - 20 所示零件的虚拟加工。

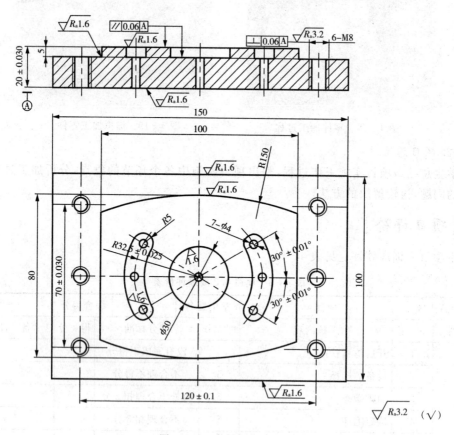

图 4 - 20　虚拟加工练习图

项目 4.3　UG 加工中心编程技术

【项目案例】

本项目以如图 4-21 所示的盒盖型腔实体建模、自动编程与加工为例，学会对零件加工进行工艺性分析，制定出零件加工工艺方案，使用 UG 软件进行实体建模，完成零件加工的刀具路径设置，通过切削模拟优化刀具路径，进行后置处理，生成数控加工程序，并将数控加工程序传至加工中心加工出合格的零件。

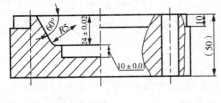

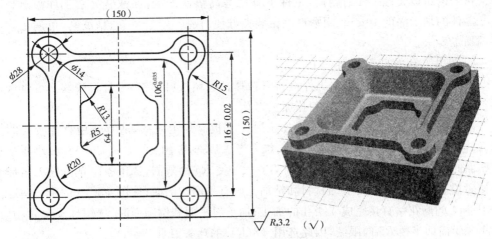

图 4-21　盒盖型腔

(1)计划时间　12 学时。

(2)质量要求　利用 UG 软件完成零件实体造型，编制加工刀具路径，生成数控程序，并将程序传到加工中心，加工出符合图样要求的零件。

(3)安全要求　严格按照安全操作规程进行，确保人身、设备安全。

(4)文明要求　自觉按照文明生产规则进行实训，做有职业修养的人。

(5)环保要求　在项目实训过程中充分考虑保护环境的有利因素。

【项目解析】

1. 图样分析

该零件的加工为型腔的内外表面和孔加工，主要包括平面、侧面、倾斜面、倒圆面和孔加工。图样中 XY 平面方向尺寸精度 $106_0^{0.035}$ mm 和 116 ± 0.02mm 有较高公差等级要求，加工前需要把刀具的直径测量准确，并作为刀具的直径值自动编程。孔间位置尺寸 116 ± 0.02mm，钻孔前需要先钻中心孔才能保证孔间位置精度要求。4 个孔的直径为 $\phi14$，孔的形状和表面质量没有要求，可以一次钻孔完成。零件的 Z 轴方向尺寸 24 ± 0.02mm 和 10 ± 0.01mm，尺寸精度要求较高，加工前需要精确对刀并设置刀具长度补偿。其他尺寸公差的要求较低，加工时容易达到要求。零件的各个加工表面粗糙度为 $R_a3.2\mu$m，需要选择好切削刀具并设置恰当的切削参数。

图样尺寸标注完整，轮廓描述清楚，零件材料为铝，加工后需去除毛刺。

2. 加工方案

用平口虎钳夹持工件，工件在钳口之上加工部分大于 10mm，夹装面较大，装夹稳定可靠。型腔内需要切除的材料较多，先用较大的立铣刀开粗，再利用较小的立铣刀粗加工留下的材料；钻中心孔后用麻花钻钻孔；用立铣刀精加工所有平面和竖直的侧面；最后用球头铣刀精加工斜平面和倒圆面。

3. 夹装

根据零件形状和加工特点选择夹具。提供毛坯为长方体，该零件四周侧面规则，平口虎钳的两钳口夹持工件的侧面，工件下方用等高垫铁支承，保证装夹后工件露出高度大于零件的加工深度 10mm，用平口虎钳装夹方便、快捷，定位可靠、精度高，可满足该零件的加工要求。

4. 刀具及切削用量选择

刀具以及切削用量应根据工件材料来选择。毛坯材料为铝块，材料较软。可以选用材料为高速钢的立铣刀、球头刀和孔加工刀具。

该零件加工包括侧面和底面，粗加工时为了提高加工效率，适宜选用直径较大的立铣刀，但也要考虑后续选用刀具的大小，综合考虑后选用 $\phi16$ 的立铣刀；刀具大小要小于内凹面的半径，精加工底平面和侧面时刀具大小受 R5 的限制，选用 $\phi10$ 的立铣刀粗加工由 $\phi16$ 立铣刀先前加工留下的材料和精加工所有平面与侧面；选用 $\phi3.15$ 的中心钻定位后用 $\phi14$ 的麻花钻直接完成 4 个孔的加工；加工斜平面和倒圆面时，选用球头刀具，刀具大小要受内凹半径 R5 的限制，因此选用 $\phi8(R4)$ 的球头刀具。

本项目使用刀具见表 4-10。

表 4-10　加工中心刀具卡

产品名称或代号		项目 4.3	零件名称		盒盖型腔	零件图号	图 4-21
序　号	刀具号	刀具规格名称	数　量	加工表面		精　度	备　注
1	T01	$\phi16$ 立铣刀	1	粗加工		0.02	
2	T02	$\phi10$ 立铣刀	1	精加工平面		0.02	

（续表）

3		φ3.15 中心钻	1	钻中心孔			
4	T03	φ14 麻花钻	1	钻孔			
5	T04	φ8(R4)球头刀	1	精加工曲面			
编制	×××	审核	×××	批准	×××　××年×月×日	共1页	第1页

影响切削质量的主要因素除刀具材质与刀具几何参数之外，还有切削状态、工件材料、切削参数等。查常用工件材料、刀具材料及切削用量表，通过计算，确定刀具切削参数，并结合经验制定加工中心加工工艺卡见表 4-11。

表 4-11　加工中心加工工艺卡

单位	××职业技术学院		产品名称或代号	零件名称	零件图号		
			项目 4.3	盒盖型腔	4-21		
工序号	程序编号		夹具名称	使用设备	车间		
402	O4301		平口虎钳	KVC650	先进制造基地		
工步号	工步内容	刀具号	刀具规格	主轴转速	进给速度	背吃刀量	备注
1	粗加工	T01	φ16.0	600	400	2.0	自动
2	精加工平面	T02	φ10.0	2000	200		自动
3	钻中心孔		φ3.15	1000	100		手动
4	钻 φ14 孔	T03	φ14.0	300	80		自动
5	精加工曲面	T04	R4.0	3000	500		自动
编制	×××	审核	×××	批准	×××　××年×月×日	共页	第1页

【自动编程】

1. CAM 编程基本过程

UG CAM 提供了广泛的三轴到五轴加工功能，编程灵活性扩展到一组完整的粗加工和精加工交互选项，对实体材料去除和刀具路径进行集成仿真，帮助优化刀具路径，同时检查是否存在冲突和干涉。具有速度快、精度高、直观性好、使用简便、便于检查和修改等优点。

UG CAM 自动编程的基本过程，如图 4-22 所示。

1）获得 CAD 模型

获得 CAD 模型的方法通常有 3 种：打开 CAD 文件、直接造型和数据转换。

2)加工工艺分析和加工路线规划

主要内容包括以下步骤：

（1）加工对象的确定，通过对工件的分析，确定哪些部位需要在加工中心上加工。有些加工内容使用普通机床加工可能有更好的经济性，如孔的加工、回转体加工，可以使用钻床或车床来进行。

（2）加工区域规划，即对加工对象进行分析，按其形状特征、功能特征及精度、粗糙度要求将加工对象分成多个加工区域。

（3）加工路线规划，即从粗加工到精加工的流程及加工余量分配。

（4）加工工艺和加工方式确定，如刀具选择、加工工艺参数和切削方式选择等。

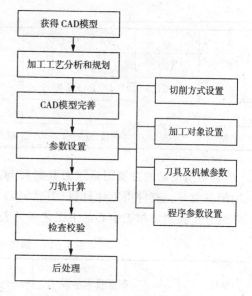

图 4-22　自动编程基本过程

在完成工艺分析后，应填写数控加工工序卡，表中的项目应包括加工区域、加工性质、使用刀具、主轴转速、切削进给等选项。

3)CAD模型完善

对 CAD 模型作适合于 CAM 程序编制的处理。

（1）加工坐标系的确定，坐标系是加工的基准，将坐标系定位于方便机床操作人员确定的位置，同时保持与工件坐标系的统一。

（2）隐藏或删除不需要的曲面，按曲面的性质进行分色或分层。这样一方面看上去更为直观清楚；另一方面在选择加工对象时，可以通过过滤方式快速地选择所需对象。

（3）增加曲面，如将边缘曲面进行适当的延长。对不需要加工的部分用曲面覆盖。

（4）构建刀具路径限制边界，对于规划的加工区域，需要使用边界限制加工范围的，先绘出修剪曲线。

4)加工参数设置

参数设置可视为对工艺分析和规划的具体实施，它是 NC 编程的主要操作内容，直接影响生成的 NC 程序的质量。

（1）切削方式设置，指定刀轨的类型及相关参数。

（2）加工对象设置，通过交互式手段选择被加工的几何体或其中的加工分区、毛坯、检查区域等。

（3）刀具及机械参数设置，针对每一个加工工序选择适合的加工刀具并设置相应的机械参数，包括主轴转速、切削进给、背吃刀量等。

（4）程序参数设置，包括对进退刀位置及方式、切削用量、行间距、加工余量、安全高度等的设置。

5)生成刀具路径

在完成参数设置后，即可将设置结果进行刀轨的计算。

6）刀具路径检验

为确保程序的安全性，必须对生成的刀轨进行校验，检查刀具路径有无过切或者加工不到位，同时检查是否会发生与工件及夹具的干涉。

（1）直接查看，直接查看生成的刀具路径，观察其切削范围有无越界，有无明显异常的刀具轨迹。

（2）模拟实体切削，进行仿真加工，直接在计算机屏幕上观察加工效果。

（3）对检查中发现的问题，应调整参数设置重新进行计算，再作检验。

7）后处理

将计算出的刀具路径以规定的标准格式转化为 NC 代码并输出保存。

在后处理生成数控程序之后，用记事本打开并检查这个程序文件，特别是程序头及程序尾部分的内容（主要检查 F、S、T 功能字以及安全高度），如有必要可适当修改。

2. 盒盖型腔实体建模

1）新建型腔 hegai 文件

在工具栏点击"新建"　图标→输入文件名"hegai"→选择"毫米"单位→　OK　。

点击　起始　图标，点击　建模(M)...，进入建模模块。

2）创建 150×150×40 长方体

点击　图标，在对话框中输入长方体的长宽高；点击　图标，在对话框中输入基点坐标，构建长方体，如图 4-23 所示。

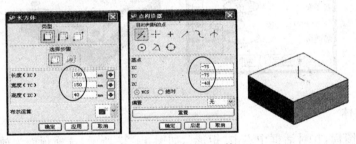

图 4-23　创建长方体

3）拉伸上端凸台

点击　图标，选择长方体上表面为绘图平面。绘草图增加几何约束，尺寸约束，如图 4-24 所示。点击　图标，选取刚建的草图，在对话框中输入数值，并选择"求和"　。

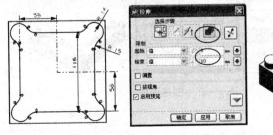

图 4-24　拉伸上端凸台

4) 创建 4 个通孔

点击 图标,在对话框中输入数值,如图 4 - 25 所示,在实体的右上角选孔的放置位置,点击 确定 。在定位对话框中选择"点对点",再点击圆弧中心,选择右上角圆弧。

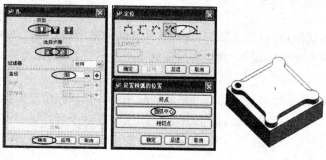

图 4 - 25 创建孔

点击 图标,选择刚创建的孔,在对话框中输入数值,如图 4 - 26 所示,点击"确定"。

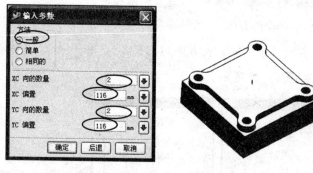

图 4 - 26 阵列孔

5) 创建腔体

点击 图标,在对话框中点击"矩形",如图 4 - 27 所示,选择顶面为放置面,再选择侧面作为水平参考,在弹出的对话框中输入数值,点击"确定",在定位对话框中两次选择"垂直",利用目标体和刀具体上两平行确定腔体位置。

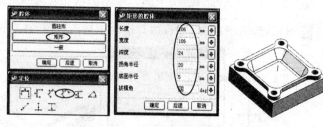

图 4 - 27 创建腔体

6) 拉伸底部型腔

点击 图标,选择腔体的底面作为草绘平面,如图 4 - 28 所示。绘草图增加几何约束,尺寸约束。点击 图标选中刚建的草图,在对话框中输入数值,并选择"求差" 。

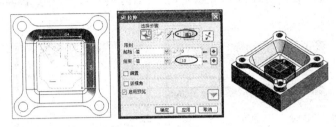

图 4-28　拉伸底部型腔

3. 创建零件毛坯

点击 图标,选择零件的底部四边,在对话框中输入数值,如图 4-29 所示,并选择"创建"。

编程/对象显示,选择零件实体,按鼠标中键,指定"蓝色"点击"确定",把零件指定为蓝色显示。

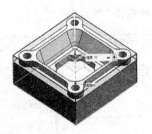

图 4-29　创建毛坯

编程/对象显示,选择毛坯,按鼠标中键,指定"粉红色",透明度设为 50%,点击"确定",为毛坯显示设置透明度。

4. 数控编程

1)进入加工模块

点击 起始 图标,点击"加工",进入建模模块,按如图 4-30 所示方式进行加工环境设置。

图 4-30　加工环境

2）坐标原点设置

工作坐标原点移动。格式/WCS/原点，在对话框中输入数值，如图 4-31 所示，点击"确定"。

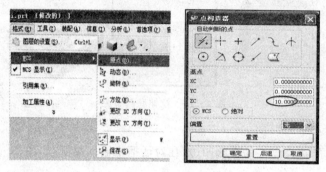

图 4-31 工作坐标原点

工件坐标原点设置。在操作导航器中双击"MCS_MILL"，在对话框中点击"原点"，如图 4-32 所示，在弹出的"点构造器"对话框中点击"重置"，再点击"确定"。

安全高度设置。在上个对话框中勾选"间隙"，点击"指定"，在对话框中输入数值 10，如图 4-32 所示，再点击"确定"。

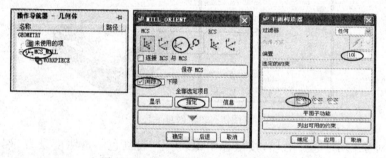

图 4-32 工件坐标原点与安全高度

3）工件几何体设置

在操作导航器中双击"WORKPIECE"，在对话框中点击 后，如图 4-33 所示，单击"选择"，在弹出对话框后选择实体零件；在对话框中点击 后，单击"选择"，在弹出对话框后选择实体毛坯或单击"自动块"。

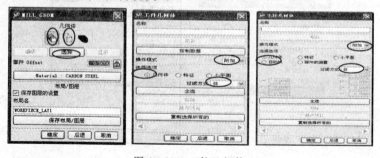

图 4-33 工件几何体

4）创建 4 把刀具

（1）创建第一把 D16 立铣刀

点击 图标，在对话框中选择"立铣刀"，输入名称"D16"，如图 4-34 所示，再点击"确定"，在弹出的对话框中输入数值。

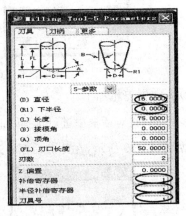

图 4-34　创建立铣刀

（2）创建第二把 D10 立铣刀

在对话框中选择"立铣刀"，输入名称"D10"，再点击"确定"，在弹出的对话框中输入数值，如图 4-35 所示。

（3）创建第三把 DR14 钻头

在对话框中类型中选择"drill"，点击钻头图标，输入名称"DR14"，如图 4-36 所示，再点击"确定"，在弹出的对话框中输入数值。

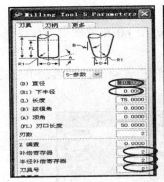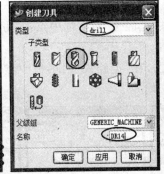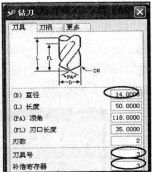

图 4-35　建 D10 立铣刀　　　　图 4-36　创建麻花钻

（4）创建第四把 B8 球头刀

在对话框中选择"球头刀"，输入名称"B8"，如图 4-37 所示，再点击"确定"，在弹出的对话框中输入数值。

5）创建型腔粗加工

图 4-37　创建球头铣刀

(1)用 D16 立铣刀粗加工

点击 图标,在对话框中进行选择,如图 4-38 所示,再点击"确定",将弹出"型腔铣"对话框,如图 4-39 所示,在此对话框中进行设置。

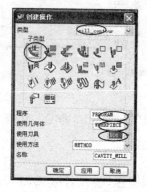 

图 4-38　创建操作　　　图 4-39　型腔铣设置

对"切削层"的设置。在"型腔铣"对话框中点击"切削层",在对话框中进行设置,如图 4-40 所示。

对"进刀/退刀"的设置。在"型腔铣"对话框中点击"方法",在对话框中进行设置,如图 4-41 所示。

对"自动进刀/退刀"的设置。在"型腔铣"对话框中点击"自动",在对话框中进行设置,如图 4-42 所示。

图 4-40　切削层设置　　图 4-41　进刀/退刀　　图 4-42　自动进刀/退刀

对"切削参数"的设置。在"型腔铣"对话框中点击"切削",在对话框中进行相应设置,如图 4-43 所示。

图 4-43　切削参数设置

对"进给和速度"的设置。在"型腔铣"对话框中点击"进给率",在对话框中进行设置,如图 4-44 所示。

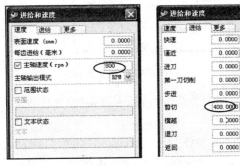

图 4-44　进给和速度

在"型腔铣"对话框中,点击![图标]图标,在"显示参数"对话框中去掉勾选,如图 4-45 所示,生成刀具路线轨迹。

在"型腔铣"对话框中,点击![图标]图标,在"可视化刀轨轨迹"对话框中点击 2D 标签,如图 4-46 所示,再点击"播放"图标。

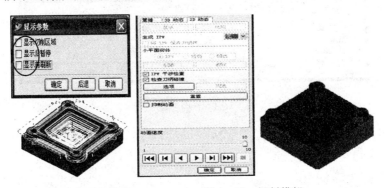

图 4-45　刀具轨迹　　　　图 4-46　切削模拟

(2)用 D10 立铣刀粗加工

由于 D16 的刀具太大,有些材料没有切到位,再用 D10 刀具切削剩余部分。在操作导航器中选中已生成的刀轨,如图 4-47 所示,单击鼠标右键,在快捷菜单中选"复制";选中刚生成的刀轨,单击鼠标右键,在快捷菜单中选"粘贴"。

双击粘贴的刀轨就打开"型腔铣"对话框,在"型腔铣"对话框中对参数进行设置,如图 4-48 所示。

"型腔铣"对话框中,点击"组"标签,重新选取 D10 的刀具,如图 4-49 所示。

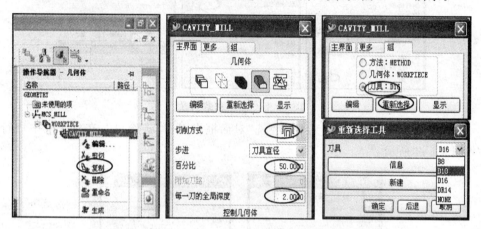

图 4-47　复制刀轨　　　图 4-48　型腔加工设置　　　图 4-49　重选使用刀具

对"进刀/退刀"的设置。在"型腔铣"对话框中点击"方法",在对话框中,传送方式选择"先前的平面"。

对"切削参数"的设置。在"型腔铣"对话框中点击"切削",在对话框中单击"包容"标签,如图 4-50 所示,在参考刀具处"选择"上一道工序使用的刀具。

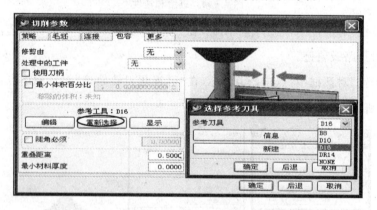

图 4-50　切削参数设置

对"进给和速度"的设置。在"型腔铣"对话框中点击"进给率",在对话框中进行设置,如图 4-51 所示。

在"型腔铣"对话框中,点击 图标,在"显示参数"对话框中去掉勾选,生成刀具路线轨迹,如图 4-52 所示。

在"型腔铣"对话框中,点击 图标,在"可视化刀轨轨迹"对话框中点击 2D 标签,如图 4-53 所示,再点击"播放"图标。

图 4-51 进给和速度

图 4-52 刀具轨迹　　　图 4-53 切削模拟

6)用 D10 立铣刀精加工平面

　　点击 图标,在对话框中选择"平面铣",如图 4-54 所示,再点击"确定",将弹出"平面铣"对话框,在此对话框中进行设置,如图 4-55 所示。

　　单击"面"图标,再单击"选择",在弹出"面几何体"对话框时选取需要加工的平面,如图 4-56 所示。

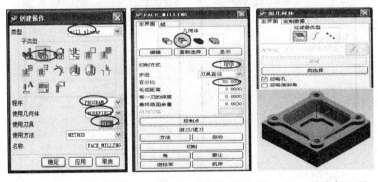

图 4-54 平面操作　图 4-55 平面铣设置　图 4-56 选取加工面

　　对"进刀/退刀"的设置。在"平面铣"对话框中点击"方法",在对话框中进行设置,如图 4-57 所示。

　　对"自动进刀/退刀"的设置。在"平面铣"对话框中点击"自动",在对话框中进行设置,如图 4-58 所示。

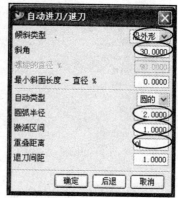

图 4-57　进刀/退刀　　　　图 4-58　自动进刀/退刀

对"切削参数"的设置。在"平面铣"对话框中点击"切削",在对话框中进行设置,如图 4-59 所示。

图 4-59　切削参数设置

对"进给和速度"的设置。在"平面铣"对话框中点击"进给率",在对话框中进行设置,如图 4-60 所示。

图 4-60　进给和速度设置

在"平面铣"对话框中,点击　图标,在"显示参数"对话框中去掉勾选,生成刀具路线轨迹,如图 4-61 所示。

在"平面铣"对话框中,点击　图标,在"可视化刀轨轨迹"对话框中点击 2D 标签,如图 4-62 所示,再点击"播放"图标。

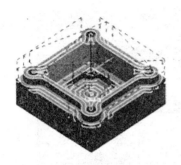

图 4 - 61　刀具轨迹　　　　图 4 - 62　切削模拟

7)钻孔

点击 图标,在对话框中选择"钻",如图 4 - 63 所示,再点击"确定",将弹出"钻"对话框,在此对话框中进行设置,如图 4 - 64 所示。

图 4 - 63　创建孔操作　　　　图 4 - 64　孔加工页面

在"钻"对话框中点击 图标,弹出"点位加工几何体",在对话框中单击"选择",如图 4 - 65 所示,在新窗口中单击"面上所有孔",在弹出新窗口时,选择零件的顶面,三次点击"确定"。

在"钻"对话框中选择"断屑",如图 4 - 66 所示,在弹出的窗口中点击"确定",在新弹出的窗口中点击"确定",在新弹出的窗口中点击"穿过底面"。

图 4 - 65　选择加工孔

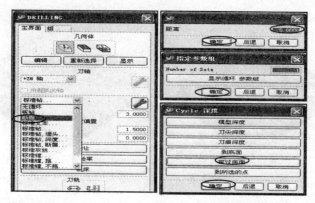

图 4-66　孔加工参数设置

在"钻"对话框中点击 图标，弹出"底面"对话框，如图 4-67 所示，此时选择零件的底面。

对"进给和速度"的设置。在"钻"对话框中点击"进给率"，在对话框中进行设置，如图 4-68 所示。

图 4-67　孔深度设置　　　　　　图 4-68　进给和速度

在"钻"对话框中，点击 图标，在"显示参数"对话框中去掉勾选，生成刀具路线轨迹，如图 4-69 所示。

在"钻"对话框中，点击 图标，在"可视化刀轨轨迹"对话框中点击 2D 标签，如图 4-70 所示，再点击"播放"图标。

图 4-69　钻孔轨迹　　　　　图 4-70　钻孔模拟

8)球头刀精加工斜面和倒圆面

点击 图标，在"创建操作"对话框中进行选择，如图 4-71 所示，再点击"确定"，将弹出"固定轴轮廓铣"对话框,如图 4-72 所示,在此对话框中进行设置。

在"固定轴轮廓铣"对话框中选择"区域铣削",弹出"区域铣削驱动方式"对话框,如图 4-73 所示,在此对话框进行设置,点击"确定"。

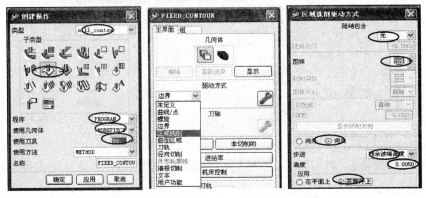

图 4-71 创建曲面操作 图 4-72 固定轴轮廓铣 图 4-73 驱动方式

在"固定轴轮廓铣"对话框中单击图标 ,如图 4-74 所示,再单击"选择",弹出 "切削区域"对话框时选择加工区域的曲面(斜平面和倒圆面)。

图 4-74 切削区域

对"切削参数"的设置。在"固定轴轮廓铣"对话框中点击"切削",如图 4-75 所示,在对话框中进行设置。

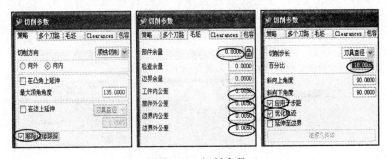

图 4-75 切削参数

对"非切削移动"的设置。在"固定轴轮廓铣"对话框中点击"非切削的",如图 4-76 所示,在对话框中进行设置。

对"进给和速度"的设置。在"固定轴轮廓铣"对话框中点击"进给率",如图 4-77 所示,在对话框中进行设置。

图 4-76　非切削运动　　　　　图 4-77　进给与速度

在"固定轴轮廓铣"对话框中,点击 ![icon] 图标,在"显示参数"对话框中去掉勾选,生成刀具路线轨迹,如图 4-78 所示。

在"固定轴轮廓铣"对话框中,点击 ![icon] 图标,在"可视化刀轨轨迹"对话框中点击 2D 标签,再点击"播放"图标,如图 4-79 所示。

图 4-78　刀具轨迹　　　　图 4-79　切削模拟

9)后置处理

在操作导航器中选中所有文件,如图 4-80 所示。单击 ![icon] 图标,在对话框中选择"KVC650"机床,再点击"确定",生成数控程序。数控程序用记事本打开,检查或编辑文件开头和结尾部分。

图 4-80　后置处理

【项目实施器具】

实施本项目需要提前准备以下器具:软件为计算机中预先安装 UG;加工中心为 KVC650;毛坯材料为铝,150×150×50;需要的刀具、量具和用具清单见表4-12。

表 4-12　刀具、量具和用具清单

类别	序号	名　称	型号/规格	精　度	数　量	备　注
刀具	1	刀柄、拉钉	BT40		2/组	配套
	2	弹簧夹头	φ4～φ20		各1/组	套
	3	立铣刀	φ16.0		各2/组	
	4	立铣刀	φ10.0		各2/组	
	5	R4.0球头刀	φ8.0		1/组	
	6	麻花钻	φ14.0		1/组	
量具	7	游标卡尺	0～150	0.02	1/组	
	8	钢直尺	150		1/组	
	9	杠杆百分表		0.01	1/组	套
	10	深度游标卡尺	0～150		1/组	
	11	粗糙度样板			1/组	套
用具	12	月牙扳手			1	
	13	活动扳手	250		1	
	14	等高垫铁			若干	
	15	薄皮			若干	
	16	铜棒			1	
	17	防护镜			1/人	

【项目预案】

问题 1　自动编程的后置处理出现错误。

解决措施:　用软件完成零件加工刀具路径设置后,需要利用软件对已经生成的轨迹进行切削模拟,用此过程来判断加工过程中是否出现刀具干涉和对加工过程进行优化处理。确认加工路径没有问题后,利用后置处理文件将刀具路径及切削参数转化为数控机床能识别的数控代码。

在 UG 软件中适合 3 轴加工中心的后处理为"MILL_3_AXIS",但应用到 FANUC 0i Mate-MC 系统的数控机床中存在明显的错误,需要根据所使用数控机床的特点更改后处理设置(更改后的后处理名称为 KVC650),由此生成的数控程序才能用于实际加工。

由后处理得到的数控代码程序,通常需要复查程序的最前和最后部分,主要检查程序最前面的以下内容:自动换刀 T 的参数设置;切削转速 S、进给速度 F 是否适合切削;安全高度设置是否合理;是否需要开启切削液等。

问题 2 用 CIMCOEdit 传输程序时出现报警。

解决措施: 传输程序时出现报警应检查:数控机床上的参数设置(如"端口","波特率");用于传输程序 CIMCOEdit 软件的 DNC 设置,特别是"等待 Xon"项是否选择,决定是由机床的上"启动"键还是由软件的"发送"来控制程序传输开始,另一方必须先做好准备,否则会出现报警;程序的首行和末行是否为%(没有其他内容),否则也会出现传输问题。

问题 3 发生 Z 方向扎刀(撞刀)现象。

解决措施: UG 自动编程的刀具轨迹设置为首先移动到 X0Y0 点再进行换刀,因此运行程序前必须将刀具抬高超过工件最高处;检查刀具的对刀过程以及坐标系或刀具补偿值的设置是否正确,特别是坐标值的正负关系、长度补偿值输入的正负是否正确;当刀具的长度相差较大时,刀具长度补偿值就大,在建立或取消刀具长度补偿值时,刀具将沿 Z 向移动较大距离,在编写程序和操作机床时都应该特别注意。

【项目实施】

1. 工艺方案与自动编程

在操作数控机床前熟悉项目任务,认真阅读"项目解析"内容,按下列步骤分析确定加工工艺,制定加工路线并用 UG 软件完成零件加工程序。

1)项目任务

明白项目要求,弄清项目任务。

2)图样分析

看懂零件图样,对零件图进行工艺性分析,明白图样的加工要求,弄清要加工的表面及特征,分析基本尺寸、尺寸公差、表面质量等方面具体需要达到的要求。

3)加工方案

根据对零件图样的分析,制定可行性加工方案。

4)定位基准与装夹

依据定位基准,选择合适的夹具,制定出具体的装夹方案。

5)刀具与切削用量

根据加工特点选择使用的刀具。

依据给定的零件材料及热处理方式,加工精度、表面质量的要求,使用刀具材料。参考刀具切削参数表,并结合实际加工经验,确定各刀具的切削用量。

6)构造零件实体

利用 UG 软件的建模功能,创建实体零件和实体毛坯,毛坯用于实体切削模拟。

把工作坐标原点移到零件上表面中心处,各坐标轴的正方向与机床的坐标系一致。

7)前置处理

进入加工模块后,先完成工件坐标原点设置、指定安全高度、选取实体零件和定义毛坯、创建刀具等基本设置。然后根据加工工艺要求创建粗、精加工、孔加工操作,在相应操作中设置刀具路线轨迹特征和加工参数。

8)切削模拟

利用 UG 软件的验证功能,对所生成的刀具路径进行实体切削模拟检验。如果有错误提示,根据提示内容进行分析、查找原因,并作相应的调整,直到验证切削过程符合零件加工需要并且没有错误提示信息为止。

9)后置处理

对生成的刀具路径按工序进行后处理,得到数控机床能识别的代码程序。加工中心具有自动换刀功能,可以把所有的加工轨迹生成一个程序,如果只把同一刀具的加工路线生成一个数控程序,就需要在加工过程中手动换刀。

2. 操作数控机床

完成准备工作后,按如下步骤加工零件。

1)加工中心开机

①打开气源设备开关,开机前检查;

②先开启机床电源开关,再按操作面板上的"ON"键;

③向右旋转"急停"旋钮,再按"复位"键消除报警;

④回参考点操作;

⑤加工中心初始参数设置。

2)用虎钳装夹工件

①选取 $150 \times 150 \times 50$ 的毛坯;

②在已经校正的虎钳上放两块等高垫铁,垫铁的高度要满足工件装夹后露出虎钳 10mm 以上;

③放上工件后预夹紧,用塑料块敲击工件上表面,确认工件与垫铁贴紧,再夹紧工件。

3)刀具夹装

(1)在刀柄上装 $\phi16$、$\phi10$ 立铣刀

需要的配件包括:BT40 弹簧夹头刀柄、拉钉、$\phi16$ 和 $\phi10$ 弹簧夹头、$\phi16$ 和 $\phi10$ 立铣刀。

清扫干净各配件的配合面,依次装配夹紧各配件。

(2)在刀柄上装球头铣刀

需要的配件包括:BT40 弹簧夹头刀柄、拉钉、$\phi8.0$ 弹簧夹头、$\phi8(R4)$ 球头铣刀。

清扫干净各配件的配合面,依次装配夹紧各配件。

(3)钻孔刀具夹装

需要的配件包括:BT40 弹簧夹头刀柄(或钻夹头刀柄)、拉钉、$\phi14$ 弹簧夹头(或钻夹头)、$\phi14$ 麻花钻。

清扫干净各配件的配合面,依次装配夹紧各配件。

4)四把刀具的刀具号设定

把四把刀具按刀具号装入刀库。

①将所用刀具装夹到刀柄上,并按刀具号顺序排列;

②确认刀库中相应的刀具号位置处没有刀具;

③按"MDI"功能模式键,然后按"程序"功能键,再按[MDI]软键;

④输入第一个刀具号的换刀程序,如 T01M06;

⑤按"循环启动"键,刀库的当前位置号调整到 01 号;

⑥按"手动"功能模式键,然后按主轴侧的松刀按钮,装入 ϕ16 立铣刀,确认刀具安装无误;

⑦按"MDI"功能模式键,输入 T02M06 换刀程序;

⑧按"循环启动"键,ϕ16 立铣刀放入 01 号刀库位中,刀库的当前位置号调整到 02 号;

⑨使用相同的方法分别装入其他三把刀具,确认刀具安装无误。

5)对刀操作及参数设置

根据四把刀具的特点,选择 T01 号的 ϕ16 立铣刀为基准刀具。

编程坐标原点选定在工件上表面中心处,工件四周都需要切除多余材料,因此,只需要设置一个大致坐标原点就能满足加工需要。

(1)基准刀具 X 轴方向对刀及原点设置

基准刀具用于确定坐标原点,长度补偿值设定为 0,操作步骤如下:

①换基准刀具。将 ϕ16 立铣刀换到主轴成为当前刀具;

②主轴以 600r/min 转速正转,用"手轮"功能模式,快速移动刀具到工件右边,移动刀具试切工件右边;

③此时刀位点在工件坐标系(工件上表面中心位置)中的 X 轴坐标值为(工件长度/2 ＋刀具半径)＝83.0;

④按"补正/设置"功能键,然后按[坐标系]软键,显示坐标系设置页面;

⑤将光标移至 G54 的 X 处,输入 X83.0,核对光标位置和输入值,按[测量]软键,观察光标处数值应该有所变化。

(2)基准刀具 Y 轴方向对刀及原点设置

①主轴以 600r/min 转速正转,用"手轮"功能模式,快速移动刀具到工件后方,移动刀具试切工件后边;

②此时刀位点在工件坐标系中的 Y 轴坐标值为(工件宽度/2＋刀具半径)＝83.0;

③在坐标系设置页面中,将光标移至 G54 的 Y 处,输入 Y83.0。核对光标位置和输入值,按[测量]软键,观察光标处数值应该有所变化。

(3)基准刀具 Z 轴方向对刀及设置

①主轴以 600r/min 转速正转,用"手轮"功能模式,快速移动刀具到工件前角的上方,手轮切削前角一段作为参照平面;

②在坐标系设置页面中,将光标移至 G54 的 Z 处,输入 Z0.5。核对光标位置和输入值,按[测量]软键,观察光标处数值应该有所变化;

③按"补正/设置"功能键,然后按[补正]软键,显示刀具补偿页面;

④移动光标到 001 行、形状(H)列处,将基准刀具 01 号的长度补偿值设为 0;

⑤在相对坐标页面中,将 Z 轴相对坐标归零。

(4)其他长度补偿设置

①换另一把刀具到主轴;

②主轴以 600r/min 转速正转,用"手轮"功能模式,快速移动刀具到工件上方。选择 Z 轴为移动轴,用很小的进给倍率移动刀具到刚好碰上前角已切削的顶平面(也可以使用块规对刀);

③此时相对坐标 Z 值就是刀具相对基准刀具的相对长度,即这把刀具的长度补偿值;

④在刀具补偿页面中,移动光标到相应刀号行、形状(H)列,输入相对坐标 Z 值;

⑤用相同方法为其余刀具设置长度补偿值。

6)在线加工

①将"进给倍率"旋钮转到指向 0%;

②选择"在线加工"功能模式,屏幕显示切换到"程序"页面,按"循环启动"键,在屏幕右下角出现"SKP"闪烁;

③在电脑上打开"CIMCOEdit"传输程序软件,如图 4-81 所示,打开程序文件,单击"机床通讯/发送",程序即开始传输;

图 4-81 传输软件页面

④一边旋转"进给倍率"旋钮,一边观察机床状况,判断刀具是否是应使用的刀具,主轴转速大小是否适合切削加工。在刀具运行到接近工件表面时,将"进给倍率"旋钮转到 0%,判断刀具位置与屏幕显示的绝对坐标是否基本相符。通过上述检查判断没有错误后,关上数控机床安全门,将"进给倍率"旋钮转到 100%,进行正常切削加工;

⑤在加工过程中观察数控机床的加工状况,根据切削状态调整"主轴转速"、"进给倍率"旋钮。如果发生紧急情况,立刻按下"紧急制动"或"复位"键,中止机床运行。

7)零件检测

①自动加工前,准确测量 ϕ10 立铣刀和 R4 球头铣刀的直径大小。由于刀具制造或使用中刀具已有磨损,刀具实际直径大小与标识有误差,以测量值作为 UG 自动编程时的刀具直径值,它将决定零件 XY 平面上的尺寸公差。

②零件加工质量检测。加工完成后用长度测量用具分别测量零件长宽高方向尺寸精度,把加工零件表面与粗糙度样板进行比较,判断加工表面粗糙度是否符合零件图样要求。如果零件的加工质量不符合图样要求,需要找出其中产生的原因,并作相应调整。

如果自动编程时没有将精加工刀具的参数修改为实际值,而是使用标识值,就会出现加工误差。

零件若有高度尺寸误差或者接刀痕,可能是刀具长度方向上对刀不准确造成。

8)场地整理

卸下工件、刀具,移动工作台到非主要加工区域后关机;整理工位(使用器具和零件图纸资料),收拾刀具、量具、用具并进行维护;清扫加工中心并进行维护保养,填写实训记录表,清扫车间卫生。

3. 项目总结

零件加工完成后,对零件加工质量以及各个环节进行总结,积累操作数控机床的经验。

1)项目评价

首先学生自己评价加工出的零件,然后学生互相评价,最后指导教师评价并给定成绩。

2)项目总结

学生总结该项目实施工作过程,列出项目实施中各个环节的要点,分析加工过程中出现的问题,讨论解决的方法。

【项目评价】

本项目实训成绩评定见表 4-13。

表 4-13 项目 4.3 成绩评价表

产品代号		项目 4.3		学生姓名		综合得分	
类 别	序 号	考核内容	配 分	评分标准	得 分	备 注	
工艺制定及编程	1	加工路线制定合理	5	不合理每处扣 2 分			
	2	刀具及切削参数	5	不合理每项扣 2 分			
	3	零件建模	5	每行一处扣 2 分			
	4	自动编程基本设置	5	每项不符合扣 2 分			
	5	刀具路径	15	每项不符合扣 3 分			
	6	后处理	5	每部分扣 2 分			
操作过程	7	刀具的正确安装和调整	5	每次错误扣 2 分			
	8	工件定位和夹紧合理	3	每项错误扣 2 分			
	9	对刀及参数设置	3	每项错误扣 1 分			
	10	工具的正确使用	2	每次错误扣 1 分			
	11	量具的正确使用	2	每次错误扣 1 分			
	12	按时完成任务	3	超 30 分钟扣 2 分			
	13	设备维护、安全、文明生产	2	不遵守酌情扣 1~5 分			

（续表）

14	XY尺寸	116±0.02	5	超差 0.01 扣 2 分
15		106_0^{0350}	5	超差 0.01 扣 2 分
17	Z向尺寸	10±0.01	5	超差无分
19		24±0.02	5	超差 0.01 扣 2 分
20	孔位置	116±0.02	5	超差 0.01 扣 2 分
21	孔质量	形状	5	一项超差扣 2 分
22	粗糙度	R_a3.2	5	每降一级扣 1 分
23	尺寸检测	检测尺寸正确	5	不正确无分

注：(1)加工操作期间，报警 3 次，发生撞刀现象，将暂停操作数控机床的资格；

(2)发生影响安全的违规、违章操作，由指导教师按实训管理制度进行处理。

【项目作业】

(1)分析自动编程的工作流程，总结 UG 编程的操作特征及基本参数设置。

(2)预习并准备下次实训内容。

【项目拓展】

完成图 4-82 所示心形凸台的加工方案和工艺规程的制定，用 UG 软件进行实体建模与自动编程。

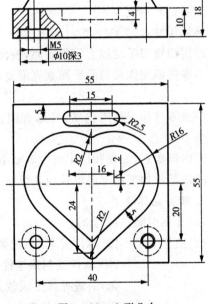

图 4-82 心形凸台

项目 4.4　自行设计综合体的建模与自动编程加工

【项目要求】

由学生独立设计加工中心综合类零件,完成该零件的实体建模,用 UG 软件进行自动编程,并操作加工中心完成零件加工。

1. 零件要求

1)按照毛坯大小来设计零件尺寸。

毛坯材料:铝;

毛坯尺寸:$60 \times 60 \times 20$,$100 \times 100 \times 30$。

2)用面铣刀手动加工零件底面,表面粗糙度达 $R_a 3.2$ 要求。

3)零件四周侧面与底平面垂直度要求为 0.03;四周侧面之间的平行度和垂直度要求为 0.03。

4)该零件加工范围包括:外形铣削、型腔加工、平面加工、等高加工、曲面加工及孔加工。

5)图形美观,编程和加工属中等复杂程度。

6)该零件加工精度要求达到 8 级精度。

2. 项目总体要求

(1)计划时间　12 学时。

(2)质量要求　按"零件要求"项的要求,对零件进行设计,完成零件实体建模;使用 UG 软件编制该零件的加工刀具路径;用软件仿真对加工轨迹进行优化;后置处理生成数控加工程序;操作加工中心,通过在线加工方式加工出合格的零件。

(3)安全要求　严格按照安全操作规程进行,确保人身、设备安全。

(4)文明要求　自觉按照文明生产规则进行实训,做有职业修养的人。

(5)环保要求　在项目实训过程中充分考虑保护环境的有利因素。

【项目实施】

1. 组织形式

第 2 位同学一组,每组 1 台加工中心,1 台计算机。

2. 项目实施器具

可提供的刀具、量具和用具清单见表 4-14。

表 4-14　加工中心刀具、量具和用具清单

类别	序号	名　称	型号/规格	精　度	数　量	备　注
刀具	1	刀柄、拉钉	BT40		2/组	配套
	3	弹簧夹头	φ4～φ20		各1/组	套
	4	立铣刀	φ16、φ12、φ10、φ8、φ6、φ4		各2/组	
	5	球头刀	R6、R5、R4、R3、R2.5、R2、R1.5、R1		各1/组	
	6	φ80 面铣刀	4 齿		1/组	含刀柄
	7	φ80 面铣刀	6 齿		1/组	含刀柄
量具	8	游标卡尺	0～150	0.02	1/组	
	9	螺旋千分尺	0～25,25～50,50～75	0.01	各1/组	
	10	钢直尺	150		1/组	
	11	杠杆百分表		0.01	1/组	套
	12	深度游标卡尺	0～150		1/组	
	13	粗糙度样板			1/组	套
用具	14	月牙扳手			1	
	15	活动扳手	250		1	
	16	等高垫铁			若干	
	17	薄皮			若干	
	18	铜棒			1	
	19	防护镜			1/人	
	20	工作帽			1/人	
	21	毛刷			1/组	

【项目预案】

问题 1　零件加工尺寸整体偏大。

解决措施：　出现零件加工尺寸整体偏大现象,是由于刀具磨损后刀具实际尺寸小于设置尺寸造成的。UG 自动编程中不使用刀具半径补偿,因此,不能采用在数控机床上修改刀具半径补偿值的方法,而是在程序中修改刀具径向尺寸。

测量刀具直径的方法较多,简易的操作方法是:用此刀具在毛坯上平行切削两段,记录下切削两平行轮廓时数控机床显示的坐标差值,准确测量两平行轮廓的间距,两者之差就是刀具的直径值。

问题 2　零件出现接刀痕。

解决措施：　一个面或与它相邻的面使用了多把刀具加工,如果存在刀具长度方向的偏差就会出现接刀痕。出现接刀痕首先检查对刀过程,各把刀具的对刀方法应一致,对刀过程应仔细、耐心;检查对刀后的设置位置是否正确;最后检查设置参数时输入的值(特别是值的正负)是否有计算错误。

问题3 程序中断后再加工。

解决措施： 利用自动编程软件编出的程序,特别是零件较复杂时程序很长,加工零件的时间也较长。由于某种原因必须停止加工零件时,需要记录下程序执行的当前行才可停止加工。把程序中已经加工完成的程序段删除,具体方法:用记事本打开程序文件,在文本中找到记录的程序行,在之前的几行中确定已加工位置的 X、Y 和 Z 坐标值,把 X、Y 坐标值放在一行,Z 坐标值放到下一行;保留程序开始处的基本设置,检查是否包括 T、S、F 和插补指令等基本设置;删除程序中已经加工过的程序段;将修改后的程序作为后续再加工程序,用相同的加工方法完成后续部分的加工。

【项目评价】

本项目实训成绩评定见表 4-15。

表 4-15 项目 4.4 成绩评价表

产品代号			项目 4.3		学生姓名		综合得分	
类别	序号		考核内容	配分	评分标准	得分	备注	
工艺制定及编程	1		零件设计新颖、合理	10	不合理酌情扣 1~5 分			
	2		加工路线制定合理	5	不合理每处扣 2 分			
	3		零件实体建模	10	不合理酌情扣 1~5 分			
	4		编制加工刀具轨迹	20	不合理酌情扣 1~8 分			
	5		后置处理	5	不正确无分			
操作过程	6		刀具的正确安装和调整	5	每次错误扣 2 分			
	7		工件定位和夹紧合理	2	每项错误扣 2 分			
	8		对刀及参数设置	4	每项错误扣 1 分			
	9		工具的正确使用	2	每次错误扣 1 分			
	10		量具的正确使用	2	每次错误扣 1 分			
	11		按时完成任务	5	超 30 分钟扣 2 分			
	12		设备维护、安全、文明生产	5	不遵守酌情扣 1~5 分			
零件质量	13	手动加工	底面粗糙度	4	每降一级扣 1 分			
	14		四侧面平行度	5	超差 0.01 扣 2 分			
	15	自动加工	四侧面垂直度	5	超差 0.01 扣 2 分			
	16		对边方向	3	超差 0.01 扣 2 分			
	17	尺寸检测	高度方向	3	超差 0.01 扣 2 分			
	18		自检测尺寸正确	5	不正确无分			

【参考内容】

参考下列图形,满足前面提出条件自己设计零件外形,用 UG 软件进行实体建模及自动编程。

1. 如图 4-83 所示。

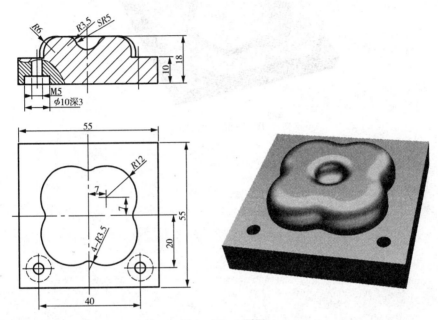

图 4-83　1 题图

2. 如图 4-84 所示。

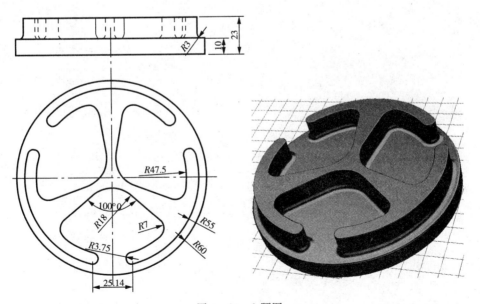

图 4-84　2 题图

3. 如图 4 - 85 所示。

图 4 - 85 3 题图

参考文献

[1] 陈兴云,姜庆华.数控机床编程与加工[M].北京:机械工业出版社,2009.

[2] 陈小怡.数控加工工艺与编程[M].北京:清华大学出版社,2009.

[3] 李文.机械零件数控加工[M].北京:北京大学出版社,2010.

[4] 余英良,耿在丹.数控铣生产案例型实训教程[M].北京:机械工业出版社,2009.

[5] 周保牛,黄俊桂.数控编程与加工技术[M].北京:机械工业出版社,2009.

[6] 崔元刚,黄荣金.FANUC数控车削高级工理实一体化教程[M].北京:北京理工大学出版社,2010.

[7] 胡友树.数控车床编程、操作及实训[M].合肥:合肥工业大学出版社,2006.

[8] 关颖.数控车床操作与加工项目式教程[M].北京:电子工业出版社,2011.

[9] 侯先勤,等.数控铣床编程与实训[M].北京:清华大学出版社,2010.

[10] 刘万菊.数控加工工艺及编程[M].北京:机械工业出版社,2006.

[11] 颜伟.数控加工技术[M].成都:西南交通大学出版社,2007.

[12] 张超英,罗学科.数控机床加工工艺、编程及操作实训[M].北京:机械工业出版社,2003.

[13] 宋放之.数控工艺培训教程(数控车部分)[M].北京:清华大学出版社,2006.

[14] 杨伟群.数控工艺培训教程(数控铣部分)[M].北京:清华大学出版社,2006.

[15] 李长春.UG NX 4.0基础教程[M].北京:机械工业出版社,2008.

[16] 周华.UG NX 6.0数控编程基础与进阶[M].北京:机械工业出版社,2009

[17] 张超英,罗学科.数控机床加工工艺、编程及操作实训[M].北京:机械工业出版社,2003.

[18] 上海宇龙软件工程有限公司数控教材编写组.数控技术应用教程——数控铣床和加工中心[M].北京:电子工业出版社,2008.

[19] 上海宇龙软件工程有限公司数控教材编写组.数控技术应用教程——数控车床[M].北京:电子工业出版社,2008.

[20] 沈建峰,朱勤惠.数控车床技能鉴定考点分析和试题集萃[M].北京:化学工业出版社,2007.

[21] 《数控大赛试题·答案·点评》编委会.数控大赛试题·答案·点评[M].北京:机械工业出版社,2006.